from

vision

from94 小提琴家的大拇指

The Violinist's Thumb

作者：Sam Kean

譯者：楊玉齡

責任編輯：湯皓全

校對：呂佳眞

美術編輯：何萍萍

法律顧問：全理法律事務所董安丹律師

出版者：大塊文化出版股份有限公司

台北市105南京東路四段25號11樓

www.locuspublishing.com

讀者服務專線：**0800-006689**

TEL：(02) 87123898　FAX：(02) 87123897

郵撥帳號：18955675　戶名：大塊文化出版股份有限公司

總經銷：大和書報圖書股份有限公司

地址：新北市新莊區五工五路2號

TEL：(02) 89902588 (代表號)　FAX：(02) 22901658

製版：瑞豐實業股份有限公司

初版一刷：2013年9月

定價：新台幣380元

Printed in Taiwan

小提琴家的大拇指

基因密碼裡關於愛情、戰爭與天才的失落傳奇

THE VIOLINIST'S THUMB

《消失的湯匙》作者

山姆・肯恩 Sam Kean 著

楊玉齡 譯

目次

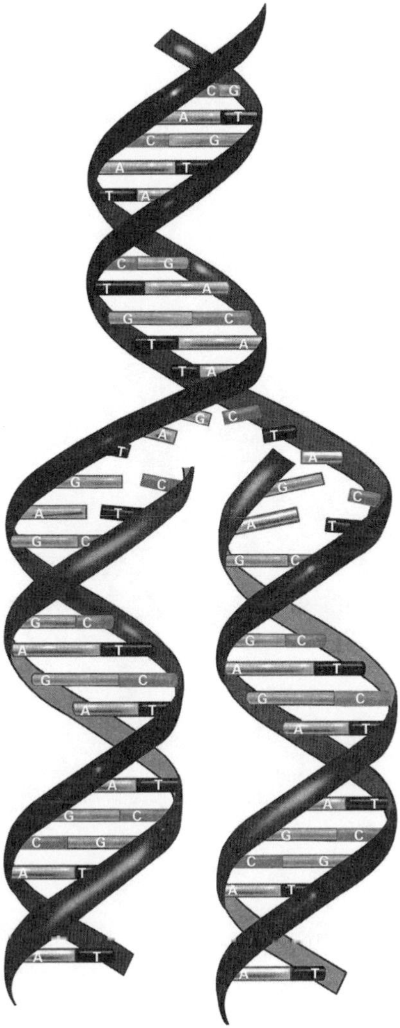

因此，生命或許可以視爲一場 DNA 的連鎖反應。

Maxim D. Frank-Kamenetskii

Unraveling DNA

前言

我想咱們還是先打開天窗說亮話。這本書講的是ＤＮＡ——講的是如何把埋藏在我們ＤＮＡ裡長達數千、乃至數百萬年的許多故事，挖掘出來，以及如何利用ＤＮＡ來解開一度被認定無解的人類之謎。沒錯，我在寫這本書，雖然我父親的名字就叫做「基因」（Gene），我母親的名字發音也一樣（Jean），所以他們是Gene和Jean賢伉儷。全名念起來是Gene and Jean Kean。除了發音好像念經一樣怪之外，我爸媽的名字也把我害慘了，讓我從小飽受嘲弄：我的錯誤，我的缺點，總是被追溯到「我的基因」，我要是不小心做了什麼蠢事，旁人就要揶揄道「都是我的基因的錯」。至於我父母必須經由性行爲，才能把基因傳給我這件事實，更是火上加油，只會讓那些嘲弄加倍尖酸，完全沒法回嘴。

結果，從小一碰到科學課在教ＤＮＡ和基因，我就害怕，因爲我知道，只要老師一轉身，不出兩秒鐘，就會有人消遣我了。就算沒有人眞的說出口，也一定有人在腦袋裡想那些笑話。即便（或說尤其是）在我開始了解ＤＮＡ多麼強大有力之後，那種巴夫洛夫制約式的緊張，還是如影隨形地纏著我。上高中後，我終於不在乎嘲笑了，但是基因這個字眼，依然會令我產生許多即時的反應，有些還算愉快，有些則不。

但在另一方面，DNA也令我興奮。科學界再沒有一個主題比遺傳學更大膽，再沒有一個領域有希望將科學推進到這般地步。而且，我指的也不限於一般的（往往過度誇大的）醫療遠景。DNA為生物學的每個領域注入新的生命力，同時也改造了有關人類的研究。但在此同時，每當有人開始深究我們的基本生物性，我們卻又不免抗拒——我們不願意被貶低為只不過是一堆DNA。而且，一聽到有人討論要怎樣修補這些基本的生物性，我們更是膽戰心驚。

更曖昧的是，DNA提供了一個強力的工具，來挖掘我們的過去：生物學藉由某些途徑，搖身一變成了歷史學。在過去幾十年間，遺傳學家便已經揭露了如聖經般有價値的精彩故事，它們的情節原本被認為早已不可考——要不是年代太過久遠，就是殘留的化石或人類學證據太少，無法拼湊出完整的故事。誰知道，後來發現，原來我們一直把那些故事帶在身上，長久以來，我們細胞裡那些小小修道士，在DNA的黑暗時代，無時無刻，分分秒秒，忠實記錄下來的數兆個文字，一直在等待我們去破解這種語言。這些故事包括一些宏觀的偉大傳說，像是我們打哪兒來，以及我們如何從一堆爛泥演化成地球上已知最具主宰力的生物。但是，這些故事也會以極為個人化的方式，進駐到家庭裡面。

要是我的學校生活能有一次重來的機會（除了幫爸媽編一個比較安全的假名之外），我會在樂隊裡選擇不一樣的樂器。那倒不是因為我是四、五、六、七、八及九年級生當中，唯一的男生豎笛手（至少不完全是這個原因）。主要的原因是，我在控制豎笛上那些個氣孔和連桿時，老是笨手笨腳的。而且這和缺乏練習一點關係都沒有。我責怪的對象是我那異常彎曲的手指，以及伸展開來會往後彎的大拇指。在吹豎笛時，我得把手指摺成一堆笨拙的結，弄得我老是覺得需要壓一壓那些關節，而且它們還會隱隱作痛。偶爾，我的大拇指甚至會卡住，動彈不得，還得動用另一隻手去把它的關節扳開。我的手指就是不如那些技法高妙的女生豎笛手。我告訴自己，這些毛病都是天生的，是我從爸媽的基因庫裡遺傳到的。

離開樂隊後，我自然沒有理由再去深思手部靈巧與音樂能力的推論，直到十年後，我得知小提琴家帕格尼尼（Niccolò Paganini）的故事。此人的才華是這麼地高妙，害他一輩子都在闢謠，否認曾經與撒旦簽約，用靈魂換取才華（他故鄉的教堂在他死後幾十年，依然拒絕埋葬他）。事實證明，帕格尼尼簽約的對象，是一位更精緻巧妙的大師：他的DNA。幾乎可以肯定，帕格尼尼天生具有某種遺傳毛病，讓他擁有超級彈性的手指。由於他的結締組織實在太有彈性，他可以把小指頭伸展到與其他指頭成直角的程度（你可以試試看）。而且他的手掌展開的寬度，也異於常人，這些構造對於拉小提琴來說，都是一大優勢。我那簡單的假設——有些人天生就能（或是不能）演奏某種樂器，看來確實很有道理。照理說，我可以放下這個議題了。然而，我繼續探究，結果發現帕格尼尼的症狀很可能也造成嚴重的健康問題，像是關節痛，視力差，呼吸衰弱，以及令他終生苦惱的疲憊。對於一大早爬起來練習軍樂隊，弄得手指關節僵硬，我也有滿腹牢騷，然而帕格尼尼卻得經常在職業生涯的高峰期間，取消演奏會，他在過世前幾年甚至無法再公開演奏。就帕格尼尼來說，對音樂的熱情，配上正好合用的身體缺陷，世間恐怕再沒有比這個更好運的了。然而，這些缺陷也加速了他的死亡。帕格尼尼可能不是自願要簽訂他那套基因合約，但是他身不由己，就像我們所有人一樣，而他的那套基因合約，既造就了他，也毀滅了他。

但是還沒完，DNA要告訴我的故事還多著呢。有些科學家回溯歷史，逆向診斷出達爾文、林肯甚至埃及法老王曾經罹患的遺傳疾病。另外一些科學家則直接探索DNA，以便清楚地說出它最深奧的語言特性，以及令人驚喜的數學美感。事實上，高中期間，當我還在樂隊、歷史、數學以及社會等課堂間穿梭之際，DNA的故事便不斷地從各種文獻裡冒出來，將各種不同的主題串連在一起。DNA訴說了核爆倖存者的故事，也訴說了探險家在北極早夭的故事。關於人類幾乎滅絕的故事，或是懷孕的母親將癌症傳給新生兒的故事。其中有些故事，就像帕格尼尼，是科學闡明了藝術，但是另外一些故事，例如科學家透過畫像來追溯基因缺陷，則是藝術闡明了科學。

還有一件事實，雖然我們早就在生物課上學到，但剛開始卻不懂得讚美，那就是DNA分子的長度。雖說DNA被包裹在已經夠小的細胞裡的一個小櫃子裡，但是它們一旦展開，卻可以延伸得非常遠。某些植物細胞裡的DNA足以伸展到三百英尺長；一個人體內的DNA能伸展的長度，大約足夠從冥王星到太陽往返一趟；地球上所有DNA集合起來的長度，足以橫越目前已知的宇宙許許多多趟。而我愈是探究DNA的故事，愈是把這種不斷延伸的性質——不斷地解開纏繞，愈走愈遠，甚至還能往回溯及歷史——視爲DNA的本質。所有人類活動都在我們的DNA裡留下鑑識痕跡，而且不論DNA記錄的故事是關於音樂，運動，還是狡猾的馬基維利微生物（Machiavellian microbe），這些故事加總起來，敘述的是一則更大、也更複雜的人類傳奇，人類在地球崛起的經過：爲何我們會成爲地球上最荒謬的動物之一，但同時又是萬物之靈。

不過，在我的興奮之情底下，基因還有它令我惶恐不安的另一面。在研究撰寫本書期間，我把我的DNA交付給一家基因檢驗公司，雖說價格不便宜（四百一十四美元），我還是很隨性地就做了。我知道，現階段個人的基因檢驗還有很嚴重的缺點，就算科學上沒問題，但結果通常也沒有多大幫助。我可能會從我的DNA檢驗中得知，我有綠色的眼睛，但是，我只要照照鏡子，一樣可以知道。我也可能得知，我的身體不太擅長代謝咖啡因，但是，我早就有過無數個晚上喝可樂便睡不好的夜晚。再說，DNA採樣過程也實在讓人很難把它當一回事。我收到一份郵件，裡頭有一個小塑膠瓶，它的蓋子好像橙色的玉米糖，附加一份說明書，叫我用指節按摩我的臉頰，讓口中的一些細胞脫落。然後，我要不斷地朝小瓶子吐口水，直到裝滿三分之二瓶。單單這個動作，就耗掉我十分鐘，因爲說明書上很嚴肅地指出，不是隨便什麼口水都可以。必須是上好的、黏稠的、像糖漿一樣的口水；就像一口啤酒，不應該有太多泡沫。第二天，我把這個小痰盂寄出去，然後就準備迎接列祖列宗給我的小驚喜。我並沒有深思這整件事，直到上網註冊我的檢驗，讀到一份說明，有關篩檢太過敏感或是可怕的資訊。檢驗單位表示，如果你的家族有乳癌或阿茲海默症或其他疾病——或者你雖然沒有家族病史，但卻害怕知道它們的消息——他們可以提供阻擋該項資訊的服務。你可以圈選某些空格，讓特定項目保持機密，不讓任何人，包括你自己，得知該項檢驗的結果。眞正嚇到我的，是帕金森氏症的空格。在我有記憶以來，最早期的記憶之一，同時也是最糟糕的記憶，就是有一次我在祖母家的走廊上閒逛，碰巧把頭探進祖父的房間，罹患帕金森氏症的他，一直躺在那個房間裡，直到去世。

我父親在成長過程中，不斷聽到旁人說他長得有多像我祖父——而我也聽到類似的看法，說我長得多麼像我老爸。於是，當我不小心晃進那個房間，看到一名白髮版的老爸倚在有鐵欄杆圍繞的床上時，我彷彿看到了我自己。我記到屋裡有好多白色的東西——白牆，白地毯，白床單，以及他身上那件背後開襟的罩袍。我記得他身子往前傾，幾乎快要翻倒，罩袍鬆開了，一撮白髮垂了下來。

我不確定他有沒有看到我，但是就在我猶豫地站在門檻上時，他突然開始呻吟和顫抖，聲音也跟著哆嗦起來。就某方面來說，我祖父算是幸運的；我祖母是護士，可以在家就近照顧他，而且他的幾個孩子也會固定來探視。但是他的心理與生理都已經退化了。我還記得那些濃濃的、彷彿糖漿似的唾液，垂掛在下巴上，那裡頭，想必充滿了DNA。那年我大約五歲，還太小，不懂事。直到現在，我想起來還覺得慚愧，當時我竟然轉身跑掉了。

如今，陌生人——更糟的是，還有我自己——都能偷看到我的DNA，看看那個可能引發我祖父罹患帕金森氏症的自我複製分子，是否也窩藏在我的細胞裡。很有可能是沒有。我祖父的基因在父親體內，已經被祖母的基因稀釋了一半，然後我父親的基因在我體內，又被我母親的基因稀釋了一半。但機率當然還是存在。我不怕面對罹患各種癌症或是其他的退化性疾病的可能性。但是對於帕金森氏症，我辦不到。於是，我把那個空格塗滿了。

像這樣的個人切身故事，同樣屬於遺傳學的一部分，不輸其他偉大刺激的歷史故事——甚至有過之而無不及，因爲我們每個人體內，至少都埋藏了其中一個故事。這也是爲什麼，本書除了講述那些歷史故事之外，同時也會把那些故事建構起來，並將它們與各種DNA研究連結在一起，不論是已經完成的研究，還是未來可能完成的。這些遺傳學研究以及它們將會帶來的改變，好比移動的洋流，巨大而且無法避免。但是，當它的影響力最後抵達我們所在的岸邊時，將不會像一場海嘯，而比較像一群碎浪。當潮水拍打上岸時，不管我們覺得要站得離水岸多遠才能頂得住，我們感受到的，將會是個別的波浪，一波接著一波。

但還是一樣，我們可以防患於未然。就像某些科學家所體認到的，ＤＮＡ故事已經真正取代了舊日學院裡的西洋文明課程，成爲人類存在的偉大故事。了解ＤＮＡ，有助於我們了解自己來自何方，以及我們的身心如何運作，此外，了解ＤＮＡ的限制，也有助於我們了解自己的身心爲何無法運作。此外，同樣程度地，我們也必須做好準備，聆聽ＤＮＡ所說（以及沒有說）的一些棘手的社會問題，像是性別、種族的關係，或是某些特性（例如攻擊與智慧）究竟是不是註定的，還是可以改變的。另外，雖然我們承認還不完全了解ＤＮＡ的運作方式，但仍舊必須決定，是否要信任那些熱心的思想家，他們已經在大談人類有機會（甚至有義務）去改進四十億年來的生物學。對於這種觀點，最了不起的ＤＮＡ故事便是：我們的種族已經存活得夠久遠，（有可能）可以操控自己了。

本書所講述的歷史，還在建構之中，而我爲《小提琴家的大拇指》設計的架構是，每一章只回答一個問題。我這堆包羅萬象的故事，從微生物的久遠歷史開場，接著推進到我們的動物祖先，在靈長類和原始人競爭者（例如尼安德塔人）身上稍事停留，然後在「文明的現代人，帶著華麗的詞藻與碩大的腦袋登場」之際，達到最高潮。然而，當本書來到最後一部時，所探討的問題卻還沒有完全解答。有些事還不確定，尤其是下面這個問題：這場不惜撼動一切根本，以求了解我們的ＤＮＡ的偉大人類實驗，最後將如何收場。

PART I

A，C，G，T，以及你

如何閱讀基因的樂譜？

1 基因，怪物，DNA

生物怎樣把特徵傳給下一代？

寒冷與烈焰，冰封與煉獄，火與冰。率先做出遺傳學上最重大發現的兩名科學家，有許多共通點——尤其是兩人都死得沒沒無聞，幾乎無人哀悼，很快就被大部分人遺忘。但是，其中一人的遺物付之一炬，另一人的則是遭到冰封。

熊熊火焰是在一八八四年冬天燃起的，地點是現今捷克共和國裡的一所修道院。在某個一月天，院內修士動手清理已故院長孟德爾（Gregor Mendel）的辦公室，毫不在乎地將他的檔案清得乾乾淨淨，然後扔進院子裡的營火堆中。孟德爾雖然熱忱又能幹，但是在晚年卻成爲修道院之恥，不僅招來政府機構的訊問，報章上的閒言閒語，甚至與當地警長發生一次大攤牌（孟德爾贏了）。沒有親屬來領取孟德爾的遺物，於是修道士們就將他的文件一古腦地燒了，原因就如同一般人在燒灼一個傷口——爲了消毒，也爲了平息困窘。關於這些文件長什麼樣子，沒有記錄留存下來，然而，在衆多文件裡，想必有幾捆紙，或是一本筆記本，它們外表平凡無奇，甚至因爲少用而沾滿灰塵。但是在那些泛黃的紙頁上，充滿了豌豆的素描與數據表（孟德爾超愛數字），它們和其他文件比起來，恐怕也沒有造成更多的濃煙或灰燼。然而，燒毀這些文件——這把火的位置就在孟德爾多年前做爲溫室的地點上——也摧毀了基因被發現的最初記錄。

寒冷照例出現在一八八四年冬季——就像之前的許多個冬季，以及之後的幾個冬季。瑞士有一位平凡的生理學教授米歇爾（Johannes Friedrich Miescher），正忙著研究鮭魚，在他眾多計畫中，他一向特別執迷於一種物質——一種像棉花似的灰色糊狀物——那是他多年前從鮭魚精子中萃取出來的物質。爲了讓細緻的精子不致在空氣中腐壞，米歇爾必須把窗戶完全敞開，用古老的天然方法，讓寒氣冰凍他的實驗室，結果害得自己也天天暴露在瑞士的寒冬中。在這種環境下，要完成任何工作，眞是需要超人的專注力，但這正是米歇爾的一項長處，就連不太瞧得起他的人，也不得不承認這一點（在他研究生涯的早期，有一天下午，一群朋友得把他拖出實驗室，以便出席他自己的婚禮；因爲他忘了那天要舉行婚禮）。然而，米歇爾即便這麼努力，可以拿出來炫耀的成果卻少得可憐——他一生的學術產量並不豐富。但還是一樣，他繼續開著窗戶，在寒風中哆嗦，年復一年，即使他知道這樣會要了他的命。而且他也還是沒有摸清楚那些牛奶狀的灰色物質，ＤＮＡ。

ＤＮＡ與基因，基因與ＤＮＡ。現在這兩個字眼已經畫上等號。我們的腦袋會自動把它們連在一起，就像吉伯特（Sir W. S. Gilbert）與蘇利文（Sir A. S. Sullivan），或是華森（James Watson）與克里克（Francis Crick）。所以說，米歇爾與孟德爾幾乎同時在一八六〇年代發現ＤＮＡ與基因，感覺也滿恰當的，這兩名帶有出家人味道的仁兄，都住在說德語的中歐地區，相隔不過四百英里。看來眞是再適合也沒有了；簡直就像命中註定。

但是要了解ＤＮＡ與基因到底是什麼，我們得先把它們分開。它們並不相等，而且從來就不相等。DNA是一種東西——一種會黏你手指的化學物質。基因也具有物質特性；事實上，它們是由長條的DNA組成的。但是，就某些方面來說，基因比較適合從概念而非物質的角度去看。一個基因，其實眞的是一項資訊——更像是一則故事，一則用DNA語言寫成的故事。DNA和基因加起來，會形成一種比較大的結構體，叫做染色體，它是生物體內大部分基因的居所，是一種富含DNA的條狀物體。至於染色體的居所，則是在細胞核內，而細胞核就像一座充滿指令的圖書館，全身的運作都要靠這些指令。

這些結構在遺傳學和遺傳力方面，均扮演重大角色，然而，儘管它們幾乎同時在一八〇〇年代被發現，但在往後將近一百年裡，卻沒有任何人把DNA和基因連在一起，而且兩位發現它們的人，也都死得沒沒無聞。生物學家最後究竟是怎樣把基因和DNA結合在一起的，堪稱遺傳科學上第一個壯麗的篇章，此後科學家努力釐清基因與DNA間的關係，則是推動遺傳學往前走的動力。

在孟德爾與米歇爾開始做研究的年代，民俗理論——有些令人捧腹大笑或是荒誕不經，有些倒也頗爲巧妙——還深深主宰著大部分人對遺傳的看法，而且幾百年來，大衆對於我們爲何會遺傳到不同的特徵，仍然受到這類民俗理論的影響。

當然，就某個程度而言，所有人都知道孩子會像父母親。紅髮、禿頭、瘋狂、後縮的下巴、多一根拇指，全都能回溯到族譜裡。而各式童話——這類集體潛意識的編撰者——更是經常編派一些苦命人其實是「眞」王子（公主），他們體內的皇家血統，是一個生理上的核心，再破爛的衣服或是青蛙的形貌，都無法玷污。

這些差不多算是常識。然而，關於遺傳的機制——特徵究竟如何從上一代傳到下一代，即便是最聰明的思想家也都參不透，而且遺傳過程之怪異，自古以來不知導引出多少更荒誕的理論，甚至在一八〇〇年代都還流傳著。其中一個最常見的民間理論是「母性印象」（maternal impressions），大意是說，懷孕婦女若是親眼目睹某件殘忍的事，或是承受強烈的情緒，這樣的經驗將烙印在胎兒身上。有一名孕婦在懷孕期間一直無法滿足對草莓的渴望，產下的寶寶身上會有一塊草莓形狀的紅色污點。同樣道理也適用於想吃培根的孕婦。另外，一名孕婦的頭曾經被一袋煤炭擊中，結果她的孩子生出半頭（只有一半）的黑髮。更可怕的是，一六〇〇年代的醫生曾經報告說，拿坡里有一名婦人被海怪驚嚇之後，產下一個身上布滿鱗片的兒子，這個小孩只肯吃魚，而且渾身魚腥味。主教們也會講述許多警世故事，例如有一名婦女在後台色誘身著戲服的丈夫。當時他飾演的是《浮士德》劇中的魔鬼角色；結果他們生下一個長了蹄與角的孩子。一個乞丐驚嚇到一名婦女，害她生下只有一隻手臂的孩子。從熙來攘往的大街轉進教堂內院裡偷尿尿的孕婦，會生出尿床的孩子。孕婦用圍裙來兜柴火，讓它們貼近隆起的肚皮，將會生下陰莖大得可笑的男孩。其中唯一有快樂結局的案例發生在一七九〇年代，一名住在巴黎的愛國婦女，產下胸部有一個胎記的兒子，他的胎記形狀宛如弗里幾亞帽（Phrygian cap）——好像小精靈戴的那種頭頂會下垂的帽子。對於當時新成立的法蘭西共和國來說，弗里幾亞帽是自由的象徵，於是乎，喜滋滋的政府賞給她一份終身的津貼。

這類民間傳說大都與宗教信仰有交集，因此人們自然就會把嚴重的天生缺陷——獨眼龍，心臟外露，全身披覆毛髮——視為支持聖經上關於罪惡、憤怒以及神的正義的警語。一六八〇年代有一個案子，一名殘酷的蘇格蘭鎮長貝爾，逮捕了兩名女性宗教異議分子，把她們綁在水岸邊的杜子上鞭打，然後任憑潮水將她們吞噬。同時貝爾還惡言惡語地辱罵她們，最後甚至親手將比較年輕耐命的那個女子壓到水裡淹死。事後，每當被問及她們的謀殺時，他總是放聲大笑，戲謔地說道，這些女人沉沒在螃蟹群中，一定快活得不得了。然而，笑話卻應驗在貝爾身上：他結婚後，生下的孩子具有嚴重的缺陷，他們的上臂扭曲成可怕的螯狀。而且這些螃蟹腳很容易遺傳到子代，乃至孫代。即使不是聖經專家也看得出來，父親的罪惡臨到孩子身上，以及第三和第四代（甚至更後代：直到一九〇〇年，蘇格蘭地區還出現這種缺陷）。

如果說母性印象強調的是環境的影響，其他遺傳理論則具有強烈的先天色彩。其中一個是預先形成論（preformationism），起源於中世紀鍊金術士想要創造出一個小矮人（homunculus），或是縮小的人，甚至是微型的人。小矮人是生物學上的點金石，能創造出它，將能證明鍊金術士擁有神力（這個創造過程有點兒不體面。其中一個秘方是把精子、馬糞以及尿液，浸泡在南瓜裡六個星期，讓它們發酵）。到了一六〇〇年代末，部分最早期的科學家偷了有關小矮人的點子，聲稱女人的每一個卵子內，一定住了這麼一個小矮人。這種說法很方便地堵住了「活生生的胚胎為什麼會源自看似已死的物質」這個疑問。按照預先形成論專家的說法，這種自動發生並非必需的：小矮人寶寶確實是預先形成的，而且只需要一個能觸發反應的物體，像是精子，就能開始生長。但這個想法會有一個問題：正如批評者所指出的，它引進了一個無限制的回歸，因為每個女人都必須將未來所有子女，以及子女的子女，以及**他們的**子女，全都塞進體內，活像層層套疊的俄羅斯娃娃。事實上，這種「卵源說」（ovism）的擁護者只能往回推溯到，上帝在創世的第一天，便將所有人類塞進夏娃的卵巢裡（或者是在《創世紀》裡的第六天）。「精源論」（spermism）的解釋就更糟糕了：亞當一定是把所有人類都塞擠到他那更細小的精子內。然而，在第一台顯微鏡現身後，少數精源論者竟然自欺欺人地說，他們看到小人兒在一窪精液裡游動。卵源論與精源論能夠贏得一些名聲，部分原因在於它們解釋了聖經裡的原罪：我們全都委身在亞當與夏娃體內，隨著他們被逐出伊甸園，所以我們全都得分攤他們的污點。但是，精源論還引出了其他一些邏輯上的困境：那些隨著男人每次射精而死去的無數個未曾受洗的靈魂，後來的命運又會如何呢？

但是不管這些理論多麼富有詩意，或是多麼下流，米歇爾時代的科學家，全都對它們嗤之以鼻，認為只是老嫗講古的無稽之談。這些科學家打算將所有怪誕的軼事與含糊不清的所謂生命力，掃出科學領域的範疇，改而將整個遺傳學與發生學建築在化學的基礎上。

米歇爾原本並未打算參與這場揭開生命之謎的運動。年輕時，他準備繼承父親衣缽，在故鄉瑞士接受醫學教育。但是因為童年期感染過傷寒，讓他的聽力變弱，無法使用聽診器，或是聆聽病人發牢騷。米歇爾的父親是一位出名的婦產科醫生，建議他改行做研究。於是一八六八年，年輕的米歇爾進入生化學家霍佩賽勒（Felix Hoppe-Seyler）的研究室，地點在德國的杜賓根。雖說他們的總部設在一棟雄偉的中世紀城堡裡，但是霍佩賽勒的研究室卻被安置在地下室的皇家洗衣室；而他則把米歇爾安頓在隔壁的舊廚房。

霍佩賽勒想要記錄整理人類血球裡的化學物質。他已經檢查過紅血球了，他要米歇爾去做白血球——對於這位新助理來說，這是一個幸運的決定，因為白血球（不像紅血球）內部含有一個

米歇爾（左上角）就是在這間實驗室裡發現 DNA 的，它位於德國杜賓根的一座城堡裡的地下室，由廚房改裝而成。（圖片來源：University of Tübingen library）

小巧的膠囊，叫做細胞核。當時，大部分的科學家都忽略細胞核——它不具有任何已知的功能——反而把注意力集中在細胞質上，這也滿合理的，因爲這堆稀泥狀的細胞質，是細胞內容物當中分量最大的部分。但是，對米歇爾來說，分析未知事物的機會非常吸引他。

要研究細胞核，米歇爾需要貨源穩定的白血球，他找上了當地的醫院。根據傳說，這家醫院照顧了一些作戰受重傷的榮民，像是截肢病人。不論如何，該院確實也住了許多慢性病患，而且每天都有一名醫院的看護將沾滿膿液的繃帶收集起來，送到米歇爾手中。那些膿液通常一碰到空氣都會腐爛成黏答答的東西，而米歇爾必須逐一聞嗅每塊沾著膿的破布，把腐爛的扔掉（其中的大部分）。但是在剩下的新鮮膿液中，則有白血球在裡頭游動。

米歇爾急著想要有好表現（事實上，還加上懷疑自己的天分），便全心投入研究細胞核，彷彿要用苦勞來彌補任何短處。一名同事日後形容他，好像受到惡魔驅趕似地，而且這些研究也讓米歇爾必須天天接觸各式各樣的化學物質。但是，若非這般勤奮，他可能不會發現後來他發現的東西，因為事後證明，細胞核裡的關鍵物質非常難以捉摸。米歇爾先用溫熱的酒精來洗他的膿液，然後用取自豬胃裡的酸液，來溶解掉細胞膜。這樣做，可以分離出一種灰色的漿糊狀物體。他以為這是蛋白質，所以做了一些檢驗想證實。但是這些漿糊狀物質能抗拒蛋白質分解作用，而且和任何已知蛋白質都不一樣，它們不溶於鹽水、沸騰的醋或是稀釋的鹽酸。於是，他進行元素分析，將它燒到分解為止。他得到一些預料中的元素，碳、氫、氧以及氮，但是他也發現了百分之三的磷，這是蛋白質裡沒有的元素。米歇爾相信自己發現了獨特的新物質，於是取名為「核素」（nuclein）——也就是日後科學家所稱的「去氧核糖核酸」（deoxyribonucleic acid），簡稱ＤＮＡ。

米歇爾在一年內將該項研究整理妥當，然後在一八六九年秋天，到隔壁的皇家洗衣室，把他的成果秀給霍佩賽勒看。誰知這位老科學家不但沒有歡喜雀躍，反而蹙起眉頭，懷疑細胞核裡會含有任何特殊的非蛋白質物質。米歇爾一定是哪裡做錯了。米歇爾表達抗議，但是霍佩賽勒堅持要重複這名年輕人的實驗——一步一步地，一片繃帶一片繃帶地重新來過——證實之後才准他發表。霍佩賽勒這種高傲的態度，只會讓米歇爾更缺乏自信（以後他再也沒有做得這麼快速過）。而且，即使多做兩年苦工，還米歇爾清白之後，霍佩賽勒還是堅持另加一篇社論與他的論文一起發表，在那篇好像施恩的社論中，霍佩賽勒明褒暗貶地稱讚道，米歇爾「加強了我們……對膿的了解」。但不管怎樣，米歇爾終於在一八七一年被承認發現了DNA。

同時期的其他一些發現，很快地也讓人更加了解米歇爾發現的分子。其中最重要的是，霍佩賽勒的一名德國弟子證明核素裡含有許多種較小的組成分子。它們包括磷酸鹽與糖類(也就是「去氧核糖」)，以及四種現在被稱爲「鹼基」（base）的環狀化合物：腺嘌呤（adenine）、胞嘧啶（cytosine）、鳥嘌呤（guanine）以及胸腺嘧啶（thymine）。但還是一樣，沒人曉得這些單位如何拼湊起來，而這一團亂糟糟的東西，也使得DNA看起來像是奇怪的異質物體，很難了解。

（科學家現在已經知道這些部分如何組成DNA。這個分子會形成雙螺旋狀，就像一個梯子扭轉成螺絲錐的樣子。支撐梯子的是由兩股磷酸鹽與糖類交錯形成的。梯子的橫檔——也是最重要的部分——每一根都是由一對核酸鹼基組成，而且這些鹼基對都有特定的方式：腺嘌呤(A)總是與胸腺嘧啶(T)配對；胞嘧啶(C)總是與鳥嘌呤(G)配對〔這一點很容易記憶，你只要記得有曲線的C與G是一對，有尖角的A與T是一對〕。）

值此同時，其他的發現開始鞏固起DNA的名聲。科學家在一八〇〇年代末證實，每當細胞分裂爲二時，都會小心翼翼地分發它的染色體。這個步驟暗示，染色體在某方面一定很重要，否則細胞不會這麼大費周章。另外有一群科學家證實，染色體會完整地從親代傳到子代。但是一位德國化學家卻發現，染色體大部分正是由DNA分子組成。根據這些發現——只需要多加一點想像力，就可以描繪出一個大概——一小群科學家終於明白，DNA在遺傳上可能扮演直接的角色。於是，核素開始吸引大家的注意。

當核素變成受人尊敬的研究主題，米歇爾算是出運了；然而他的事業卻又遇到其他阻礙。離開杜賓根之後，他返回老家巴塞爾，但是他的新機構不讓他擁有自己的實驗室——他只分到一間公共休息室的一角，而且他得在一條老舊的通道上進行化學分析（以前的城堡廚房突然顯得漂亮多了）。此外他的新工作還得負擔教學。米歇爾的個性疏離，甚至可以說很冷漠——他是那種從來沒辦法與人輕鬆相處的人——雖然他花了許多心思備課，但結果證明，他的教學方式一塌糊塗：學生記憶中的他，「缺乏安全感、靜不下來……近視眼……很難了解，（而且）煩躁不安。」我們往往喜歡把科學英雄想成具有令人興奮的個性，但是米歇爾連最基本的吸引力都沒有。

由於教學能力太差勁（這又更加傷害到他的自尊），米歇爾再次把全副心力放在研究上。他還是保有某位觀察者所描述的「迷戀於檢驗令人厭惡的液體」，這時米歇爾將他對DNA的忠誠，從膿液轉到精液。精液裡的精子，基本上就是運載核素的導彈，提供大量的DNA，而沒有太多外圍的細胞質。再說，米歇爾也有一個很方便的精子貨源：萊茵河就在他任職的大學附近，每年秋冬都擠滿了鮭魚。在產卵季節，鮭魚的睪丸會像腫瘤般愈來愈大，比平常腫脹二十倍，每粒通常超過一磅重。米歇爾若想收集鮭魚，只要從辦公室窗口垂下一根釣魚線就可以了，而且只要隔著包乳酪用的棉布，壓一壓牠們「成熟的」睪丸，就可以分離出幾百萬個搞不清楚方向的小泳將。缺點是，氣溫只要稍稍接近人類感覺舒適的程度，這些精子便會腐壞。於是，米歇爾只好趕在黎明前，頂著清晨的寒風，坐在實驗桌前，把窗戶打開，讓室內溫度在他開工之前，先降到攝氏二度左右。又因爲預算實在太緊了，如果實驗室裡的玻璃器皿破裂，他有時候還得去偷愛妻的上好瓷器，才能完成實驗。

根據他的研究以及他的同事對其他細胞的研究結果，米歇爾結論道，所有細胞核都含有DNA。事實上，他建議將細胞核——它們具備各式各樣的大小與形狀——重新定義爲DNA的容器。雖然他並非貪圖名聲之人，但這可能會是米歇爾成名的最後一次機會。就算結果證明DNA其實並不重要，他至少可以弄清楚，神秘的核素究竟有什麼功用。然而結果卻不是這樣。我們現在都知道，米歇爾對細胞核的定義大致都正確，但當時其他科學家卻對他那公認有欠成熟的建議，裹足不前；證據實在太弱。就算他們相信這種說法，他們也不同意米歇爾接下來提出的一個更有利於他自己的主張：DNA能影響遺傳。更別提，米歇爾自己也不知道，DNA要怎樣影響遺傳。和當時許多科學家一樣，他懷疑精子注入某些東西到卵子裡，部分原因在於，他假設（與小矮人理論相呼應）卵子已經具有生命所需的所有零件。因此，在他想像，精子的核素的作用，比較類似某種化學的去纖維震動器，用來啓動卵子。很不幸的，米歇爾沒有太多時間來探討或辯護這些想法。他還是得教課，而且瑞士政府又加了一堆「吃力不討好而且乏味」的差事給他，像是撰寫監獄和小學校的營養報告。另外，經年累月在瑞士的冬季敞開窗戶工作，也對他的健康造成傷害，再加上他感染了結核病。最後他只好完全放棄DNA的研究。

値此同時，其他科學家對DNA的懷疑，逐漸在心底生根，然後變成了堅決的反對。最糟糕的是，科學家發現，染色體上不只有磷酸鹽與A-C-G-T鹼基。染色體上還含有珍貴的蛋白質，而它們似乎更可能是解釋遺傳作用的化學物質。因爲蛋白質是由二十種不同的次單元組成（稱做胺基酸）。這些次單元，每一個都可充當成一個字母，來撰寫化學指令，而這些字母的變化似乎也夠多，足以解釋令人眼花撩亂的生命多樣性。相形之下，DNA的A-C-G-T就顯得太乏味，也太簡單，只有四個字母的混雜語，表達能力未免太有限了。於是，大部分科學家認定DNA只是爲細胞儲存磷，沒有其他功用。

可嘆的是，連米歇爾都開始懷疑DNA是否具有足夠的字母變化。他也開始推敲蛋白質遺傳的說法，並且開發出一套理論，指稱蛋白質利用「以不同的角度來伸展分子手臂與分枝」的方式（就像某種化學旗語），來幫資訊編碼。但是，精子如何把資訊傳給卵子，仍然不清楚，米歇爾的困惑更深了。在生命晚期，他又回去做DNA，辯稱它可能還是有協助遺傳。但是進度太緩慢，部分原因是他必須花更多時間待在阿爾卑斯山的肺結核療養院。結果他還沒來得及弄清楚這些東西，就在一八九五年染上肺炎，不久後病逝。

他過世後，其他科學家的研究繼續侵蝕米歇爾的主張，因爲它們強化了下列的信念：就算染色體確實能控制遺傳，眞正帶有資訊的也不是DNA，而是蛋白質。米歇爾過世後，他的舅舅（同樣也是科學家）將米歇爾的通信與論文收集起來，編成一本彷彿純文學界的「作品集」。他的舅舅在序文中宣稱，「米歇爾與他的研究將不會凋零；恰恰相反，它會茁壯，而且他的發現與思想將會撒下種子，生出結實纍纍的未來。」這些都是好話，但看起來一定像是不太可能實現的期望：米歇爾的訃聞上，甚至沒提他的核素研究；而DNA就和米歇爾一樣，當時看來似乎都確定是沒有分量的。

但是米歇爾在過世時，知道他的人，至少是因爲他的科學研究。反觀孟德爾，在世時的名聲都是因爲醜聞。

孟德爾自己也承認，他會成爲奧古斯丁修會的修士，可不是出於虔誠的衝動，而是因爲教會可以幫他付帳單，包括大學學費。身爲農家子弟，孟德爾之所以能夠上小學，完全是因爲那所學校是他叔叔創辦的；他能上高中，則是因爲他姊妹犧牲了部分嫁妝的關係。但是有了教會幫他付帳單後，孟德爾進入了維也納大學，攻讀科學，跟隨都卜勒（Christian Doppler，也就是提出都卜勒效應的科學家），學習如何設計實驗（不過，都卜勒剛開始拒絕了孟德爾的申請，或許是因爲孟德爾有個怪毛病，老是在考試期間精神崩潰）。

孟德爾後來進入聖湯瑪士修道院，該院院長很鼓勵他發展科學與統計方面的興趣，部分是基於金錢考量：修道院長認爲，用科學方法務農，可能生產出較優良的羊群、果樹以及葡萄藤，幫修道院減輕債務。但是孟德爾還有閒暇探討其他興趣，在那些年間，他記錄了太陽黑子，追蹤颶風，而且還建了一座養蜂場（然而他育出來的其中一種蜜蜂，由於脾氣實在太壞，報復心又重，他只好將牠們全數銷毀），而且他還建立了奧地利氣象學會（Austrian Meteorological Society）。

一八六〇年代初，剛好就在米歇爾從醫學院轉爲做研究之前，孟德爾開始在聖湯瑪士修道院的苗圃，進行一些看似簡單的豌豆實驗。他選擇種豌豆，除了享受它們的美味以及期待有穩定的產量之外，也是因爲它們可以讓實驗簡化。不論是蜜蜂或風都沒有辦法替他的豌豆花傳粉，因此他可以控制要讓哪些植株進行交配。而且他欣賞二元性，那種「不是這樣，就是那樣」的豌豆特性：高莖或矮莖，綠豆莢或黃豆莢，皺皮或光滑皮豌豆，沒有介於兩者之間的特性。事實上，孟德爾從研究中得出的第一個重要結論就是，某些二元性的特徵，會「壓抑」其他特徵。譬如說，讓純種的綠皮豌豆植株與純種的黃皮豌豆植株交配，只會產生黃皮豌豆的子代：黃色是顯性。然而更重要的是，綠皮豌豆植株並未從此消失。當孟德爾讓第二代的黃皮豌豆互相交配，下一代會偷偷冒出幾株綠皮豌豆——每三株顯性黃豌豆，會出現一株潛伏的隱性綠豌豆。這種三比一的比率①，也適用於其他特徵。

同樣重要的是，孟德爾結論道，某一種顯性或隱性特徵，並不會影響另一種特徵的顯性或隱性——每一種特徵都是獨立的。譬如說，即使高莖能壓抑矮莖，一個隱性的矮莖植株仍然可以長出顯性的黃豌豆。又或者，一個顯性的高莖植株也可能具有隱性的綠皮豌豆。事實上，他所研究的七種特徵——例如滑皮（顯性）對皺皮（隱性）豌豆，紫花（顯性）對白花（隱性）豌豆——每一種都能獨立遺傳。

像這樣專注於各別獨立的特徵，正是孟德爾能成功，而其他一心想著遺傳力的園藝學家卻失敗的原因。要是孟德爾也試圖一次全盤解釋，子代植株爲何會長得像親代植株，他將必須同時考量太多特徵。結果，植株看起來將會像是一幅老爸與老媽的拼貼成品，令人徒增迷惑（同樣栽種並實驗豌豆的達爾文，之所以沒能了解它們的遺傳，部分原因就在於此）。但是，藉由將範圍縮小，一次只觀察一項特徵，孟德爾成功地看出，每一項特徵必定是由一個獨立的因子所控制的。孟德爾所找到的這種分離的遺傳因子，正是我們今天所謂的基因，雖說孟德爾從來沒有用過這個字眼。孟德爾的豌豆，相當於生物學裡的牛頓的蘋果。

孟德爾不只是做出定性方面的發現，也幫遺傳學找到了堅實的量化基礎。另外，他熱愛氣象學上的統計操作，把每日氣壓計與溫度計的數值，轉化成總體的氣象數據。他的育種研究也是採用同一套方式，將一群個別植株總結成共通的遺傳法則。事實上，長達一個世紀以來，都有謠言傳說孟德爾做得太過頭了，由於太熱愛完美的數據，而忍不住造假。

如果你擲銅板一千次，你會得到大約五百次正面，五百次反面；但是要得到剛剛好五百次的機率，卻非常小，因爲每一次扔擲都是獨立事件，是隨機的。同樣地，由於隨機偏差，實驗數據總是會比理論値稍微偏高或是偏低。因此，孟德爾應該只會得到接近三比一的高莖與矮莖（或是其他特徵）比率。然而，孟德爾卻宣稱，從好幾千株豌豆做出近乎柏拉圖理想的完美三比一比率，這項宣稱本身，引發了現代遺傳學家的懷疑。近代某個詳細計算過機率的人發現，在記帳與氣象學實驗時，對數字正確性錙銖必較的孟德爾，誠實得出那些實驗結果的機率，不到萬分之一。許多歷史學者幫孟德爾辯護，或是聲稱他修改數據是出於下意識，因爲那個年代記錄數據的標準不同（某位擁護者甚至憑空捏造出一名熱心過頭的園丁助手，因爲知道孟德爾想要的數據是什麼，而故意砍掉一些植株，來討好主子）。孟德爾原始的筆記在他死後被燒光了，因此我們沒有辦法檢查，他是否有在數字上動手腳。不過，坦白說，如果孟德爾眞的造假，那麼他幾乎可以說是更了不起了：因爲那表示，他在還沒有眞正的證據之前，就已經知道正確的答案——遺傳學裡的三比一黃金比率。不過，傳說中可能造假的數據，或許只是這名修士想把實驗裡比較怪異的變化，弄得整齊一點，好讓其他人能了解他所領悟的事。

不管怎樣，沒有人在孟德爾生前懷疑他走捷徑——部分原因在於，根本沒人注意。他在一八六五年的一場學術會議中，朗讀了一篇豌豆遺傳的論文，結果就像一位歷史學家所記載的，「聽衆對他的反應，就像所有人碰到超過他們能接受的數學時的反應：沒有人討論，也沒有人提問。」他幾乎是不應該再多費力氣了，但孟德爾還是在一八六六年，以書面發表了他的實驗結果。還是老樣子，一片沉寂。

孟德爾又繼續研究了好幾年，但是他在科學界擦亮招牌的機會，卻在一八六八年消失了大半，那年他被任命爲修道院院長。以前從來沒有管理經驗的孟德爾，要學的東西可多了，管理聖湯瑪士修道院日常運轉的頭痛事務，更是吃掉了他原本閒暇的園藝時間。不只如此，院長的額外補助，像是豐盛的食物以及雪茄（孟德爾每天抽二十根雪茄，而且變得十分胖大，靜止時的脈搏一度高達一百二十下），都把他拖慢了，限制了他享受園藝和暖房的時間。比較晚期的一名訪客還記得，孟德爾院長帶他到花園裡散步，曾經開心地指著盛放的豌豆花與成熟的豌豆；但是一提到他在花園裡做的實驗時，孟德爾就馬上改變話題，幾乎是有點難爲情（當他被問到，他如何能只種出高豌豆時，孟德爾有點猶豫地說：「只是些小把戲，說來話長，講它們太花時間了」）。

此外，孟德爾的科學生涯之所以會萎縮，部分也是因爲他浪費太多時間爭吵政治議題，尤其是政教分離（雖然從他的科學研究看不出來，但是孟德爾有時候也滿火爆的——與米歇爾的冷淡，恰成對比）。在他那群修道院院長同僚之間，孟德爾幾乎是唯一支持自由政治的，但是當自由派在一八七四年上台統治奧地利之後，卻出賣了他，取消修道院的免稅地位。政府要求聖湯瑪士修道院每年繳交七千三百基爾德（gulden，荷蘭幣）稅金，相當於該修道院總資產的百分之十，憤怒而且覺得受人背叛的孟德爾，雖然付了一些錢，但卻拒絕繳交剩餘的款項。政府的對策是，直接從聖湯瑪士修道院的農田裡沒收財產。官方甚至派遣一位警長，要進入聖湯瑪士修道院裡面搜括財物。結果，孟德爾穿上整套道袍，站在修道院大門口迎敵，他怒目相向，挑戰對方，有種就直接來搜他口袋裡的鑰匙。警長又得空手而歸。

但是，整體說來，孟德爾在廢除新法令方面，進展很小。他甚至變成一個脾氣古怪的傢伙，追討利息以彌補減少的收入，撰寫長信給立法當局，討論一些有關教會稅負的艱澀觀點。一名律師曾經嘆道，孟德爾「充滿了猜忌，（認定）自己身邊盡是敵人、叛徒以及密謀者」。孟德爾事件確實讓這位昔日的科學家在奧地利出了名，或說惡名昭彰。同時，它也令繼任孟德爾的下一任院長相信，在孟德爾死後，應該把他的文件都燒掉，以便終結壞名聲，給修道院留點面子。而那些記載豌豆實驗的筆記，就成了陪葬品。

孟德爾死於一八八四年，也就是教會與政府發生糾紛後不久；他的看護發現他直挺挺地坐在沙發上，心臟與腎臟都衰竭了。我們之所以知道這一點，是因爲孟德爾生前擔心遭到活埋，預先要求死後驗屍。但是就某方面來說，孟德爾所擔憂的過早被埋葬，事後證明，確有先見之明。在他過世後三十五年期間，引用他那篇現在被奉爲經典的論文的科學家，只有寥寥十一人。而且那些引用該論文的人（通常是農業科學家），只不過把他的實驗看成還算有趣的豌豆育種學，而非遺傳學上的通識。科學家確實太早把孟德爾的理論給埋葬了。

但是，生物學家日後持續做出的細胞方面的新發現，都是支持孟德爾的想法，只是他們並不知道這些想法。最重要的是，他們發現，子代中的特徵會出現明確的比例，因此認定染色體是以不連續的塊狀，將遺傳資訊傳給下一代，就像孟德爾辨識出來的互相分離的特徵。於是，當三位生物學家在大約一九〇〇年，各自獨力查出孟德爾的豌豆論文，而且都了解它與自己的研究緊密呼應時，他們不約而同地，都決心要挖出這名修士，讓他重見天日。

據說孟德爾曾經對一名同事發誓，「我的時代一定會來臨！」哇，眞給他說中了。打從一九○○年開始，孟德爾遺傳學說擴張之快，再加上大量意識形態上的熱情從旁助陣，它開始成爲達爾文天擇論的對手，同場角逐生物學界的最卓越理論的頭銜。事實上，許多遺傳學家都將達爾文主義與孟德爾學說視爲兩者完全不相容——其中甚至有幾人興致高昂地期待著，有朝一日能把達爾文放逐到歷史上的無名小卒區，一塊米歇爾再熟悉不過的區域。

2 達爾文差點陣亡

遺傳學家為何想殺掉天擇？

這眞的不是諾貝爾獎得主該做的事。一九三三年底，剛贏得科學界最高榮譽的摩根（Thomas Hunt Morgan），接到資深研究助理布瑞吉斯（Calvin Bridges）的消息，他的勃勃性致替他惹禍上身。又來了！

幾週以前，一名來自紐約市哈林區的女騙子，在長途火車上認識了布瑞吉斯。她很快就說服他相信，她不只是一位貨眞價實的印度公主，而且她那富有的大君爸爸還剛好在印度開辦了一家科學研究機構，研究的主題正是布瑞吉斯（以及摩根）的研究領域——果蠅遺傳學（眞是巧合中的巧合呀！）。既然她父親急需一名專家來率領該研究所，於是她邀請布瑞吉斯接受這份工作。天眞風流的布瑞吉斯，很可能已經和她有一腿了，再加上這份工作的美好前程，更是令她愈看愈迷人。他是這麼地神魂顚倒，甚至開始拉老同事們也去印度工作，而且似乎完全沒注意到，這位公主殿下有個習慣，只要和他出外尋歡作樂，必定快速累積大筆帳單。事實上，只要背著他，這位照理說應是尊貴的公主，總是自稱布瑞吉斯夫人，而且盡可能把所有帳目都掛在他頭上。等到騙局終於揭穿時，她甚至想再狠敲一筆，威脅要告他「基於不道德的目的，將她運送過州界」。

又害怕，又心煩的他——儘管很擅長這類「成人活動」，布瑞吉斯的個性其實還很幼稚——趕緊向老闆摩根求助。

無疑地，摩根一定會找另一位可靠的助理史特蒂文特（Alfred Sturtevant）商量。和布瑞吉斯一樣，史特蒂文特已經跟隨摩根幾十年了，而且這三人共同做出了一些遺傳史上最重要的發現。私底下，史特蒂文特和摩根都板著臉訓斥了布瑞吉斯一頓，但是他們終究是重義氣勝過一切。他們決定要由摩根出馬。他直接威脅該女子，說他要報警，並持續施壓，直到公主殿下趕搭第一班火車消失爲止。然後他要布瑞吉斯藏匿一陣子，避避風頭①。

多年前，摩根僱用布瑞吉斯，其實是要他來打雜的，從沒指望有朝一日會變成自己的哥兒們。但還是一樣，摩根向來就沒辦法料中自己的未來。在脫離無名小卒的歲月後，他突然變身爲遺傳學界的大頭目。原本窩在紐約曼哈頓一處狹窄得可笑的區域裡工作的摩根，如今是加州一間寬敞的實驗室的頭兒。在他的「果蠅幫」（fly boys）身上耗費許多年大量的心力與熱情之後，他居然得面對前助理對他的控訴，指稱他侵佔別人的點子。此外，在如此辛苦地長期反對野心過大的科學理論後，他竟然投降了，甚至還幫忙推展生物學領域最具野心的兩大理論。

對於最後這件事，年輕時的摩根恐怕會很瞧不起年老的自己。一九〇〇年左右，當摩根的研究生涯剛起步時，正值科學史上一個好奇的年代，一場最不文明的內戰，在孟德爾的遺傳學與達爾文的天擇論之間爆發：戰況之激烈，搞到最後，大部分生物學家都覺得其中某個理論必須要加以消滅才行。在這場戰爭中，剛開始，摩根企圖扮演中立國瑞士，拒絕接受任何一邊的說法。他覺得雙方都太依賴臆測了，而摩根對臆測有著近乎極端保守的不信任感。如果一個理論沒有辦法把證據攤在他眼前，他就就會想要把它掃出科學界。事實上，若說科學的進步通常需要一個極爲聰明的理論家挺身而出，把他的遠見解釋得清清楚楚，那麼對摩根來說，情況恰恰相反，他頑固得出奇，而且他的推理更是出了名的糊塗——除了眼睛看得到的扎實證據，其他東西只會令他更迷惑。

然而，這份迷惑也讓他成爲完美的嚮導，帶領我們追蹤這場薔薇戰爭，看達爾文主義者與孟德爾主義者之間的互嗆。剛開始，摩根對於遺傳學和天擇論都不信任，但是他那充滿耐心的果蠅實驗，分別將兩者所包含的部分事實，梳理出頭緒。最後，他（或者該說，他與他那聰明的助理小組）終於成功地將遺傳學與天擇論編織在一起，融入壯麗的現代生物學全景圖中。

當年達爾文主義的敗退，現在被稱爲「達爾文理論的日蝕」（the "eclipse" of Darwinism），是從一八〇〇年代末開始的，而且它開啓了理性的推理。講到底，生物學家雖然承認他證明了演化存在，但是他們卻貶抑他的演化機制（天擇理論，適者生存），認爲這樣的機制根本不足以造成他所宣稱的變化。

批評者尤其喜歡嘮叨他們的信念，在他們看來，天擇只不過是把不適生存者消滅掉；但是它似乎完全沒有說明，新的或是優勢的特性如何產生。就像有人曾說過的一句妙語，天擇固然能解釋適者的生存，但卻不能解釋適者是怎麼**生出來**。達爾文甚至把這個問題弄得更困難，因爲他堅持天擇是以極緩慢的速度，以極小的變化，作用在個體身上。其他人都不相信，這些微小的變化有可能造成實際的長期影響——他們相信的是急拉式的、跳躍式的演化。就連捍衛達爾文最不遺餘力的赫胥黎（Thomas Henry Huxley）都曾經試圖說服達爾文，物種有時候會跳躍式地進展，「令達爾文聽了大為反感。」達爾文堅持不讓步——他只接受無限小的變化步伐。

當達爾文於一八八二年過世後，反對天擇的補充言論凝聚得更強大了。正如統計學家所證明的，物種的大部分特性都呈鐘形曲線分布：⑧。譬如說，大部分人都是中等高度，高個子或矮個子的數量，會平滑地向兩端減少。動物的特性，例如速度（或是強壯度，或聰明程度）也同樣呈鐘形曲線分布，中等程度的動物總是佔大多數。很顯然，天擇會把笨蛋或白癡給消滅掉，因為他們會被獵食者捕獲。但是，如果要發生演化，大部分科學家都指出，平均水準必須有所移動；原本中等程度的動物，必須變得更快速（或更強壯，或更聰明）。否則，各個物種將大都維持原狀。但是，殺死最慢的動物，並不能讓那些逃過一劫的動物突然變得更快速——於是，那些成功脫逃的動物，只能繼續生下平庸的子女。不只如此，大部分科學家假設，任何快得出奇的動物，在與比較慢的動物交配之後，其速度都會被稀釋，而產下較平庸的孩子。根據這個邏輯，物種會停滯在平凡的特性上，而天擇的輕輕推促根本無法改進它們。於是，眞正的演化——例如，人從猴子演變而來——一定得由跳躍來完成②。

除了明顯的統計問題之外，達爾文主義者還得應付另一個不利的因素：感情。人類厭惡天擇。在天擇裡，毫無憐憫心的死亡似乎才是王道，強者總是在欺凌弱者。某些知識分子，例如劇作家蕭伯納，甚至有被達爾文背叛的感覺。蕭伯納剛開始非常欣賞達爾文，因為他打倒了宗教教條。但是，蕭伯納聽得愈多，愈不喜歡天擇。而且「當你想清楚整件事的意義，」蕭伯納後來哀嘆，「你的心簡直沉到了沙堆之下。這裡頭有一個醜陋的宿命論，恐怖又該死地減損了美麗與智慧。」他說，由這種規則所掌管的大自然，將會是「一切只是在掙一口剩飯」。

一九〇〇年，三個不同的科學家同時重新發現孟德爾，更加激勵了反達爾文主義者，因爲它們提供了另一項科學上的選擇——而且很快就變成公開的敵手。孟德爾的研究強調的不是殺戮與挨餓，而是生長與世代。不只如此，孟德爾的豌豆具有跳躍變動的特徵——高莖或矮莖，黃色或綠色，沒有介於兩者之間的小變化。到了一九〇二年，英國生物學家貝特森（William Bateson）就已經協助一名醫生，找出第一個已知的人類基因（一種很嚇人、但是對健康沒有大礙的小病黑尿症〔alkaptonuria〕，它會讓孩子的尿液發黑）。貝特森很快就重新打響孟德爾遺傳學的品牌，並成爲孟德爾在歐洲的頭號鬥士，不屈不撓地幫這名修士的研究辯護，甚至還迷上了下棋與抽雪茄，只因爲它們都是孟德爾最愛的嗜好。不過，其他人支持貝特森那詭異的狂熱行爲，主要是因爲達爾文主義侵犯了十九世紀初進步的社會思潮。早在一九〇四年，德國科學家登納特（Eberhard Dennert）就已經在那裡大聲嚷嚷，「我們正站在達爾文主義臨死的病榻上，準備送點小錢給病患的友人，好讓他們辦個像樣的葬禮。」（與今日創造論者的情緒頗爲吻合。）當然，也有少部分生物學家爲達爾文辯護，力抗世間衆多的登納特們與貝特森們，而且英勇地奮戰不懈——一名歷史學家批評，雙方「都有滿強的惡意」。但是這些頑強的少數，無法防止達爾文主義的日蝕愈來愈黑。

不過，孟德爾的研究雖然激勵了反達爾文主義者，但卻始終不能統合他們。到了一九〇〇年代初，科學家已經發現了各式各樣與基因和染色體有關的重要事實，那些事實，直到今天仍支撐著遺傳學。它們確定了：所有生物都有基因；基因能夠改變或是突變；而且細胞裡所有染色體都是成雙成對的；每個生物都從媽媽與爸爸那兒繼承到同等數目的染色體。但是，卻沒有一個完整的觀念，能將這些發現整合起來；衆多個別的像素，從來就沒法變成一幅完整的圖畫。相反地，一大堆半弔子的理論紛紛冒出頭來，像是「染色體理論」、「突變理論」、「基因理論」等等。每個理論都只擁護一個狹隘的遺傳議題，而且每個理論所描繪的特點，從現在的眼光看來，只能說令人費解：有些科學家（錯誤地）相信，基因並不存在染色體上；也有科學家相信，每條染色體上只有一根基因；另外還有科學家相信，染色體在遺傳上完全不具備任何角色。雖然我們這種事後聰明的說辭不盡然公平，但是今天來讀這些部分重疊的理論，還眞是令人受不了。你忍不住想吼那群科學家，就像你想吼綜藝節目《幸運輪》（*Wheel of Fortune*）上的大傻瓜，「用用腦子！不都攤在那兒了嗎！」但是，每個小地盤上的發現，都會被對手打折扣，而且他們與自己人爭吵的火熱程度，幾乎不輸他們與達爾文主義者爭吵的程度。

當這些革命運動與肅反革命運動的爭吵，在歐洲四處蔓延之際，最後終結達爾文與遺傳學之爭的，卻是一位在美國沒沒無聞地做研究的科學家。雖然摩根對達爾文與孟德爾都不信任——太多耍嘴皮的理論了——但是自從一九〇〇年到荷蘭拜訪過一名植物學家之後，他對遺傳學就漸漸產生了興趣。德弗里斯（Hugo de Vries）正是那年重新發掘孟德爾的三名科學家之一，而且德弗里斯在歐洲的名氣不輸達爾文，部分是因爲德弗里斯想出了另一套物種起源的理論。德弗里斯的「突變理論」（mutation theory）指稱，物種都會經過罕見但強烈的突變期，在這段期間，親代會產生「突變種」（sports），也就是具備與親代明顯不同特徵的子代。德弗里斯是在阿姆斯特丹附近的廢棄馬鈴薯田，觀察到一些異常的月見草之後，才發展出他的突變理論。這些突變的月見草具有較平滑的葉片，較長的莖，或是體型較大、花瓣數量也較多的黃花。更重要的是，月見草突變種不會與舊式的、正常的月見草交配；它們似乎跳過那些舊品種，而變成一個新品種。達爾文拒絕接受演化上的跳躍，因爲他相信，如果一個突變種出現了，它會因爲必須與正常個體交配，而稀釋掉它的好品質。然而，德弗里斯的突變理論一下子就把這個反對理由給排除了：許多突變種同時出現，而且它們只能彼此交配。

月見草的結果，深深植入摩根的腦袋裡。至於德弗里斯完全搞不清楚突變爲何以及如何會出現，一點都不要緊。摩根終於看到了新物種產生的證據，而不是臆測。在紐約哥倫比亞大學找到工作後，摩根決定要研究動物的突變期。他剛開始採用的實驗對象是老鼠、天竺鼠和鴿子，但是當他發現牠們繁殖得有多慢時，他接受一名同事的建議，嘗試改用果蠅來做實驗。

和當時衆多紐約客一樣，果蠅是新移民，從一八七〇年代起，伴隨著第一株香蕉作物，裝箱上船，飄洋過海而來。這些來自熱帶的黃色水果通常被包裹在錫箔紙裡，每個要賣一毛錢，而且在紐約還有守衛看管香蕉樹，以防垂涎它們美味的民衆來盜取。但是到了一九〇七年，香蕉和果蠅在紐約都已經成爲司空見慣的東西，因此摩根的助理只需要把一根香蕉切開，擺在窗台上任其腐爛，就可以逮到一大群果蠅來做實驗。

結果證明，果蠅對於摩根來說，確是完美的實驗動物。牠們繁殖速度超快——每十二天就可以生出一代——而且活命所需的食物，比花生還便宜。此外，牠們還能容忍狹窄得令人發瘋的紐約居住環境。摩根的實驗室——哥倫比亞大學史戈瑪宏大樓（Schermerhorn Hall）的六一三「果蠅室」——區區十六乘二十三英尺大小，卻得擺放八張書桌。但是，一千隻果蠅卻能快快活活地住

摩根在哥倫比亞大學擁擠不堪的果蠅研究室。每個小瓶子裡都窩著幾百隻果蠅，以爛香蕉爲生。（圖片來源：The American Philosophical Society）

在一只一夸特的牛奶瓶裡，很快地，摩根的架子上就擺滿了幾十只這樣的牛奶瓶，據說都是他的助理從學生餐廳或是當地居民的門廊上「借來」的。

摩根把自己的書桌安置在果蠅室的正中央。蟑螂會在他的抽屜裡爬行，咀嚼腐敗的水果，整個果蠅室裡盡是不協調的嗡嗡聲，但是摩根能夠完全不受影響地置身其中，拿著珠寶商人用的強力放大鏡，仔細檢查一瓶又一瓶的果蠅，希望發現德弗里斯所說的那種突變。當一整瓶產品都沒有什麼意思時，摩根就會用大拇指把牠們壓碎，然後把牠們的內臟隨便一抹，通常是抹在實驗筆記本上。就公共衛生角度來說，很不幸地，摩根有非常、非常多的果蠅需要抹掉：雖說果蠅生了又生，生了又生，他還是沒有看到突變的徵兆。

這時，摩根倒是在另一個領域交上好運。一九〇九年秋天，他幫一名輪休的同事代班上課，也是他在哥倫比亞大學唯一教過的基礎入門課程。一名旁觀者寫道，在那個學期中，摩根做出了「最大的發現」，他發現了兩個聰明的助理。史特蒂文特有一名兄弟在哥大教拉丁文和希臘文，他透過這名兄弟，聽說摩根在教這門課，雖然當時他只是個大二學生，但卻讓摩根印象深刻，因為他獨力完成一篇研究論文，關於馬匹與毛色遺傳（摩根來自肯塔基州，他的父親與叔叔曾經是南北戰爭期間，在北軍防線後方著名的偷馬賊，率領一群號稱「摩根突擊隊」的部眾。摩根對自己的南方聯盟歷史，頗為不屑，但是他有辦法認出他的千里馬）。從那時候開始，史特蒂文特就成為摩根的金童，最後在果蠅室裡掙得令人豔羨的一席座位。史特蒂文特擁有一股教養良好的氣質，博覽文學書籍，擅長玩較難的英國填字遊戲——不過，處在骯髒的果蠅室裡，他的書桌裡也曾被人看到一隻風乾的鼠屍。就科學家而言，史特蒂文特確實有一項缺點：他有紅綠色盲。早年在阿拉巴馬州老家果園，他負責照料馬匹，主要就是因為他在收成期間沒多大用處，要他分辨綠樹叢中的紅色草莓，太困難了。

另一個大學生布瑞吉斯，則剛好補足史特蒂文特的糟糕視力以及自負個性。剛開始，摩根只是可憐布瑞吉斯是個孤兒，所以給他一份工作，清洗髒牛奶瓶。但是布瑞吉斯會偷聽摩根與他人討論研究，因此當他開始用肉眼（即便隔著骯髒的玻璃瓶）辨識出一些很有意思的果蠅，摩根便改聘他為助理。布瑞吉斯這人很重感官，長相英俊，有一頭蓬鬆的美髮，早在「自由性愛」這個名詞被創造出來前，他就已經在身體力行自由性愛了。他拋棄了妻兒，接受輸精管切除手術，然後開始在曼哈頓的單身漢窩巢裡，釀起私酒來。只要是穿裙子的，他都有興趣撩撥一下——或是

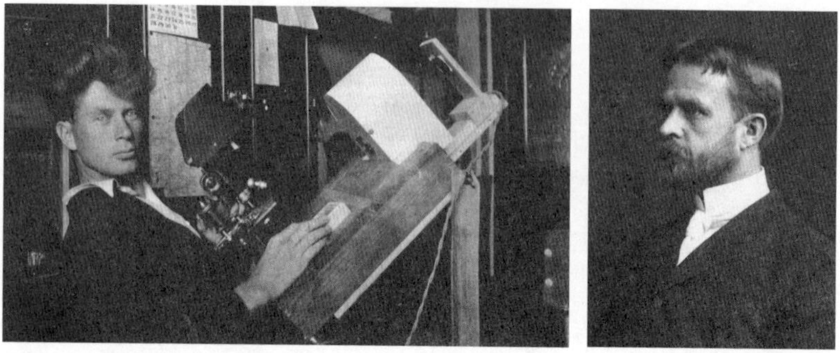

花花公子布瑞吉斯（左圖）以及摩根難得留傳下來的一張照片（右圖）。由於摩根非常不喜歡拍照，有一次一名助理想要替他拍張照片，還必須把相機藏在果蠅室的一只櫃子裡，然後接一條線，從遠方拉扯觸動快門。（圖片來源：National Library of Medicine）

直接求愛——包括同事的老婆在內。他那股個性單純的魅力，引誘了許多人，但是即便在果蠅室已經成爲傳奇之後，還是沒有一家大學敢冒名譽受損的後果，聘請他擔任層次較高（超越雜役助理）的職務。

遇見布瑞吉斯與史特蒂文特，想必很能激勵摩根，因爲在那之前，他的實驗幾乎全數失敗。由於沒法發現任何天然突變種，他只好讓果蠅暴露在過熱或過冷的環境，或是將酸、鹼或其他可能的致突變劑，注射到果蠅的生殖器（位置可不好找）。還是一樣，什麼事都沒發生。就在瀕臨放棄之際，一九一〇年一月，他終於找到一隻胸部長著奇異的三叉狀紋路的果蠅。雖然不能算是德弗里斯所謂的超級果蠅，但總算是個突變種。到了三月，又有兩個突變種出現了，一個是在翅膀附近長有鋸齒形的胎記，看起來好像「長著腋毛的胳肢窩」，另一個則是體表爲橄欖色（而非正常的琥珀色）。一九一〇年五月，出現了一個就當時爲止最戲劇性的突變種，一隻有著白眼睛（而非紅眼睛）的果蠅。

急於突破的摩根——這搞不好正是德弗里斯所說的突變期——花了很多時間來分離白眼果蠅。他先把一只牛奶瓶口打開，然後將另一只牛奶瓶口對口地反蓋在上面，就好像在幫番茄醬瓶子交配似地，同時再安排一道燈光從上方打下來，哄誘白眼果蠅往上飛。當然，數百隻其他非突變果蠅也會跟著白眼果蠅，飛進上方的瓶子，所以摩根必須快速蓋上兩個瓶口，再拿一只新牛奶瓶，一再地重複上述流程，逐次減少瓶中果蠅的數量，同時祈禱上帝別讓白眼果蠅趁亂開溜。等他終於分離出這個白眼小傢伙之後，他再讓它與紅眼雌果蠅交配。然後他讓子代以各種不同方式，互相交配。得到的結果很複雜，但是其中一項結果特別讓摩根興奮：紅眼子代互相交配後，產下的子代中，他發現紅眼與白眼果蠅的比例爲三比一。

在那之前一年，一九〇九年，摩根就已經在哥倫比亞大學聽過丹麥植物學家約翰森（Wilhelm Johannsen）演講孟德爾比率。約翰森利用那個場合來推廣他新創的單字「基因」（gene），一個假想的遺傳單位。約翰森與其他人都坦承，基因是一個方便的虛構名詞，是爲了某件事物所預留的文字框架。他們堅稱，雖然他們並不了解基因的生化細節，但也不會損及基因概念在研究遺傳方面的便利性（類似今日的心理學家可以在不了解腦袋細節的情況下，研究欣快症或是憂鬱症）。摩根認爲那場演講含有太多臆測，但是他的實驗結果——三比一——卻立刻降低了他對孟德爾的偏見。

這對摩根來說，堪稱一次大轉彎，但這只是開頭而已。眼睛顏色的比率，讓他相信基因理論不是胡說八道。但是，基因到底位在何方？很可能在染色體上，然而，果蠅擁有幾百項遺傳特徵，卻只有四根染色體。假使如同許多科學家所認爲的，每根染色體只具有一項特徵，果蠅根本沒有足夠的染色體。摩根不想被捲入染色體理論的爭辯，但是接下來的一項發現，卻讓他別無選擇：因爲當他仔細觀察白眼果蠅時，發現這個突變種全都是雄性的。科學家早就知道，有一條染色體能決定果蠅性別（和哺乳動物一樣，雌果蠅有兩條X染色體，雄果蠅只有一條）。現在白眼基因也和那條染色體相連——使得兩項特徵都在它身上。很快地，他的果蠅幫又發現其他幾個只與雄性有關的基因：短硬翅膀，黃色身體。於是，結論只能如下：它們證明了多個基因會群聚在同一根染色體上③。至於摩根所證明的結果，與他起初的想法相反，一點都不重要；反正他開始擁護染色體理論了。

像這樣推翻舊信念，已經成爲摩根的習慣了，它既是摩根最令人欣賞的特性，也是最令人氣惱的特性。雖說摩根很鼓勵果蠅室裡多多討論各種理論，但是他認爲新理論通常廉價又好用——但是除非經過實驗證明，否則一文不值。他似乎並不了解，科學家需要新理論做爲引導，來判定何者重要，何者不重要，以資架構他們的結果，預防被弄糊塗。即使像史特蒂文特和布瑞吉斯這樣的大學部學生——尤其是稍後加入果蠅室的另一名學生，聰明得令人氣惱、而且極爲擅長令人氣惱的繆勒（Hermann Muller）——有好多次和摩根爭吵基因及遺傳問題時，都被他氣得快要抓狂。但是，只要你有辦法壓過摩根，說服他相信自己弄錯了，摩根就會馬上丟棄舊想法，轉身擁抱新想法，一點都不覺得難爲情。

對摩根來說，這種半抄襲行爲沒有什麼大不了。所有人都是爲了同樣的目標而努力（不是嗎?），只有實驗最重要。而且，摩根這種一百八十度的大轉彎，也證明他有聽進助理的意見，和大部分歐洲科學家對待助理的頤指氣使態度，完全不同，這的確是他值得誇讚之處。也因爲這樣，布瑞吉斯和史特蒂文特總是公開宣示他們對摩根的忠誠。但是訪客有時候也會注意到，他的助理之間有手足競爭情結，也會在私底下悶燒著。摩根並不是有意在背後操縱，他只是不在乎點子的功勞歸屬問題。

但一如往常，各種令摩根痛恨的想法繼續偷襲他。因爲統一的基因染色體理論在出場後不久，幾乎就要解體了，除非找到一個根本的想法，才可能救得了它。同樣地，摩根已經判定會有很多個基因聚集在同一根染色體上。而且，他根據其他科學家的研究，得知親代會將整條染色體傳給子女。因此，每根染色體上的所有特徵，照理應該永遠都會一起遺傳——它們應該永遠相連在一起。舉個假設的例子，要是某根染色體上有一些基因分別會造成綠色剛毛、鋸齒狀翅膀以及肥觸角特徵，那麼任何果蠅只要具有其中一項特徵，應該也會展示出另外兩項特徵。像這樣的特徵叢聚，確實出現在果蠅身上，但是令摩根小組氣餒的是，他們發現，某些相連的特徵有時候會突然不相連——綠剛毛與鋸齒翅，原本總是結伴出現，不知怎的竟然分開出現在不同的果蠅身上。像這樣解開相連關係，並不常見——相連特徵可能會有百分之二或是百分之四的機率，分別出現——但是，若非摩根罕見地讓自己的想像力奔放了一下，這種現象的持續出擊，有可能危及整套理論。

摩根記得曾讀過一篇比利時神父生物學家所寫的論文，對方用顯微鏡來研究精子與卵如何形成。生物學裡有一項關鍵事實，一而再地出現，那就是所有染色體都成雙成對，一對對有如同卵雙胞胎（人類擁有四十六條染色體，編組成二十三對）。當精子與卵形成時，這些幾近雙胞胎的染色體，會在母細胞中央排排站好。在細胞分裂過程中，雙胞胎中的一個被拉到某一邊，另一個則被拉到另一邊，然後兩個子細胞就此誕生。

然而，這名神父生物學家注意到，就在進行分派之前，雙胞胎染色體有時候會交互作用，終端互相纏繞。他不知道爲什麼會這樣。摩根猜測，或許在交纏過程中，染色體尖端會斷裂而互換位置。這樣就能解釋，爲何相連的特徵有時候會分開：染色體一定在那兩個基因之間的某處斷裂開，改變了它們的位置。不只如此，摩根還揣測出——他眞是好運連連——有百分之四的機率會分開的兩個特徵，比起有百分之二機率會分開的兩個特徵，前兩者在染色體上的間距，應該大於後兩者，因爲間距愈大，愈有可能在解開纏繞的過程中斷裂。

結果證明，摩根敏銳的揣測是正確的，而且接下來的幾年期間，史特蒂文特與布瑞吉斯陸續貢獻他們的見解，果蠅幫開始描繪出一個嶄新的遺傳模型——一個讓摩根小組名留青史的重要模型。它的大意是說，所有特徵都是由基因所控制，而這些基因都位在染色體的固定位置上，彷彿項鍊上的珍珠，串連在一起。由於生物會從雙親分別遺傳到每個染色體中的一條，因此染色體就能將親代的特徵傳到子代。互換（以及突變）會稍微改變染色體，如此將有助於讓每個生物變得獨一無二。然而，染色體（以及衆多基因）大部分維持原狀，而這也解釋了，爲什麼特徵會在家族裡代代留傳。各位請看：這正是第一個有關遺傳如何作用的全面性理論。

事實上，這個理論源自摩根實驗室的部分極少，因爲它是由世界各地的生物學家許多不同的發現所拼湊成的。但是摩根小組終於將這些原本關聯不大的想法，串聯在一起，而且果蠅還提供了極強的實驗證據。譬如說，當一萬隻突變果蠅在摩根的架子上嗡嗡叫，其中竟然沒有任何一隻是雌果蠅時，再沒有人能否認性連遺傳的存在了。

當然，摩根雖然贏得統合這些理論的名聲，但是，對於如何讓這些理論與達爾文的天擇理論相調和，摩根完全沒有貢獻。這方面的調和也是來自果蠅室的內部研究，但還是一樣，摩根又落得「借用」助理們的想法，包括一位不像布瑞吉斯與史特蒂文特那般溫順的助理。

繆勒於一九一〇年開始在果蠅室出沒，雖然只是偶爾露個面。由於繆勒必須供養年邁的母親，只能過著亂糟糟的忙碌生活，在旅館和銀行打雜，晚上擔任外國人的英文家教，每做完一份工作要趕往另一份工作時，在地鐵上匆匆吞個三明治果腹。然而即使這麼忙碌，繆勒還是有辦法騰出空閒，在格林威治村結交作家德萊塞（Theodore Dreiser），投身社會主義政治，並通勤兩百英里到康乃爾大學，完成碩士學位。但是不論繆勒被折騰得多累，他總是利用僅有的一天空檔——星期四，拜訪摩根與果蠅幫，和他們爭辯各種遺傳學想法。智能機敏的繆勒，在這類自由討論場合總是大放異彩，而摩根也在一九一二年他從康乃爾大學畢業後，幫他在果蠅室安排了一張書桌。問題是，摩根拒絕付他薪水，因此繆勒的忙碌行程並未能減輕。沒多久，他就發作了一次精神崩潰。

從那時候起，往後幾十年期間，繆勒都對自己在果蠅室的地位忿忿不平。他氣摩根公然偏心出身中產階級的史特蒂文特，把一些僕人做的雜活，像是準備香蕉，推到藍領出身、勞工階級的布瑞吉斯身上。他也氣布瑞吉斯與史特蒂文特能靠著他（繆勒）的點子來做實驗、領薪水，而他自己卻得為了一點小錢，終日奔波於紐約五大行政區之間。他氣摩根把果蠅室當成俱樂部來管理，有時候甚至使喚起繆勒的朋友。而最令繆勒氣憤難平的是，摩根漠視他的貢獻。關於這點，部分原因是，繆勒在從事摩根最看重的事務時——實際執行他（繆勒）所夢想的聰明實驗——動作太慢了。事實上，繆勒恐怕再也不能找到比摩根更糟糕的導師了。儘管繆勒擁有深厚的社會主義思想，他對自己的智慧財產權卻很看重，而且他覺得果蠅室那種自由共享的特性，對於他的才華既是剝削，也是忽略。再說，繆勒的人緣也不好。他經常嘮嘮叨叨地對著摩根、布瑞吉斯與史特蒂文特，說些不得體的批評，而且任何事情只要稍微不合邏輯，就會令他深痛惡絕，彷彿受到人身攻擊。尤其是摩根那樣輕率地駁斥「天擇造成演化」的想法，更讓繆勒受不了，因爲他認爲那是生物學的基礎。

繆勒儘管引發了一些個性上的衝突，他還是把果蠅小組推向更偉大的研究。事實上，雖然摩根對於一九一一年之後出現的遺傳理論貢獻不大，但是繆勒、布瑞吉斯與史特蒂文特，卻一直做出基礎的發現。不幸的是，如今我們很難分辨誰發現了什麼，因爲摩根每隔五年就清除一次檔案（或許是因爲果蠅室實在太擁擠了）。繆勒自己是有保存檔案，但是許多年後，另一位也被他惹毛的同事趁繆勒到海外工作之際，把他的檔案一古腦兒地全扔了。另外，摩根同樣也（像孟德爾的同門修士般）毀掉了布瑞吉斯的檔案，那是在一九三八年，我們這位大情聖心臟病發過世的時候。原來布瑞吉斯是一位喜歡保留輝煌性史資料的人物，當摩根發現他遺留下一本洋洋灑灑的床戰日誌後，覺得爲了保護遺傳學界的人士，還是趕緊把那缸子文件燒光比較妥當。

但是史學家還是有辦法分辨某些功勞的歸屬。所有果蠅幫成員都曾協助判定，哪些群集的特徵會一起遺傳。更重要的是，他們發現有四群不同的基因存在果蠅體內——剛好果蠅就具有四對染色體。這對於染色體理論堪稱一大推升，因爲它證明了：每條染色體上都有好多個基因。

史特蒂文特建立了基因與染色體有關聯的想法。摩根則猜測到，有百分之二分離機率的基因，比起具有百分之四分離機率的基因，前者間距較後者來得小。經過一夜的深思，史特蒂文特明白到，他可以將這個百分比率，轉換成基因間的實際距離。特別是，有百分之二分離機率的基因，彼此距離接近的程度，將會是後者（百分之四分離機率的基因）的兩倍。那天晚上，史特蒂文特奮力做起家庭作業，等到天亮時，這位年方十九的大學生，描繪出第一張染色體地圖。摩根看到這張地圖之後，「興奮得眞的跳了起來」——然後指出許多可改進的地方。

布瑞吉斯發現「不分離」（nondisjunction）現象——染色體在互換之後，偶爾會出現無法乾淨利落地分開，造成染色臂交纏（多餘的遺傳材料有可能造成像唐氏症之類的毛病）。除了這些獨力的發現之外，布瑞吉斯還是一名天生的修補能手，他把果蠅室給工業化了。與其將一個瓶子倒蓋在另一個瓶子上，辛辛苦苦地分離突變種果蠅，布瑞吉斯發明了一個噴霧器，能將微量的乙醚噴到果蠅身上，把牠們弄昏。另外，他也捨棄珠寶商使用的放大鏡，改用雙目顯微鏡；將白色瓷盤以及筆尖很細的畫筆分發給大家，讓他們可以更輕鬆地觀察與處理果蠅；停用腐爛的香蕉，改用營養的糖蜜和玉米片泥；而且還幫果蠅打造了氣溫控制室，好讓一碰到低溫就會變遲鈍的果蠅，無論夏季或冬季，都能順利繁殖。他甚至還打造了一個果蠅停屍間，用比較有尊嚴的方式，來收集果蠅的遺體。但是摩根對這些貢獻不見得都懂得欣賞——儘管已經有了果蠅停屍間，他還是隨手就地壓碎果蠅。但是，布瑞吉斯知道突變種是非常難得出現的，因此只要牠們一現身，他的生物工廠就能讓每一隻突變果蠅迅速繁殖，製造出數百萬隻後代④。

繆勒的貢獻在於洞見與想法，他用扎實的邏輯，解決了顯而易見的矛盾，並鞏固傾斜的理論。雖然他必須和摩根辯論到舌頭都快要出血了，但他終於令這位資深科學家了解到，基因、突變以及天擇如何一起運作。就如繆勒（以及其他人）所概括描述的：基因能給予生物特徵，所以基因的突變會改變特徵，令生物產生不同的顏色、高度、速度或任何其他特性。但是，與德弗里斯的想法不同——此人把突變視爲大改變，會製造出突變種以及立即的新物種——大部分突變只不過是把生物小小地扭了一把。然後，天擇會讓這些生物中比較能適應的個體存活下來，並繁衍更多後代。互換也在其中扮演了一角，因爲它會把不同的染色體上的基因重新組合，因此會製造出新的基因組合版本，讓天擇擁有更多變化來作用（互換是如此重要，有些科學家直到今天都認爲，在染色體互換還沒達到一個起碼的次數前，精子與卵是不會肯形成的）。

此外，繆勒還幫忙擴充了科學家對基因功能的概念。最重要的是，他辯稱，像孟德爾所研究的那些特徵——由一個基因所控制的二元特徵——並非唯一的故事。許多重要特徵其實是由多個基因所控制，有時甚至多達幾十個基因。於是，這類特徵會顯現出漸次的變化，要看該生物到底遺傳到哪些基因而定。另外，某些特定基因還能加大或減低其他基因的，這種漸漸加強或是漸漸減弱，甚至能製造出更細微的漸次變化。然而，非常關鍵的是，由於基因是不連續的微粒狀，某個有益的突變並**不會**在不同世代間被稀釋掉。基因會保持完整，所以超級父母即便生下較差的子代，還是有可能將該基因傳遞下去。

在繆勒看來，達爾文主義與孟德爾理論能美妙地互相補強。而且，當繆勒終於完全說服摩根接受這套想法後，摩根就搖身一變成了達爾文主義者。這種變化儘管很好笑——摩根又再次變節了——而且在往後的著作裡，摩根依然強調遺傳還是比天擇來得更重要。不過，就更深遠的意義而言，摩根的背書還是很重要的。在那個各種誇張理論（包括達爾文的）宰制了生物學的年代，摩根有助於讓該領域保持在一個穩固的基礎上，因爲他總是要求扎實的證據。所以其他生物學家都知道，如果某理論居然能說服摩根，它必定有些道理。而且，就連繆勒也承認摩根的個人影響力。「我們不應該忘記，」繆勒有一次坦承，「摩根那種能引導人的個性，他是用自身的榜樣——他不屈不撓的工作，他的深思熟慮，他的快樂與勇氣——來影響其他人。」到頭來，是摩根的好脾氣，做到了繆勒那機智的狙擊所無法辦到的事：說服遺傳學家重新檢視他們對達爾文的偏見，認眞看待摩根所推薦的達爾文與孟德爾（也就是天擇與遺傳學）合成理論。

一九二〇年代，許多其他科學家果眞開始接受摩根團隊的研究，將謙虛的果蠅散播到世界各地的研究室。牠們很快就成爲遺傳學的標準實驗動物，讓各地科學家都能在平等的基礎上，比較他們的發現。根據這些研究，一群講求數學思維的遺傳學家在一九二〇和一九四〇年代開始調查，在實驗室以外的天然族群中，突變是怎樣分布的。他們證明了，如果某個基因能讓某種生物具備即便只是一項極小的生存優勢、如果混合的時間夠長，也有可能將該物種推往新的方向。更重要的是，大部分改變都是一小步一小步地出現，完全就像達爾文所堅稱的。若說果蠅幫的研究終於證明如何將孟德爾與達爾文連在一起，這些後來的生物學家則是讓這個議題精確得一如歐幾里得的證明。達爾文曾經悲嘆數學是多麼地「令人厭惡」，除了基本計算之外，他的數學能力是多麼地差勁。但事實上，是數學支撐了達爾文的理論，並確保他的聲譽不至於再度受損[5]。也因爲這樣，一九〇〇年代初期所謂的達爾文主義日蝕，最後證明果眞只是日蝕：有一小段時期的黑暗與迷惑，但是這段時期終將過去。

除了科學上的斬獲之外，果蠅普及全球也激起了另一個傳奇，這是摩根「快活個性」的直接產物。綜觀整個遺傳學界，大部分基因的名稱都是醜陋的字母縮寫，而且它們代表的單字也是其怪無比，全世界找不到幾個人認得。因此，譬如說，當大家在討論 alox12b 基因時，通常沒有必要拼出它的全名（arachidonate 12-lipoxygenase, 12R type），因爲在我看來，那樣做只會把人弄得更糊塗（爲了不要讓諸位讀者頭痛，從現在開始，我只會列出基因的首字母縮寫，然後假裝它們沒有代表其他單字）。相反地，染色體名稱就不像基因名稱那般複雜得令人害怕，而是平凡得近乎呆笨。行星是根據衆神來命名，化學元素根據神話、英雄以及偉大城市來命名。染色體的命名創意，只比得上鞋子的尺碼。一號染色體是最長的那條，二號染色體第二長（儘管打呵欠吧），以此類推。不過，人類第二十一號染色體，其實比第二十二號稍短，但是等科學家弄清楚這一點之後，第二十一號染色體已經太有名了，改不得，因爲多出一條二十一號染色體會導致唐氏症。再說，對於這麼乏味的名字，其實也沒有必要大費周章地進行更名。

在這方面，果蠅科學家（上帝保佑他們）是大例外。摩根小組總是會替突變基因想出一些有描述意義的名字，像是 speck（斑點），beaded（使成串珠），rudimentary（退化的），white（白色）以及 abnormal（異常）。這個傳統一直持續到現在，大部分果蠅基因的名稱都會盡量避免用遺傳學術語，有時甚至太過有想像力。以下是一些果蠅基因的名稱，包括 groucho（格魯喬，知名喜劇演員），smurf（藍色小精靈），fear of intimacy（不敢親熱），lost in space（迷失太空），smellblind（嗅覺盲），faint sausage（暈香腸），tribble（《星艦迷航記》裡一種很會繁殖的毛球生物）以及 tiggywinkle（溫可太太，彼得兔童話故事系列中的人物 Mrs. Tiggy-winkle）。當 armadillo（穿山甲）基因發生突變時，果蠅會長出裝甲般的外骨骼。turnip（笨人）基因則會令果蠅變笨。tudor（都鐸）基因會讓雄性果蠅無子（就像都鐸王朝的亨利八世）。Cleopatra（埃及豔后）基因如果和 asp（毒蛇）基因互動，就會殺死果蠅。cheap date（廉價約會）基因會讓果蠅在啜飲一小口酒精之後就醉醺醺地。果蠅的性事似乎尤其能夠激發出聰明的名稱。ken and barbie（肯與芭比）突變種沒有生殖器。雄性的 coitus interruptus（體外射精）突變種性交只能撐十分鐘（正常是二十分鐘），反觀 stuck（黏住）突變種交媾之後卻沒法脫身。至於雌果蠅，dissatisfaction（不滿足）突變種從來不性交——牠們把所有精力用來驅趕追求者，拚命撲翅膀。謝謝老天，這種異想天開的命名方式，偶爾也會激起遺傳學其他領域的活潑人士起而效法。有一個會令哺乳動物生出多餘乳頭的基因，就贏得了 scaramanga 的稱號（Scaramanga 是○○七系列中的一個大反派，號稱金槍人，有三個乳頭）。有一個基因能移除魚的血液循環裡的血球細胞，得到一個高雅的名字 vlad tepes，他是吸血鬼德古拉故事的靈感來源——歷史人物 Vlad the Impaler（穿刺者弗拉德）。鼠類中的「POK erythroid myeloid ontogenic」（POK 紅血球骨髓個體發生）基因的縮寫名稱 pokemon，差點引起一場訴訟，因爲 pokemon 基因（唉，現在叫做 zbtb7）會促進癌症，「神奇寶貝媒體王國」（Pokémon media empire）的律師可不願意讓他們可愛的口袋小怪物與腫瘤混爲一談。但是我的最怪異基因首選名稱，還是要頒給麵粉甲蟲的 medea（美狄亞）基因，它是根據古希臘一位殺死親生子女的母親來命名。medea 基因會製造一種奇異的蛋白質，它本身是一種毒藥，但它也是自身的解毒劑。因此，如果一名母親擁有這個基因，但是沒有傳給她的孩子，她的身體就會將胎兒殺死——對此，她也完全無計可施。如果胎兒也擁有這個基因，這個胎兒就能製造解毒劑，然後存活下來（medea 是一個「自私的遺傳因子」，一個把自身繁榮放在一切之上的基因，甚至傷害到整個族群，也在所不惜）。如果你能跳過它的可怕之處，它其實是一個滿配得上哥大果蠅室傳統的名字，而且它也很適合，因爲 medea 基因最重要的臨床研究（有可能導引出非常聰明的殺蟲劑），是在科學家把它引進果蠅體內，經過更進一步研究之後，才出現的。

但是在這些搞怪名字出現之前，甚至在果蠅還沒有在全世界的遺傳研究室定居下來之前，最初的哥倫比亞大學果蠅小組就已經拆夥了。摩根在一九二八年轉到加州理工學院，順便把布瑞吉斯與史特蒂文特一塊帶往陽光普照的帕莎蒂娜市的新居。五年後，摩根成爲第一位榮獲諾貝爾獎的遺傳學家，至於得獎原因，一名歷史學家寫道，「在於確立他原本準備要駁倒的遺傳定理。」諾貝爾獎委員會有一個霸道的規定，每個獎項最多只能由三人平分，於是該委員會只把獎項頒給摩根一人，而非依照合理的做法，平分給摩根、布瑞吉斯、史特蒂文特以及繆勒。有些歷史學家爭辯道，史特蒂文特的研究重要得足以獨得一次諾貝爾獎，但是由於他對摩根忠心耿耿，而且甘願放棄他的點子的功勞，大大減低了他的獲獎機會。或許就是基於這份沒有明說的感謝，摩根把他的獎金拿出來分給史特蒂文特與布瑞吉斯，爲他們的子女設立大學基金。但是他沒有分給繆勒。

繆勒早就逃離哥倫比亞大學了。他在一九一五年便當上萊斯大學的教授（該校生物系主任是 Julian Huxley，就是有「達爾文的鬥牛犬」之稱的 Thomas Henry Huxley 的孫子），最後在德州大學安頓下來。雖然摩根熱忱的推薦信讓他順利謀得萊斯大學的教職，但是繆勒卻主動挑起一場競爭，由他的孤星州小組（Lone Star，指德州）來力抗摩根的帝國州小組（Empire State，指紐約州），而且德州小組只要獲得任何重大進展，一定要大聲吹噓他們擊出了全壘打。其中一項突破是，生物學家佩因特（Theophilus Painter）在果蠅唾液腺裡，發現大到可以用肉眼觀察的染色體⑥，讓科學家得以研究基因的物理基礎。但是佩因特的研究儘管很重要，繆勒卻在一九二七年敲出滿貫全壘打：他發現，用輻射線照射果蠅，能讓突變率增加爲一百五十倍。這個發現不僅具有健康上的意義，同時也能讓科學家不用再呆呆地等待突變種果蠅自然發生。他們可以大量製造突變種了。這項發現帶給繆勒他配得（而且他也深知自己配得）的科學地位。

不過，無法避免地，繆勒再度與同事槓上，他和佩因特以及其他同仁意見不合，甚至演變成公然爭吵，令他對德州大爲反感，而德州也對他大爲反感。當地報紙還舉發他是一名政治上的危險分子，聯邦調查局的前身單位還將他列入監視名單。順便提一下，純屬好玩，他的婚姻也觸礁了，在一九三二年某天晚上，他妻子報案說他失蹤。後來一大群同事在樹林裡找到一身泥濘、蓬頭垢面的繆勒，淋了一晚的雨，而且頭也昏沉沉地，因爲他先前呑了巴比妥鹽，企圖自殺。

筋疲力盡、顏面掃地的繆勒，離開德州，投奔歐洲。在那兒，他到極權國家進行了一趟有點類似「阿甘正傳」的旅程。他先是在德國研究遺傳學，直到納粹暴徒大肆破壞他的研究所。然後他逃到蘇聯，對著史達林本人大談優生學，希望藉由科學來繁殖超級人種。史達林不爲所動，於是繆勒趕緊離開蘇聯。但是，爲避免被印上資產階級反動逃兵的惡名，繆勒加入西班牙內戰的共產黨這一邊，在血庫工作。結果他又選錯邊了，共產黨戰敗，法西斯主義降臨。

幻想再次破滅，繆勒只好爬回美國，進入印第安那大學，時間是一九四〇年。他對優生學的興趣日益濃厚；他後來還協助成立了日後所謂的「精種選擇儲藏所」（Repository for Germinal Choice），一家位於加州的「天才精子銀行」。然後，繆勒在一九四六年，因爲發現輻射能造成遺傳突變，贏得諾貝爾獎，堪稱他的事業巔峰。諾貝爾委員會無疑地想要彌補一九三三年沒有頒獎給他（只給摩根一人）。但是，他會得獎，也是因爲一九四五年長崎和廣島的原子彈攻擊——在日本下起輻射雨——使得他的研究變得很重要。如果說，當年哥倫比亞大學果蠅幫的研究證明了基因的存在，現在的科學家必須想出基因到底如何運作，以及在原子彈的致命強光下，基因運作爲何會頻頻失敗。

3 DNA 就這樣壞掉了

大自然如何閱讀——以及錯讀——DNA？

一九四五年八月六日，對於一個可能是二十世紀最不幸的人來說，這天剛開始還滿幸運的。山口彊（Tsutomu Yamaguchi）在廣島市靠近三菱公司總部的地方，步下巴士，這才發覺他忘了帶印鑑，就是日本上班族拿來浸在紅墨水裡，然後蓋印在文件上的小東西。這麼一拖延，令他有些懊惱——他得再搭車走一段滿長的距離，回到住宿的地方——但是，沒關係，今天沒有任何事能破壞他的好心情。他剛剛幫三菱完成一艘五千噸油輪的設計工作，公司方面終於准他返回日本南部的家，再過一天，他就要回到太太以及新生兒子身邊。戰爭攪亂了他的生活，但是等到八月七日，一切將恢復正常。

回到宿舍門口，山口彊才剛剛脫下鞋子，就被年邁的房東逮個正著，邀他一起喝杯茶。他實在沒辦法回絕這些寂寞的老人家，於是，這個意外的耽擱害他遲到得更嚴重了。再次穿上鞋，拿著印鑑，他匆匆出門，趕上一班電車，在接近辦公室的地方下車，然而正當他走在一片馬鈴薯田邊時，聽到高空傳來敵方轟炸機的嗡嗡聲。他只看到一個小點從機腹落下來。時間是早晨八點十五分。

很多生還者事後都記得當時那種奇怪的延遲。它不像正常炸彈，閃光與爆炸聲同時產生，這顆炸彈發出強光後，靜靜地膨脹，而且靜靜地變得愈來愈熱。山口疆距離炸彈落點夠近，他馬上採取行動。按照空襲訓練的指導，他趴在地上，遮住眼睛，並用拇指摀住耳朵。經過差不多半秒鐘的強光籠罩後，傳來一陣巨響，然後是一趟震波。片刻過後，山口疆感覺到好像有什麼東西在他身體下方，擦掠過他的腹部。他被拋向上空，飛了一小段距離後落地，不省人事。

他悠悠醒來，可能是幾秒鐘之後，也可能是一個鐘頭之後，他看到的是一座昏天黑地的城市。那朵蕈狀雲席捲起數噸的泥土與灰燼，一圈圈的火苗從附近枯萎的馬鈴薯葉片上冒出來。他的皮膚感覺也像是著了火。他剛才喝茶時把襯衫的袖子捲起來，這會兒上臂感覺被嚴重灼傷。他爬起身，步履蹣跚地走過馬鈴薯田，三不五時地停下來休息，一路上盡是被灼傷而且皮開肉綻的受難者。說也奇怪，他還是覺得一定得去三菱報到。到了公司，他發現一堆散布著火苗的斷垣殘壁，以及許多死去的同事——還好他遲到。他從破裂的管線中喝了一點水，在急救站吃了一塊餅乾，但是又嘔吐掉了。那天晚上，他在海邊一艘翻倒的船體下過夜。他的左臂，當時完全暴露在那道強烈的白光下，已經開始發黑。

這段期間，在他被焚燒的皮膚底下，山口疆的DNA受到的傷害甚至更嚴重。落在廣島的原子彈（除了其他放射線之外）釋放出大量超強的X射線，稱作伽馬射線。和大部分放射線一樣，這些射線會選擇性地挑出DNA，對它和鄰近的水分子予以重擊，把電子打得滿天飛，好像上鉤拳打飛牙齒般。驟然失去電子，會形成自由基，於是，一些非常容易起反應的原子便將化學鍵咬斷。從此開啓一串連鎖反應，將DNA劈開，有時候甚至會將染色體斷成碎片。

到了一九四〇年代中期，科學家已經開始了解，爲何碎裂或撕裂DNA，有可能在細胞內造成這麼大的損傷。首先，位於紐約的科學家得到強力證據顯示，基因是由DNA組成。這項發現推翻了一個長久以來的信念：蛋白質是遺傳物質。但是第二項證據顯示，DNA與蛋白質仍然擁有一項特殊關係：DNA會製造蛋白質，因爲每個DNA基因，都儲存了某個蛋白質的製造食譜。換句話說，基因的工作就是製造蛋白質——而基因也就是用這種方式，來創造身體的特徵。

這兩個想法合起來，就能解釋放射線的傷害了。斷裂的DNA會讓基因崩解；而基因崩解會讓蛋白質的製造停頓；蛋白質製造停頓則會殺死細胞。科學家並沒有馬上想出這些前因後果——關鍵的「一基因／一蛋白」（one gene/one protein）論文是在廣島原子彈投擲的前幾天才出現的——但是，他們當時能掌握的知識，已經足夠讓他們擔心核子武器了。繆勒在一九四六年贏得諾貝爾獎時，就曾對《紐約時報》預言，如果原子彈倖存者「能預見一千年後的結果……他們可能會覺得，不如死於原子彈，還更幸運些」。

儘管繆勒這樣預言，山口疆可不想死，爲了家人，他非常不想死。他對戰爭的感受很複雜——一開始是反對，戰爭期間一度支持，等到日本節節敗退，他的態度又回到反對，因爲他擔心日本島會被敵人統治，讓他的妻兒受到傷害（果眞如此，他曾想過要餵他們服用過量的安眠藥，以免受苦）。在廣島原子彈落下後幾個鐘頭，他非常渴望回到他們身邊，當他聽到謠傳即將有火車開出廣島市，他鼓起所有力氣去找火車。

廣島是由一串小島組成的，山口疆必須跨越一條河才能到達火車站。可是所有的橋梁都被炸斷或燒燬了，他只好狠下心，穿過一條彷彿世界末日的「屍體橋」，爬過塞滿河道的斷肢殘臂。但是這條橋只能到某個地方就過不去了，不得已，他只好又爬回來。往上游走了一段，他發現一條鐵路棧道還有一根鋼梁是完好的，跨越差不多五十呎的距離。他很費力地往上爬，穿過那條繃緊的鋼索，然後下到地面。他拚命推擠，穿過車站裡洶湧的人潮，終於登上火車，攤在一個座位上。奇蹟似地，火車很快就開動了，他得救了！火車走了一整夜，但他終於快要回到家了，回到位在長崎的家。

廣島的物理學家可能會指出，伽馬射線在一千兆分之一秒鐘之內，就已經解決了山口疆體內的DNA。對於化學家來說，最有趣的部分——自由基如何啃噬DNA——會在千分之一秒後消失。細胞生物學家則需要等待可能幾個鐘頭，來研究細胞如何修補撕裂的DNA。醫生可能會在一星期內診斷出，病人患的是輻射病——頭痛、嘔吐、內出血、皮膚剝落、貧血。至於生還者在遺傳上的傷害，至少要過幾年甚至幾十年後才會浮現。而且由於這個令人發毛的意外，科學家可以開始拼湊，基因在這幾十年間，到底是怎樣運作以及失敗的——原子彈爆炸彷彿提供了一個有關破壞DNA的長期連續實況報導。

然而，不論事後回想有多確定，在一九四〇年代初，關於DNA和蛋白質的實驗只說服了某些科學家相信，DNA是遺傳物質。比較好的證據來自一九五二年，病毒學家赫胥（Alfred Hershey）與垂斯（Martha Chase）的研究。他們都知道，病毒會藉由注射遺傳物質的方式，來挾持宿主細胞。又因爲他們所研究的病毒結構只有DNA和蛋白質，因此基因只可能是兩者之一。他們決定要用放射性硫與放射性磷，來標記病毒，然後再把它們釋放到細胞上。蛋白質分子含有硫，但是沒有磷，所以基因如果是由蛋白質組成，放射性硫應該會出現在感染後的細胞中。但是當赫胥與垂斯過濾感染細胞後，發覺只剩下放射性磷：這表示只有DNA被注入細胞。

赫胥和垂斯於一九五二年四月發表這些結果，但是兩人在論文結尾不忘籲請大家要謹慎：「不應該根據上述實驗，做出更進一步的化學推論。」是哦，說得好。但世界各地研究遺傳性蛋白質的科學家，還是立刻把蛋白質往水槽一丟，改而研究DNA。一場瘋狂解構DNA的競賽於焉展開，而且就在一年之後，一九五三年四月，英格蘭劍橋大學兩名笨手笨腳的科學家克里克與華森（繆勒的前弟子），終於令「雙螺旋」（double helix）這個名詞成爲不朽傳奇。

華森與克里克的雙螺旋是兩股超長的DNA，以右旋方式盤旋纏繞在一起（將你的右手拇指指向天花板；DNA就是那樣沿著你彎曲的手指，以逆時針方向往上走）。每一股都由兩根骨幹組成，而兩根骨幹又是靠著成對的鹼基相連，這些鹼基就像拼圖片一般密合——有尖角的A與T一道，有曲線的C與G一道。華森與克里克的偉大洞見在於，由於這種能互補的A-T與C-G鹼基對，一股DNA能當做另一股DNA的複製模板。因此，如果某一股的鹼基序列讀起來是CCGAGT，那麼另一股的鹼基序列必定爲GGCTCA。這個系統是多麼地簡單，細胞每秒鐘可以複製出好幾百個DNA鹼基。

然而，不論雙螺旋被吹捧得有多高，它完全沒有揭露DNA基因如何製造蛋白質——畢竟，這才是最重要的部分。爲了解這個過程，科學家必須仔細檢視DNA的化學表親RNA。雖然長得和DNA很相像，但RNA是單股構造，而且它的T鹼基都被U鹼基（uracil，尿嘧啶）所取代。生化學家把焦點放在RNA身上，是因為每當細胞開始製造蛋白質，RNA的濃度就會引人遐思地突然升高。但是當科學家在細胞裡追逐RNA時，又發現它行蹤飄忽，宛如瀕臨絕種的鳥類；他們只能趕在它消失前，得到驚鴻一瞥。經過好幾年耐心地實驗之後，他們終於確定其中的來龍去脈，知道細胞如何將DNA字串轉成RNA指令，然後RNA指令又如何轉成蛋白質。

細胞最早是將DNA「轉錄」（transcribe）成RNA。這個過程類似複製DNA，以其中一股DNA做為模板。於是，DNA的CCGAGT字串，就能變成RNA的GGCUCA字串（U取代了T）。一旦建造完成，這股RNA就會離開細胞核，前往一個專門製造蛋白質的細胞器官，叫做核糖體（ribosome）。由於這段RNA帶著訊息，從某個地點前往另一個地點，因此被稱為信使RNA（messenger RNA）。

蛋白質的製造，或稱為轉譯過程（translation），始於核糖體。一旦信使RNA抵達，核糖體就會抓住它最靠近的某一端，然後揭露字串上的頭三個字，所謂三聯體（triplet）。以我們剛才舉的例子來說，就是GGC會被揭露。這時，第二種RNA會靠過來，它們叫做轉移RNA（transfer RNA）。每一個轉移RNA都有兩個關鍵部分：一個胺基酸分子掛在身後（也就是它負責轉移的貨物），以及一個突出的RNA三聯體，彷彿船頭前端突出的桅頂。各式各樣的轉移RNA可能都試圖要與信使RNA被揭露的三聯體接合在一起，但是唯有鹼基能與信使RNA互補的轉移RNA黏得住。於是，對於三聯體GGC來說，只有具備CCG的轉移RNA黏得住它。等它們黏合後，核糖體就會把這個轉移RNA所攜帶的胺基酸卸下來。

這時，剛才那隻轉移RNA便會離開，信使RNA往下移三個點，同樣流程再跑一次。一個不同的三聯體被揭露，然後是一個不同的轉移RNA停靠過來，上面帶著一個不同的胺基酸。如此一來，第二號胺基酸定位。經過許多次重複，最後，這個流程將創造出一串胺基酸——也就是一個蛋白質分子。又因爲每一個RNA三聯體只會導致某一個胺基酸被添加上來，資訊應該（照理應該）會被完美地轉譯，從DNA到RNA再到蛋白質。地球上所有生物體內都運行著同樣的這個流程。你若把同一段DNA注入天竺鼠、青蛙、鬱金香、黏菌、酵母菌或是美國國會議員的體內，都會得到一段完全相同的胺基酸鏈。無怪乎，克里克在一九五八年將「DNA→RNA→蛋白質」的蛋白質製造流程，捧成分子生物學裡的「中心教條」（Central Dogma）。①

但還是老樣子，克里克的中心教條並不能解釋所有關於蛋白質製造的事。舉例來說，我們有四個DNA字母，應該能產生六十四種不同的三聯體（4×4×4=64）。然而，所有三聯體密碼只爲了我們體內的二十種胺基酸。爲什麼會這樣？

一位名叫加莫夫（George Gamow）的物理學家，在一九五四年成立了「RNA領帶俱樂部」（RNA Tie Club），部分原因就是想解開這個疑問。物理學家晚上兼差研究生物學，聽起來也許很古怪——加莫夫白天研究放射性以及大霹靂理論——但是其他一些湊熱鬧的物理學家，像是費曼（Richard Feynman），也加入了這個俱樂部。不只是因爲RNA提供了智能上的挑戰，許多物理學家也是因爲創造原子彈有自己的一份，而感到驚駭。物理學似乎是在摧毀生命，而生物學則是恢復生命。總共有二十四名物理學者和生物學者加入領帶俱樂部——每人代表一個胺基酸，多出四名榮譽會員，代表DNA的四個鹼基。華森和克里克都有加入（華森是俱樂部裡公認的「樂觀者」，克里克則是「悲觀者」），每位會員要繳交四美元，定製一條毛料的綠色領帶，上頭有一股

RNA 領帶俱樂部成員們繫上純羊毛製成的綠色領帶，上面用金絲線繡了 RNA 的圖樣。圖中自左到右，分別為克里克，里奇，歐吉爾，華森。（圖片來源：Alexander Rich）

用金絲線繡成的RNA，由洛杉磯一家男裝店製作。俱樂部的文具上印著：「做或死，或別試。」（Do or die, or don't try）。

儘管總合的智慧馬力十足，但就某方面看來，領帶俱樂部在歷史上最後落得有點傻氣。極端複雜的問題通常會吸引物理學家，以及一些愛好物理的成員（包括克里克，他是物理博士）一頭栽進去研究DNA和RNA，而當時還沒有人知道DNA→RNA→蛋白質的流程有多簡單。他們尤其專注在DNA如何儲存指令，而且不知什麼原因，他們很早就認定，DNA一定是利用某種複雜的密碼，一種生物學上的密碼，來暗藏它們的指令。對於男生的俱樂部來說，再沒有比以密碼寫成的資訊更讓人興奮的了，加莫夫、克里克以及其他成員彷彿十歲的小男孩，剛拿到零食包裝袋裡附贈的解碼環，急著要去破解這套密碼。他們很快就拿出紙筆，趴在書桌上計算起來，計算紙一張又一張地愈堆愈高，他們的想像力，也因爲這場實驗而快樂地自由翱翔。他們發明了一堆聰明得足以讓蕭茲（Will Shortz）會心微笑的解答：菱形密碼（diamond codes）、三角密碼（triangle codes）、逗點密碼（comma codes）以及許多已經被遺忘的密碼。這些都是國家安全局的現成密碼，像是顛倒資訊密碼，內建錯誤校正機制的密碼，藉由讓三聯體重疊以便將儲藏密度最大化的密碼。這群ＲＮＡ男孩尤其鍾愛利用相等顛倒字的密碼（所以CAG=ACG=GCA，以此類推）。此法很受歡迎，因爲當他們消去所有多餘的組合，獨特的三聯體總數剛好是二十。換句話說，他們似乎發現了二十與六十四之間的一個關聯——是大自然**必須**採用二十個胺基酸的理由。

事實上，這簡直是占數術。生化學上的扎實證據很快地就讓這群解碼者洩了氣，事實證明，並沒有什麼深刻理由去相信，ＤＮＡ要爲二十個胺基酸而非十九個胺基酸編密碼。也沒有什麼深刻理由（雖然某些人希望有）去相信，一個特定的三聯體需要一個特定的胺基酸。這整個系統其實是偶然的，是幾十億年前被凍結在細胞裡，而現在要更改已經太遲了——就像生物學裡的QWERTY鍵盤（譯註：目前國際通用的英文鍵盤）。不只如此，ＲＮＡ沒有使用花俏的顛倒字，或是錯誤校正計算，而且也沒有盡力讓儲存空間最大化。事實上，我們的密碼充滿了浪費的重複：兩個、四個甚至六個三聯體，可能都是代表同一個胺基酸②。有幾位生物解碼者事後承認，當他們在比較大自然的密碼與領帶俱樂部提出的最佳密碼時，覺得有點氣惱。因爲演化似乎一點都不聰明。

不過，這些失望很快就消散了。解開DNA／RNA密碼，終於能讓科學家將遺傳學裡兩個分開的領域整合起來，也就是「資訊的基因」與「化學的基因」，米歇爾與孟德爾總算能結合了。而且，我們的DNA密碼如此草率，事後證明可能是件好事。花俏的密碼雖然賣相好，但是密碼愈是別致，愈有可能斷裂或破損。我們的密碼雖然粗糙，卻很擅長一件事：它能盡量減少突變的損害，讓生命繼續下去。一九四五年八月，山口疆和其他許多人必須仰仗的，正是DNA所具有的這種才能。

又病又弱，山口疆在八月八日清早抵達長崎，步履蹣跚地走回家（他的家人以爲他失蹤了；他必須讓太太看他的腳，以證明自己不是鬼，因爲在日本民間傳說裡，鬼是沒有腳的）。山口疆那一整天都在休息，悠遊在意識和無意識之間，但是他遵照指令，次日向三菱重工的長崎總部報到。

他在上午十一點以前抵達。手臂與臉包著繃帶的他，很費力地向同事描述原子彈爆炸的規模。但是他的上司不相信，厲聲打斷他，斥責他胡說八道。「你是工程師，」他喝道。「你去算算看。一顆炸彈怎麼可能……摧毀一整座城市？」最後這句話後來變得很有名。因爲就在這句預言剛剛說完，一片白色亮光瞬間塞滿整個房間。高熱刺痛著山口疆的皮膚，他摔倒在船舶工程辦公室的甲板上。

「我想，」他事後回憶，「那朵蕈狀雲可能是從廣島跟著我來的。」

八萬人死於廣島，七萬人死於長崎。在數十萬名生還者當中，證據顯示，約有一百五十人在那兩天內剛好都在這兩座城市附近，其中有幾十人兩次都在爆炸區內，也就是直徑一．五英里寬的強烈輻射區域。在這些nijyu hibakusha（二次爆炸生還者）當中，有些人的故事，連石頭聽了都要落淚（一名男子在廣島家中的廢墟，徒手挖出妻子焦黑的骨頭，然後裝在一只洗臉盆裡，送回她在長崎的娘家。那天早晨，當空氣再度一片死寂，然後天空再度爆出強烈白光時，他正一手挾著洗臉盆，蹣跚地走在岳父母家的大街上）。但是在所有這些據報是二次核爆的倖存者當中，日本政府只承認一位，就是山口疆。

長崎原子彈爆炸後不久，山口疆就離開他那震驚不已的上司與同事，爬到附近一座小丘的瞭望塔上。在一片陰暗的烏雲下方，他眼睜睜地看著被炸成一個大坑洞的家鄉在悶燒著，包括他自己的家。這時，天空開始降下帶著焦油的輻射雨，他掙扎地爬下山丘，心底做出最壞的打算。但是他發現太太久子（Hisako）和年幼的兒子勝利（Katsutoshi）都安全地躲在防空洞裡。

等到這股見到家人平安的興奮退去後，山口疆感到身體更虛弱了。事實上，接下來一整週，他幾乎什麼都沒做，只是躺在防空洞裡休息，像聖經裡的約伯般受苦。他的毛髮都脫落了。膿腫冒出來。他不斷地嘔吐。他的臉腫脹起來。他的一隻耳朵失去聽力。他那再度被灼傷的皮膚，片片剝落，而且皮下的肉現出「好像鯨魚肉」的炙熱紅色，令他痛苦不堪。山口疆與其他生還者在幾個月內受盡折磨，但是遺傳學家擔心，等到突變慢慢開始浮現之後，長期的折磨恐怕一樣慘。

當時，科學家知道突變已經有半個世紀了，但是只有領帶俱樂部和其他人所研究出來的DNA→RNA→蛋白質流程，揭露這些突變包含了哪些內容。大部分突變都只是排字錯誤，在DNA複製過程中，隨機發生了某個錯字：譬如CAG可能誤植爲CCG。由於DNA密碼有很多重複，如果發生的是「靜默」突變（silent mutations），並不會造成傷害：因爲突變前與突變後的三聯體，都要做同一個胺基酸，因此最後的效果就像是把 grey 錯寫成 gray。但是如果CAG和CCG會導致不同的胺基酸——所謂的「誤義」突變（missense mutations）——這項錯誤將會改變某個蛋白質的形狀，令它失去功能。

更糟糕的是「無義突變」（nonsense mutations）。細胞在製造蛋白質的時候，會不斷地將RNA轉譯成胺基酸，直到它們碰到三個「終止三聯體」（stop triplet，例如UGA）中的一個，後者會終結此一流程。無義突變意外地把某個正常的三聯體，轉變成這些休止符，於是過早地打斷蛋白質製造流程，而且通常會損及它的外形（突變也可能破壞休止符，讓蛋白質的製造停不下來）。突變當中最毒的黑曼巴，則要屬「移碼突變」（frameshift mutations），它和寫錯字無關。相反地，它可能是少了一個鹼基，或是多出一個鹼基。由於細胞在讀取RNA時，是連續三個鹼基算做一組，多加或少掉一個鹼基，搞砸的不止是當時正在讀的那個三聯體，而是從該鹼基以下的每一個三聯體，是一連串的災難。

細胞通常會馬上更正簡單的誤植，但是如果事情不順利（絕對會），那項錯誤可能永遠留在DNA中。事實上，目前活在世上的每一個人，天生都帶有幾十個雙親不具有的突變，而其中幾個突變可能會致命，但是好在每個基因都有兩套版本，分別來自父與母，所以其中一個基因要是故障，另一個還是能接手扛起它們的工作。然而，所有生物都會隨著年齡的增長，繼續累積突變。住在高溫地區的小型動物，承受的打擊尤其重大：熱能會讓分子運動得更活潑，而運動的分子愈多，DNA在複製時，被撞擊的可能性也愈大。哺乳動物相對來說，體型比較沉重，而且能維持恆定的體溫（謝謝老天），但是我們也會成爲其他突變的受害者。每當兩個T連續出現在DNA上，陽光裡的紫外線就能將它們熔合在一起，而且角度很奇怪，這麼一來會讓DNA扭曲。這些意外可能直接害死細胞，或只是讓細胞不舒服。實際上，所有動物（以及植物）體內都有特定的工匠，負責修復這種T-T扭結，但是哺乳動物卻在演化過程中失去了它們——這也是爲什麼哺乳動物會被太陽灼傷。

除了自發的突變，一些被稱做誘變劑（mutagens）的外界物質，也可能傷害DNA，而很少有誘變劑能造成像輻射這般大的傷害。前面說過，具有放射性的伽馬射線能造成自由基，而自由基能切斷DNA磷酸鹽—糖骨幹。科學家現在知道，要是雙股螺旋中只有一股斷裂，細胞將能輕鬆地修復它，通常一小時內就可以完成。細胞裡頭有分子剪刀，可以將損毀的DNA剪斷，而且可以召喚酵素，沿著未受損的那股DNA，在每個缺少的點上，製造互補的A，C，G或T。這個修護過程快速，簡單，而且正確。

如果是雙股都斷裂（雖說很少見），則會造成更可怕的問題。如果有許多雙股DNA斷裂，就像是倉促被截斷的肢體，破碎的邊緣垂掛在兩個端點上。但是，對於每一條染色體，細胞都擁有兩套近乎雙胞胎的版本，所以如果其中一條染色體出現雙股斷裂，細胞還是能將破爛的雙股，拿去與（希望沒有受損的）另一條染色體做比對，然後執行修復任務。但是這個過程很費力，而且要是細胞察覺到有很多損壞需要快速修補，它們通常就會胡亂地把兩端破爛的邊緣接在一起，只要能讓幾個鹼基排列整齊就算了事（即使其他的鹼基沒有），然後匆匆塡入少掉的字。這時如果猜錯的話，可能造成嚴重的移碼突變——而猜錯的機會可大了。細胞在修護雙股斷裂時發生的錯誤，比起細胞單純地複製ＤＮＡ所發生的錯誤，前者約是後者的三千倍。

更糟糕的是，輻射還能切掉一整段ＤＮＡ。高等生物必須將纏繞成許多捲的ＤＮＡ，塞進小巧的細胞核裡；以人類爲例，六英尺長的ＤＮＡ必須塞進直徑不到千分之一英寸的空間。如此緊密的壓縮，通常會讓ＤＮＡ看起來像是捲成一團的電話線，自我纏繞個好幾回。如果伽馬射線剛好切過ＤＮＡ上的這些交錯點，那麼就會出現一堆非常靠近的斷裂邊緣。但是細胞「不知道」原本的雙股是怎麼排列的（它們沒有記憶），於是只好匆忙地修補慘案，有時候會錯把應該分開的兩股，焊接在一起。如此一來，將會刪掉其間一整段ＤＮＡ。

好啦，這些突變發生了，然後呢？ＤＮＡ損毀得非常嚴重的細胞，察覺到大難臨頭，會寧願自殺，而非帶著這些畸形繼續存活。這種自我犧牲，如果數量不大的話，確實能幫身體省掉一些麻煩，但是如果同時有太多細胞死去，整個器官系統恐怕都會停頓。像這樣的系統停頓，加上強烈燒傷，在日本導致許多人的死亡，有些沒有馬上死去的生還者，事後可能寧願當場死掉算了。生還者記得，曾經看見有人的指甲整個脫落，好像乾燥的貝殼狀通心粉，從拳頭上剝落下來。他們記得，看見和眞人一樣大小的「焦炭娃娃」倒臥在巷弄裡。有人記得看見一名男子抱著一個頭下腳上、燒黑的嬰兒，拖著兩隻殘缺不全的腿，掙扎前行。另外，還有人記得，看見一名光著上身的女子，胸部爆開「好像石榴一樣」。

躺在長崎防空洞裡受苦受難的山口疆——頭禿，起泡，發燒，半聾——幾乎就要加入罹難者名單了。但在家人無微不至的照護下，他熬過來了。他的某些傷口還是需要繃帶，而且需要包紮好幾年。但是整體說來，他把約伯的命運轉換成有點像參孫的：他的傷痛大都痊癒，精力也已恢復，毛髮又長了回來。他開始去工作，先是回三菱重工，後來改當老師。

然而，山口彊距離毫髮無傷，還差得遠呢，他現在面對的是更陰險、也更持續的威脅，因爲就算輻射沒有立即殺死細胞，它們還是有可能誘發致癌的突變。這兩者的連結似乎有些違反直覺，因爲突變通常會傷害細胞，但腫瘤細胞最大的差別就是，它們活得很興旺，以驚人的速度生長和分裂。事實上，所有健康的細胞都具有一些類似引擎總監的基因，負責減速，讓代謝維持正常。要是某個突變讓總監基因失去功能，該細胞恐怕就無法察覺到自己身受重傷，而沒有去自殺，但是到最後——尤其是當其他基因，例如那些控制細胞分裂該有多頻繁的基因，也受到損傷——它可能會因爲不停地攫取物資，而讓鄰居細胞窒息死亡。

廣島與長崎原子彈爆炸生還者當中，許多人在瞬間一次吸收的輻射量，是正常人吸收背景輻射一年的量的一百倍。而且生還者當時愈靠近爆炸中心，就會有愈多的缺損與突變出現在他們的DNA中。可以預見，分裂愈快的細胞，散播受損的DNA的速度也愈快，而日本的血癌（leukemia）病例便突然驟增，這種癌症會產生過多的白血球。經過十年，血癌流行率漸漸降低，但是其他癌症卻有增加的態勢——胃、大腸、卵巢、肺臟、甲狀腺、乳房。

成人的情況已經夠慘了，而胎兒則更脆弱：在子宮內，任何DNA的突變或缺損，都不斷地在細胞內一再複製。許多不滿四週的胎兒自動流產了，存活下來的胎兒，則出現大量天生畸形，包括小頭與畸形腦，就在一九四五年底到一九四六年初期間（在這群殘障小孩中，智力測驗最高的，只有六十八）。最重要的是，在一九四〇年代末，被原子彈輻射過的二十五萬日本人當中，有許多人開始產下新生兒，將他們被輻射過的DNA傳給下一代。

放射線專家對於這些被原子彈輻射過的人是否該生小孩，沒有辦法提供太多建議。這些父母儘管有滿高比率的肝癌、乳癌或血癌，但是他們癌化的DNA卻沒有傳給新生子女，因爲孩子只會繼承到精子與卵裡的DNA。當然，精子和卵的DNA也可能突變得很嚴重。但是沒有人眞正測量過，像廣島原爆那樣強的輻射對人體的損害，所以科學家只能提出假設。喜歡標新立異的物理學家泰勒（Edward Teller），號稱氫彈之父（也是RNA領帶俱樂部的成員），倒過來提議說，小型脈衝輻射甚至可能對人類有益——因爲我們都知道，突變可以鞭策我們的基因組。但即使在比較不冒進的科學家當中，也不是每個人都預測會產生童話裡的怪物或是雙頭嬰兒。繆勒曾經在《紐約時報》上，公開預測日本未來世代的慘況，但是他的言論可能受到他的理想主義（與泰勒及其他人恰恰相反）的影響（二〇一一年，一名毒物學者瀏覽一批現在才解密的信件，是繆勒與另一位同僚之間的通信，看完後，該學者指控兩人都對政府說謊，關於低劑量放射線對DNA的威脅，然後操控數據以及事後的研究，以遮蓋事實。其他歷史學家則反駁這種說法）。即使是高劑量輻射，繆勒最後也只能避而不談自己早先的悽慘預言。他推論說，大部分的突變，不論傷害有多強，最後證明都是隱性的。而且父母雙方在同一個基因上都具有缺陷的機率，更是微乎其微。所以至少在倖存者的子女這一代，母親的健康基因可能可以遮蔽父親體內隱藏的缺陷，反過來也一樣。

但還是一樣，沒有人敢確定任何事，往後幾十年，每一個廣島和長崎出生的嬰兒，頭上彷彿都懸著一把劍，加上一般父母對孩子本來就有的操心。這一點，對山口疆夫婦一定是雙倍眞確。而他們倆在一九五〇年代初都恢復了精力，希望生養更多兒女——無論長期的病情演變如何。而他們的第一個女兒Naoko，最初果然證實了繆勒的推論，因爲她的外觀沒有任何缺陷或畸形。然後他們又生了一個女兒Toshiko，也是一樣健康。然而，不論她們在剛出生時有多強健，山口疆的兩名女兒在青少年與成人期，都病況不斷。她們懷疑自己可能從被原爆兩次的父親以及原爆一次的母親那兒，遺傳到受損的免疫系統。

不過，一般說來，大家長期以來所擔心的，原爆者子女在癌症與畸形方面的高盛行率，並未出現在日本。事實上，也沒有任何大規模的研究發現，這些子女有較高的任何疾病的比率，或是較高的突變比率。Naoko和Toshiko或許眞的遺傳到基因缺陷；這一點不可能排除，而且無論就直覺或感情上，聽起來也像是眞的。但是至少在大部分案例中，遺傳的殘留物並沒有進駐到未來的子代③。

即使許多人直接暴露在原子輻射下，事後證明，他們所具有的彈性也超過科學家的預估。山口疆的兒子勝利在長崎原子彈爆炸後，又活了五十多年，才在五十八歲死於癌症。他太太久子甚至活得更久，於二〇〇八年死於肝臟與腎臟癌，享年八十八歲。長崎那顆鈽原子彈可能是造成母子倆癌症的原因；但是以他們的歲數，兩人都有可能基於不相關的原因罹癌。至於山口疆本人，縱然在一九四五年歷經廣島與長崎兩次原爆，卻一直活到二〇一〇年，多活了六十五年，最後才在九十三歲死於胃癌。

沒有人能明確地指出，山口疆爲什麼和別人不一樣——爲什麼他被原爆兩次之後，還能那麼長壽，而其他人卻死於相對來說較少的輻射量。山口疆從來沒有接受基因檢驗（至少沒有接受大量檢驗），就算他有，醫學知識恐怕也不足以認定原因。但是我們可以根據現有知識，大膽地猜測一下。首先，他的細胞顯然把DNA修復得很好，不論是單股斷裂，還是致命的雙股斷裂。他甚至有可能具備稍微高明的修護蛋白質，可以工作得比較快，或是比較有效率，或是他的多種修護基因的組合，剛好彼此特別適合一起工作。我們也可以猜想，雖然他幾乎不可能避免帶有一些突變，但是它們並未讓他細胞中的重要迴路失去功能。或許那些突變落在沒有幫蛋白質編碼的DNA序列上。又或許，他的突變大部分都屬於靜默突變，也就是DNA三聯體雖然改變了，但是胺基酸卻因爲重複的關係，而沒有改變（如果眞是這樣，讓領帶俱樂部感覺懊惱的輕率的DNA／RNA密碼，事實上反倒救了他）。最後，山口疆DNA裡那些基因總監，負責監控腫瘤細胞的基因，顯然沒有受到嚴重損傷，至少在他年老之前都沒有。以上所有因素之一或是全部，都可能救了他。

又或者——這一點看起來也同樣有可能——他在生物上並沒有任何特殊之處。或許很多其他人也可能存活得一樣長。而這一點，原諒我這麼說，可能帶給我們些許希望。有史以來人類發明的最致命武器，就算能一下子殺死數萬人，能攻擊人體的生物精髓DNA，但依然無法消滅一個國家，而且也無法毒害下一代：數千名原子彈生還者的子女，到現在仍然活得好端端地，而且很健康。經過不只三十億年被宇宙射線以及太陽輻射的曝曬，並歷經各式各樣的DNA損傷，大自然自有它的防衛對策，自有它修護DNA與保持DNA完整的方法。不只是那些中心教條裡的DNA（它們的資訊能被轉錄成RNA，再轉譯爲蛋白質），而是所有DNA，包括科學家才剛開始探索的DNA，探索它們微妙的語言以及數學模式④。

4 DNA樂譜

DNA儲存了什麼樣的資訊？

雖說不是出於有意，《愛麗絲夢遊仙境》裡的一句雙關語，近年來卻與ＤＮＡ發展出一個很有趣的共鳴。在現實生活裡，該書作者（筆名卡羅〔Lewis Carroll〕；本名道奇森〔Charles Lutwidge Dodgson〕）是牛津大學數學講師，他在該書裡有一句很有名的話（至少在書呆子群中很有名），是假海龜在悲嘆「一個不同的數學分枝——野心、分心、醜化以及嘲笑」（譯註：ambition, distraction, uglification, and derision；是 addition, subtraction, multiplication and division「加、減、乘、除」的變體）。不過，在你翻白眼之前，假海龜還說了一些很奇怪的話。他說，他在上學的日子裡，沒有學習讀書和寫字（reading and writing），而是在學習「旋轉和扭曲」（reeling and writhing）。這可能只是另一句抱怨，但是最後那個名詞，**扭曲**，撩撥起某些通曉數學的ＤＮＡ科學家的興趣。

幾十年來，科學家都知道ＤＮＡ這種又長又活躍的分子，能把自己纏繞捲曲成可怕的小毛球。科學家不了解的是，爲何這些小毛球不會把我們的細胞堵死。近年來，生物學家轉向一個很難解的數學支派，尋求解答，那就是結理論（knot theory）。水手和縫紉女工早在幾千年前就很懂得如何打結了，而古早的宗教傳統，像是克爾特人或是佛教徒，也把某些結奉爲神聖的象徵，但

卡羅筆下的假海龜，悲嘆當年在學校裡學習「旋轉和扭曲」，他的抱怨，頗能與現代 DNA 研究裡有關結與糾結的探討，產生共鳴。（圖片來源：John Tenniel）

是有系統地來研究結，卻始於十九世紀晚期，在卡羅（或說道奇森）的維多利亞時代的英國。當時，博學多聞的湯姆遜（William Thomson，也就是凱爾文爵士〔Lord Kelvin〕）提出一個想法，說週期表上的元素其實是非常微小、不同形狀的結。爲了精準起見，凱爾文爵士把他的原子結定義爲密閉環（至於帶有懸垂的結，例如鞋帶，只能算是 tangles，糾結）。而且他還定義說，「獨特結」（unique knot），是各股互相以獨特的模式來上下交叉。所以，你如果能將某些環繞過一個結，並打開它的上下交叉，讓它看起來像是另一個結，它們其實就是相同的結。凱爾文還假設說，每一個結的獨特形狀，能賦予每一個化學元素獨特的性質。原子物理學家很快就證明這個聰明的理論是錯的，但是凱爾文因此激發了蘇格蘭物理學家泰特（P. G. Tait）的靈感，製作出一張獨特結的圖表，而結理論也從此獨立發展出來。

早期的結理論大都只是在把玩翻線遊戲，然後記錄結果。有點兒賣弄地，結理論專家爲最平凡的結——O，也就是外行人口中的圈圈——下定義爲「解結」（unknot）。他們把 O 以外的其他獨特結，按照上下交叉點的數量來分類，截至二〇〇三年七月，被認定爲獨特結的，總共有 6,217,553,285 個（最複雜的結擁有高達二十二次上下左右的交叉點），大約等於地球上人人都有一個獨特結。但在此同時，其他結理論專家已經轉移陣地，不再玩這種戶口調查的把戲，而是設法將某個結，轉形成其他的結。他們的做法通常包括在某個上下交叉點的地方剪掉一股，把上方那股換到下方來，然後再把剪斷的兩端接回去——這樣做，有時會讓結變得更複雜，但通常能簡化它們。雖說研究者都是正統數學家，但結理論始終有一股遊戲的感覺。再說，除了美國盃帆船大賽的參賽者之外，也沒有誰會想要實際應用結理論，直到一九七六年科學家發現打結的ＤＮＡ。

ＤＮＡ內部會形成一堆糾結與纏繞，有幾個原因：它的長度，它的不斷的活動性，以及它的空間局限性。科學家曾經嘗試模擬ＤＮＡ位在一個忙碌的細胞核中，他們的做法是：把一條很長很細的繩子送進一個小盒子，不斷地將它往內推。最後證明，繩子果然會很熟練地沿著它們的盤繞，以及一堆複雜得驚人的結，蜿蜒前進，不出幾秒鐘就形成高達十一個交叉點（你如果曾經把耳機丟進一個袋子，事後嘗試把它拉出來，你大概早就猜到這個結果了）。像這樣的小毛球有可能是致命的，因爲細胞在執行複製和轉錄DNA的機制時，都需要一段平滑的軌道來運轉；這堆結會讓它出軌。不幸的是，複製和轉錄DNA的過程，有可能製造出致命的糾結與纏繞。在複製DNA時，需要將兩股分開，但是兩條螺旋交纏的單股，就像緊密編成的髮辮，很難拆開。此外，當細胞開始複製DNA時，又長又黏的DNA股若是懸吊在末端，也很容易糾纏起來。如果經過一陣拉扯，還是無法將它們分開，細胞就會去自殺——情況就是這麼嚴重。

除了結之外，DNA也可能陷入其他各種拓樸學困境。它們的股可能會在彼此纏繞的情況下，被焊接起來，就像是一串鎖鏈中相互鎖在一起的環。它們可能會扭得非常緊，像是有人在擰一塊抹布，或是點火去燒一隻纏在臂上的蛇。它們盤繞之緊，可以超過任何響尾蛇。也就是最後這種結構，這種盤繞，又把我們帶回到卡羅與他筆下的假海龜。結理論專家滿有想像力的，把這種盤繞稱爲「扭曲」（writhe），把盤繞的動作稱爲「扭轉」（writhing），彷彿DNA繩索是很痛苦地被串成一堆。所以啦，最近有些傳言指出，假海龜其實是在他的「旋轉和扭曲」中，暗指結理論？

從另一方面來看，當凱爾文爵士與泰特開始研究結理論時，卡羅正在一所知名的大學任教。他很可能知道他們的研究，而這種遊戲般的數學應該會吸引他。再加上，卡羅曾經寫過另一本書：《解結說故事》（*A Tangled Tale*），書中每個段落——不稱爲章（chapters），而是稱爲結（knots）——都有一道謎題待解。因此，他一定有把結的主題納入寫作中。然而，說句殺風景的話，我們也有充足的理由相信，假海龜完全不知道什麼結理論。卡羅出版《愛麗絲夢遊仙境》是在一八六五年，比凱爾文提出週期表上的結（至少就公開提出而言），早了大約兩年。不只如此，雖說可能很早以前，扭曲這個詞就被用在結理論中，但是它最早以技術性名詞的身分出現，是在一九七〇年代。所以說，看起來假海龜所要表達的意義，可能並沒有超出「野心、分心、醜化與嘲弄」太多。

但還是一樣，就算那句雙關語不是卡羅有意寫的，也不表示我們現在就不能欣賞它。好的文學作品，在對新世代闡述新東西時，依然是好作品，再說，卡羅書中情節的輪廓與迂迴，不正像是一個結裡的重重環節麼。不只如此，對於這個異想天開的數學分枝能侵入現實世界，並成爲理解生物學的關鍵，他可能也會很開心。

將不同的轉折、扭曲以及結，進行排列組合，保證能讓DNA形成幾乎無限數量的小毛球，而拯救我們的DNA不致受這種折磨的，是一群精通數學的蛋白質，稱做拓樸異構酶（topoisomerases）。每一個拓樸異構酶都理解一兩個結理論定理，而且懂得利用它們來舒緩DNA的緊張。有些拓樸異構酶能解開DNA鏈。有些能逮到DNA裡的單股，把它繞過另一股，以消除轉折與扭曲。另外還有一些能在DNA纏繞自己的時候，把DNA剪斷，將上層那一股放到下層那一股的下方，然後重新焊接起來，用這種方式來解開一個結。每一種拓樸異構酶，每年不知有多少次搶救了我們的DNA，免於悲慘的末日命運，要是沒有這群數學怪胎，我們早就活不下去了。如果說，結理論是從凱爾文爵士的扭轉原子當中冒出來，然後靠著自己發展起來，那麼現在它又回歸到DNA，回到它那數十億年之久的分子根源中。

結理論可不是唯一意外蹦進DNA研究裡的數學。科學家曾經用維恩圖（Venn diagrams）來研究DNA，也用過海森堡測不準原理。DNA的結構看起來也有幾分像宏偉建築物（例如巴特農神殿）的長與寬黃金比例。熱中幾何的人士，則把DNA扭曲成莫比斯環（Möbius strips），然後建構出正五面體。細胞生物學家現在知道了，即使只是裝進細胞核這一個動作，那又長又黏的DNA都必須一摺再摺，把自己摺成一個圈中有圈的碎形圖案，讓人幾乎無法分辨眼前看到的尺度——奈米？微米？還是毫米？其中最令人意外的，或許要算是二〇一一年一名日本科學家的嘗試，他用一種類似領帶俱樂部的密碼，將A、C、G、T的不同組合，分配給不同的數字和字母，然後再將「$E=mc^2$1905!」的密碼，插入一般土壤細菌的DNA中。

DNA還和一種叫做齊普夫定律（Zipf's law）的古怪數學玩意，有著親密關係，此一定律最早是由一位語言學家發現的。齊普夫（George Kingsley Zipf）出身純德國世家——他家在德國經營啤酒廠——但他最後成爲美國哈佛大學的德文教授。齊普夫雖然熱愛語文，但卻不認爲人有必要藏書，而且他和同事們也很不一樣，他住在波士頓郊外一座七英畝的農場上，裡頭有一座葡萄園，還養有豬和雞，每年十二月，他都是親手砍一棵聖誕樹搬回家過節。然而，他的天性卻不是做農夫的料；他早晨大半賴在床上，因爲他晚上通常都不睡，忙著（從圖書館借來的書裡）研究語文在統計方面的特性。

一名同事曾經描述，齊普夫是一位「會把玫瑰花支解來計算花瓣數目的人」，而齊普夫對待文學的方式，也沒有兩樣。還是一名年輕學者時，齊普夫就處理過喬伊斯（James Joyce）的大作《尤里西斯》（*Ulysses*），而他得到的主要結果是，該書共包含了29,899個不同的單字，而全書總字數是 260,430。從那之後，齊普夫接續拆解了《貝武夫》（*Beowulf*）、荷馬作品、中文作品以及羅馬劇作家普勞圖斯（Plautus）的全套作品。齊普夫在計算每一部作品的單字時，發現了齊普夫定律。它的大義是說，在某種語言中最常出現的單字，出現頻率約爲第二常出現的單字的兩倍，約爲第三常出現的單字的三倍，約爲第一百常出現的單字的一百倍，依此類推。在英文中，the 約佔所有字的百分之七，of 是 the 的一半（百分之三．五），and 是 the 的三分之一，直到最晦澀罕用的單字 grawlix（意指「用來取代不方便印出之咒罵語的一堆符號」）或是 boustrophedon（牛耕式的轉行書寫方式）。這樣的頻率分布不但適用於梵文、伊特拉斯坎語或是象形文字，也適用於現代的北印度語、西班牙文或是俄文（齊普夫還在西爾斯羅巴克公司〔Sears Roebuck〕的郵購目錄裡，發現這種定律）。甚至在人爲編造語言時，也會浮現類似齊普夫定律的規律。

在齊普夫於一九五〇年過世後，學者發現一些證據顯示，他的定律還出現在多得驚人的地方——它們出現在音樂裡（稍後再仔細交代）、在城市人口等級、在薪資分布、在大滅絕、在地震規模、在圖畫與卡通中不同顏色的出現機率，以及其他方面。每一次，在每個分類當中，最大或是最普遍的物件，都是第二位物件的兩倍大或是兩倍普遍，是第三位物件的三倍大或是三倍普遍，依此類推。或許難以避免吧，這個理論突然爆紅，也招來不少反彈，尤其是語言學家，他們質疑齊普夫定律有可能具有任何意義嗎。①但還是一樣，許多科學家幫齊普夫定律辯護，因爲它感覺起來很正確——單字的出現頻率不像隨機的——而且，根據經驗，它確實能用不尋常的正確方式來描繪語言。甚至是ＤＮＡ的語言。

當然，剛開始，ＤＮＡ並不像是會遵守齊普夫定律，尤其是對西方語系的人來說。ＤＮＡ和大部分語言不同，它沒有明顯的字與字的區隔空間。它倒是比較像那些沒有標點符號的古代文字，就只是一長串的字母。你可能會以爲，那些能夠幫胺基酸編密碼的A-C-G-T三聯體，就能像是「單字」一樣地運作，但是它們的頻率看起來卻不像齊普夫式。想要找出齊普夫，科學家必須改爲尋找不同種類的三聯體，其中有些人轉向一種看似可能性不高的來源求助：中文搜尋引擎。中文是藉由連接相鄰的符號，來創造複合詞。所以，中文若出現ABCD，搜尋引擎可能會檢視一個滑動的「窗口」，以找出有意義的片段，首先是AB，BC以及CD，然後是ABC和BCD。事後證明，使用滑動窗口，也是尋找DNA中有意義片段的好辦法。結果，經過一番計算，DNA若以大約十二個鹼基爲一群落，看起來最有齊普夫味，最像是一種語言。於是，整個說來，最有意義的DNA單位，可能不是三聯體，而是四個三聯體一起運作——一個十二面體的圖形。

DNA的**表現**，也就是從DNA轉譯成蛋白質，也遵守齊普夫定律。和普通單字一樣，在每個細胞中，有幾個基因能夠不斷地表現，但是大部分基因卻難得插得上話。經年累月之後，細胞漸漸學會愈來愈依賴這些常見的蛋白質，而最常見的一種蛋白質出現的頻率，通常是排在第二位、第三位與第四位蛋白質的兩倍、三倍與四倍。當然啦，很多科學家對此嗤之以鼻，不認爲這些齊普夫數據有什麼意義；但是其他科學家則說，現在是時候了，我們應該要承認DNA不只長得像一種語言，它的運作也像一種語言。

而且不只是一種語言：DNA還具有齊普夫音樂特性。隨便給一首音樂，例如C大調，某些音符自然會比其他音符更常出現。事實上，齊普夫有一次曾經研究莫札特、蕭邦、伯林（Irving

Berlin）與肯恩（Jerome Kern）作品中各個音符的盛行率——結果你瞧，給他發現了齊普夫式分布。後來的研究也證實有同樣的發現，雖然是不同類型的音樂，從羅希尼（Rossini）到雷蒙斯樂團（Ramones）都有，而且他們發現，除了音符之外，音色、音量以及音長也同樣具有齊普夫式分布。

所以說，如果DNA也顯示出齊普夫式傾向，那麼DNA是否能被整理成某種類型的音樂呢？事實上，眞的有音樂家將一種腦部化學物質血清素（serotonin）的A-C-G-T序列，翻譯成一首小歌謠，做法是把DNA的四個字母分別指派給A、C、G以及E音符。另外，有些音樂家則是爲最常出現的胺基酸，配上和諧的音符，而創作出DNA旋律，結果發現，這樣做能製造出更複雜與悅耳的聲音。後面這種方法要強調的是，DNA和音樂很像，一連串的「音符」只是它的一部分。能夠定義它的，還包括基調和主題，以及特定序列有多常出現，以及它們能夠合作得多巧妙。有一位生物學家甚至辯稱，音樂是一種很適合拿來研究遺傳位元如何加總的天然媒介，因爲人類對於音樂裡的小片段如何「混成」，有一副聰靈的耳朵。

另外還發生一樁更有趣的事，兩名音樂家沒有把DNA翻譯成音樂，而是倒過來，把一首蕭邦小夜曲的音符翻譯成DNA序列。他們發現，其中有一段序列「極爲神似」RNA聚合酶基因的一部分。這個聚合酶，是所有生物體內都有的蛋白質，正是DNA打造RNA的利器。也就是說，如果你再仔細一點看，那首小夜曲其實是幫整個生命循環編碼。想想看：聚合酶利用DNA打造出RNA。然後RNA打造出複雜的蛋白質。這些蛋白質冉打造出細胞，而後細胞又打造出人類，例如蕭邦。而蕭邦則創作了和諧的音樂——藉由幫一個能製造聚合酶的DNA編碼，來完成這個循環（音樂學概括重現了知識的本體）。

那麼，這項發現到底是不是僥倖？並不全然。有些科學家指稱，基因最初在ＤＮＡ中現身時，並不是隨機出現在一段舊的染色體中。相反地，它們就像重複的詞句，有一兩打ＤＮＡ鹼基被不斷地複製。這些段落的功能，就好像一段音樂主旋律，被作曲家拿來稍微更動和微調（就是突變），以便在原本的曲調上，營造出悅耳的變化。那麼，就這方面來說，基因打從一開始，就內建了旋律。

人類早就渴望將音樂與大自然中更深遠、更廣闊的主題，做一個連結。從大部分著名的古希臘天文學家到克卜勒（Johannes Kepler），都相信當行星劃過天際時，它們會創造出一首極為美妙的宇宙音樂（musica universalis，也就是 universal music），是一首讚美造物主的詩歌。結果證明，宇宙音樂確實存在，只不過它比我們原先想像的更為接近，就在我們的ＤＮＡ裡。

遺傳學和語言之間還具有比齊普夫定律更深的關聯。孟德爾本人在年老發福的歲月裡，也曾涉獵過語言學，譬如說，他曾企圖定出一個精確的數學定律，來描述德文名字的字尾（例如 -mann 和 -bauer）如何一代又一代地，與其他名字混種並自我繁殖（聽起來，有沒有很耳熟啊）。嘿，現代的遺傳學家要是沒有那些被他們從語文研究裡抄襲來的詞彙，甚至沒辦法說明他們的研究了。譬如說，ＤＮＡ具有同義字、轉譯作用、標點符號、字首和字尾。另外，遺傳學上的誤義突變（替代了胺基酸）和無義突變（干擾到終止碼），基本上屬於排字錯誤，但移碼突變（弄亂了三聯體的讀法）卻是老式的排版錯誤。遺傳學家甚至還有文法及語法呢——這些規則主要是用來把胺基酸的「單字」與短句，組合成細胞看得懂的蛋白質「句子」。

更特別的是，遺傳學的文法和語法，也勾勒出「細胞應如何將一條胺基酸鏈摺疊成一個有用的蛋白質」的一些規則（蛋白質必須先摺疊成緊密的形狀，才能開始工作，而且它們的形狀要是出錯，通常就不會工作了）。適當的語法及文法摺疊，是ＤＮＡ語言內部溝通的一個關鍵。不過，溝通需要的不只是恰當的語法及文法；一個蛋白質句子還必須讓細胞覺得，它具有某種**意義**才行。而且，奇怪的是，一個蛋白質句子即便語法及文法都很完美，仍然有可能不具任何生物意義。想了解這到底是什麼意思，不妨參考語言學家杭士基（Noam Chomsky）曾經說過的一些話。他當時想要證明，語法和意義在人類語言中是沒有關聯的。他舉的例句是「Colorless green ideas sleep furiously」（無色的綠色點子狂怒地睡著了）。不論你對杭士基個人的看法如何，這個句子，當眞是出自人口最奇特的句子之一。它完全沒有字面意義。然而，由於它含有眞正的單字，而且語法和文法也是正確的，我們還是能讀得通。它不是完全缺乏意義。

同樣的道理，ＤＮＡ突變也可能引進隨機的胺基酸單字或名詞，而細胞也會自動地根據物理和化學法則，將最終形成的胺基酸鏈，按照完美的語法摺疊起來。但是，其中任何單字的變動，都可能改變句子的整體形狀和意義，而最後該句子是否還有意義，則不一定。有時候，新蛋白質句子只含有一個轉折，一個小小的詩的破格，細胞還是有辦法分析它的語法。有時候，某個改變（像是移碼突變），把整個句子竄改得面目全非，讀起來就好像grawlix，卡通漫畫裡用來代表那些髒話的亂碼——#$%&@！。結果細胞受苦而死。雖說每隔一陣子，細胞就會讀到一個內部含有誤義突變和無義突變的蛋白質句子……然而，仔細考量，這好像也有道理。一些美好的東西，像是卡羅在《愛麗絲夢遊仙境》中的胡言亂語詩「mimsy borogoves」，或是英國詩人李爾（Edward

Lear）筆下的「runcible spoon」（叉匙），不就是這樣全然地出人意料地跑出來。這就是難得一見的有益突變，而且在這個幸運的時刻，演化就能偷偷地往前爬②。

也因爲DNA和語言之間的相似性，科學家甚至能夠用同樣的工具，來分析眞正的文字與基因組「文字」。這些工具看起來尤其適合分析有爭議的文字，例如作者不詳的，或是生物源頭還有疑慮的。對於文學爭議，專家的傳統做法是把一件作品拿來和已知源頭的作品做比對，然後判斷它們的語氣和風格是否相似。另外，有時候學者也會記錄和計算文件裡使用哪些單字。這兩種做法都不能令人完全滿意——前者太主觀，後者太缺乏效果。至於DNA，若要比對有爭議的基因組，通常的做法是，先比對幾十個關鍵基因，然後再搜尋微小的差異。但是，這種技術對於天差地別的物種就不管用了，因爲差異實在太大，而且也不清楚哪些差異才是重要的。此外，由於完全把焦點集中在基因上，這種技術也會忽略一整段位在基因之外的調控DNA（regulatory DNA）。

加州大學柏克萊分校的科學家在二〇〇九年發明了一套軟體，以便避開這些問題，而這套軟體也是一樣，讓「視窗」沿著一串字母來回滑動，搜尋相似性與模式。在某次測驗中，科學家分析哺乳動物的基因組以及數十本書的文字，包括《小飛俠》、《摩門經》以及柏拉圖的《理想國》。他們發現，同樣的軟體，在某個測驗中，能夠把DNA區分成不同屬的哺乳動物，在另一個測驗中，也能同樣正確地把書籍區分爲不同的文學類別。科學家轉而研究有爭議的文學作品，他們深入探究莎士比亞的爭議作品，他們的軟體得到的結論是，莎士比亞確實有寫《兩位高貴的親戚》（*The Two Noble Kinsmen*，這個劇本一直徘徊在被承認的邊緣），但是沒有寫《沉珠記》（*Pericles*，另一部被懷疑不是莎翁的作品）。然後，柏克萊小組又研究病毒與古細菌的基因（古細菌是年代最古老、而且對我們來說是最不同的生物）。他們的分析揭露了它們與其他微生物間的新關聯，並提出新的分類建議。由於牽涉到的數據量實在太龐大，分析基因組可以是非常費力的工作；單單病毒與古細菌的掃瞄工作，就得獨佔三百二十部電腦，長達一年。但是，基因組分析總算讓科學家能夠從單純的「逐點比對少數幾個基因」，進步到「讀取一整個物種的完整天然史」。

然而，想讀取完整的基因組歷史，需要熟練的技巧，不是會讀文字就可以了。要讀取DNA，既需要從左往右讀，也需要從右往左讀——就是牛耕式轉行書寫法。否則科學家將會錯失關鍵的迴文與迴字，也就是正向與反向讀起來都一樣的詞句。

目前已知世界上最古老的迴文，是一塊很驚人的上下左右都是迴文的文字，呈四方形，刻在龐貝城以及其他地方的牆上：

S-A-T-O-R
A-R-E-P-O
T-E-N-E-T
O-P-E-R-A
R-O-T-A-S

然而，只有兩千年歷史的這塊 sator...rotas[3]，比起真正古老的DNA裡的迴文，久遠程度可遜色多了。DNA甚至還發明了兩種迴文。一種是傳統的，「sex-at-noon-taxes」（中午行房太累人）

類型——GATTACATTAG。但是由於AT與CG鹼基會配對，DNA又發明了另一種更微妙的迴文，它在其中一股是正向讀，在互補那一股則是反向讀。譬如下面這段鹼基CTAGCTAG，然後請想像，與它互補的那一段DNA上，應該會出現什麼樣子的鹼基，GATCGATC。它們兩個正是百分之百的迴文。

它們看起來雖然無傷，但是第二種迴文卻能讓所有微生物害怕得打哆嗦。在很久很久以前，許多微生物都演化出特定的蛋白質（叫做限制酶〔restriction enzymes〕），它們可以剪斷DNA，就好像鐵絲鉗一樣。而且不知什麼原因，這些酵素只能切斷看起來高度對稱的DNA，例如迴文。切斷DNA，確實具備一些有用的目的，像是清除被輻射損毀的鹼基，或是幫打結的DNA紓解它的張力。但是，頑皮的微生物大都把這種蛋白質用來上演《血仇》（*Hatfields versus McCoys*，譯註：美國十九世紀兩大家族結怨，火併數十年的眞實故事），互相撕碎對方的遺傳物質。結果，微生物從慘痛的教訓中，學會絕對要避開迴文。

倒不是說我們高等生物就能容忍許多迴文。請再想想看CTAGCTAG和GATCGATC。請注意，兩段迴文前半段都能與自己的後半段鹼基配對：最前面一個與最後面一個可以配對（C...G），第二個與倒數第二個配對（T...A），依此類推。但是，要形成這樣的內部鍵結，這股DNA的一端必須與另一股DNA解開纏繞，並往上突起，形成一個腫塊。這種結構稱爲「髮夾」（hairpin），能在任何稍微有點長度的DNA迴文上形成，因爲這種迴文具有對稱性。不難猜想的是，這種髮夾和DNA上的結一樣，都有可能毀掉DNA，而且原因相同：它們都會危及細胞的機制。

迴文可以經由兩種方式出現在DNA裡。比較短的DNA迴文會形成髮夾，是隨機出現的，因爲ＡＣＧＴ鹼基剛好對稱排列而造成。較長的迴文也會把我們的染色體弄亂，而其中有許多——尤其是那些在矮冬瓜Ｙ染色體上撒野的長迴文——都是經由一種特殊的兩步驟流程而產生。基於各種理由，染色體有時候會意外地重複一段ＤＮＡ，然後把它們貼在之後的某個地方。染色體也可能（有時候是在雙股都斷裂時）將某段ＤＮＡ來個一百八十度的翻轉，然後從尾巴開始往前面重新貼上。於是，如果按照順序，先發生一個重複（duplication）突變，再發生一個倒置（inversion）突變，就能製造出一段迴文。

不過，大部分染色體都不鼓勵長迴文，或至少是不鼓勵會製造出迴文的倒置突變。倒置突變能打斷基因，或是令基因失去功能，使得染色體失效。倒置突變也可能減低染色體進行互換（cross over）的機會——這是很大的損失。互換（意即兩根同源染色體手臂交纏，並交換片段）能讓染色體交換基因，以及取得較佳的基因版本，或說更能合作無間、讓染色體更適應環境的基因版本。另外，同等重要的是，染色體能利用互換來執行品管檢驗：它們能排排站好，互相打量對方，然後將突變的基因，改寫成未突變的基因。但是，每根染色體都只肯和長相類似的夥伴，進行互換。要是某根染色體的長相具有可疑的差異，另一根染色體擔心會拿到不懷好意的ＤＮＡ，就會拒絕與對方互換。而倒置突變看起來確實非常可疑，於是，在這種情況下，帶有迴文的染色體會被擋駕。

Ｙ染色體就曾經展示過這種對迴文的不容忍。回溯到很久以前，哺乳動物還沒有從爬蟲類分出來時，Ｘ和Ｙ其實是同源染色體，而且兩者經常互換。然後，到了三億年前，Ｙ染色體上的某個基因發生突變，成爲導致睪丸生成的一項主要變化（在這之前，性別可能都是由母親孵卵時的溫度來決定的，就像烏龜和鱷魚用來決定雌雄的那套非基因系統）。由於這樣的改變，Y成爲雄性染色體，然後再經過各種步驟，累積了其他的雄性基因，大部分是爲了製造精子。這麼一來，X和Y變得愈來愈不相像，雙方開始避免互換。Y不想冒險讓自己的基因被潑婦X給重寫，X則不想要呆瓜Y的基因，它們可能會傷及XX雌性。

在互換減少的情況下，Y變得愈來愈容忍倒置突變，不論大或小。事實上，Y染色體的歷史上，曾經有過四次重大的倒置突變，是眞正的DNA大翻轉。每一次都創造出許多很酷的迴文（有一段長達三百萬個字母），但是每經歷一次，都讓它們與X互換的機會更加渺茫。這原本也沒什麼大不了，只除了還是那個老原因，互換能讓染色體改寫惡性的突變。X染色體能夠在XX的雌性體內繼續互換，但是Y染色體一旦失去夥伴，惡性突變就會開始累積。而每一次出現惡性突變，細胞別無選擇，只能把Y上面的突變DNA給剁掉。最後的結果可不太美妙。原本大大的Y染色體，最初一千四百個基因幾乎都丟光了，只剩下現有的兩打基因。按照這種速度，生物學家曾經預測，Y染色體終將滅絕。它們似乎註定要繼續產生失能的突變，然後變得愈來愈短，直到演化將Y完全剔除爲止——而且可能連帶將雄性動物一塊剔除。

然而，迴文也可能饒Y一命。DNA上的髮夾固然不好，但是若Y染色體能把自己摺疊成一個巨大的髮夾，它就可以讓任何兩段迴文——它們是同樣的基因，一個正向讀取，一個反向——進行接觸。這使得Y染色體也能檢驗突變，並加以改寫。這就像是你若在一張紙上寫下「A man, a plan, a cat, a ham, a yak, a yam, a hat, a canal: Panama!」，然後將紙對摺，就可以一個字母、一個字母地校正其中的差異——這種情況，在每一個新生的雄性體內，都會發生六百次。另外，反摺還能讓Y染色體補償失去一根性染色體夥伴的遺憾，讓它們能與自己重組，將某個位置上的基因，與另個位置上的基因做交換。

像這樣的迴文修補，眞是非常天才。事實上，有點聰明過頭了，反被聰明誤了一半。很遺憾，被Y拿來比較迴文的這個系統，並不「知道」哪一段迴文有突變，哪一段沒有；它只知道有差異。所以，不久，Y就會把一個好基因改寫成壞基因。它的自我重組也一樣，偶爾會把兩段迴文之間的DNA給刪去。這些錯誤很少會讓一個男人送命，但卻可能讓他的精子無能。總的說來，要是Y染色體不能用這種方法來校正錯誤，它可能會消失；但是讓它能校正錯誤的這種東西，它的迴文，也能讓它失去雄風。

DNA的語言及數學特性，都有助於達成它的終極目標：處理數據。細胞會透過DNA和RNA來儲存、呼叫以及傳送資訊，而科學家開口閉口都是核酸編碼、處理資訊，彷彿遺傳學是密碼學或電腦科學的一個分支。

事實上，現代密碼學的確和遺傳學有點淵源。一九一五年，一位年輕的遺傳學家佛里德曼（William Friedman），在康乃爾大學做完研究後，加入一個很古怪的私人科學智庫，地點位於伊利諾州的郊區（這家機構有好幾樣可以炫耀的東西：一座荷蘭風車，一頭名叫哈姆雷特的寵物熊，以及一座燈塔，儘管它離海岸有七百五十英里遠）。佛里德曼的第一件任務，是老闆派給他的：研究月光對小麥基因的影響。但是由於佛里德曼具有統計學背景，很快地就被拖進老闆的另一個瘋狂計畫中④：證明培根不僅撰寫了莎士比亞的劇本，而且還在原始的莎士比亞全集「第一對開本」（First Folio）中，留下線索，以宣告自己才是作者（線索包括改變某些特定字母的形狀）。雖然研究得很起勁——自從兒時讀過愛倫．坡的〈金甲蟲〉（The Glod-Bug）之後，他就愛上了破解密碼——佛里德曼還是判定，那些被認爲的培根關聯，全是廢話。他指出，套用同樣那套解碼方法，將可以「證明」美國的老羅斯福總統撰寫了《凱撒大帝》（*Julius Caesar*）。然而，佛里德曼還是預見到遺傳學將會成爲生物學上的解碼學，而且在他嘗過眞正的密碼破解之後，他在美國政府找到一份破解密碼的工作。根據他在研究遺傳學時打下的統計專業，他很快就破解了一堆秘密電報，使得茶壺丘行賄醜聞（Teapot Dome bribery scandal）在一九二三年曝光。一九四〇年代初，他開始破解日本外交密碼，包括十幾則惡名昭彰的越洋電報，它們是在一九四一年十二月六日被攔截的，由日本傳送給美國華盛頓特區的日本大使，內文預告了威脅將至。

佛里德曼之所以放棄遺傳學，是因爲在二十世紀頭幾十年，遺傳學的發展大都不脫（至少在農場上是如此）呆坐一旁，枯等該死的畜生去交配；與其說在分析數據，不如說更接近動物農業。要是他出生晚個一兩代，佛里德曼的觀點可能就不同了。到了一九五〇年代，生物學家已經開始經常把 A-C-G-T 鹼基，稱做生物學的「位元」，把遺傳學稱爲等待破解的「密碼」。如今，遺傳學家成爲數據分析師，而且繼續往這條路線發展，部分要感謝佛里德曼的一位年輕同行，一位同時研究密碼學與遺傳學的工程師，他的名字是夏農（Claude Shannon）。

科學家一直引用夏農在麻省理工學院的碩士論文，那是他在一九三七年二十一歲的時候寫的，堪稱有史以來最重要的碩士論文。在這篇論文中，夏農勾勒出一種方法，能將電子電路與基本邏輯結合起來，去執行數學任務。於是，他得以設計出能執行複雜運算的電路——也就是所有數位電路的基礎。十年後，夏農寫了一篇論文，關於利用數位電路來幫資料編碼，並且更有效率地傳送它們。要說這兩項發明從無到有地創造出現代數位通訊，應該也不算誇大。

除了這些深具發展性的發明之外，夏農還迷上其他一些興趣。在辦公室，他喜歡變戲法，以及騎獨輪單車，以及在走廊上一邊變戲法、一邊騎獨輪車。在家裡，他老是在地下室修補一些破銅爛鐵；他畢生的發明包括火箭動力飛盤、動力化的彈簧單高蹺、能解決魔術方塊的機器、一隻會走迷宮的機械鼠（名叫 Theseus）、一個能計算羅馬數字的程式（名叫 THROBAC），以及一個用來欺騙賭場輪盤的香菸盒大小的攜帶式計算機⑤。

另外，夏農在一九四〇年的博士論文中，還探討了遺傳學。當時生物學家正在努力鞏固基因與天擇之間的關聯，但是其中牽涉到的大量統計，卻令許多人心生畏懼。雖然夏農事後承認，他對遺傳學所知不多，但他還是一頭栽進去，試圖幫助遺傳學，就像他之前幫助電子電路般：把複雜性減化爲單純的代數，以便只要有一個輸入資料（某個族群中的基因），任何人都能快速計算出答案（哪些基因會興盛，哪些會消失）。夏農花了好幾個月寫這篇論文，但是在拿到博士論文之後，他又被電子學拐走了，從此沒有再回頭做遺傳學。這樣也無所謂。因爲他的新研究成爲資訊理論（information theory）的基礎，而這個領域的應用是這麼地廣闊，不用他帶路，這個領域自動繞回了遺傳學。

利用資訊理論，夏農定出如何在盡可能少犯錯的情況下，傳送資訊——這個目標，生物學家從此明白，就等於是設計出最能減少細胞中的錯誤的遺傳密碼。此外，生物學家還借用了夏農的另一項研究，關於語言中的效率與重複。夏農曾經計算過，英文起碼有百分之五十的重複冗餘

（其中一本由錢德勒〔Raymond Chandler〕撰寫的通俗小說，冗餘度更是高達百分之七十五）。生物學家也來研究效率，因爲透過天擇，有效率的生物應該是比較能適應的生物。他們推測，DNA中的重複性愈低，細胞就能儲存愈多的資訊，而處理資訊的能力也愈快，是一大優勢。但是，就像領帶俱樂部都知道的，DNA在這方面距離最佳狀態，還遠著呢。多達六個A-C-G-T三聯體，幫同一個胺基酸編碼：眞是超級浪費。要是細胞能經濟一點，每個胺基酸少使用一點三聯體，它們將能納入更多的胺基酸，不只是正統的二十個，如此將能開闢出新的分子演化領域。事實上，科學家已經證明了，實驗室裡的細胞能夠使用五十種胺基酸。

但是，正如夏農指出的，若說重複性有成本，它也有效益。語文中有少許重複，可以確保我們聽得懂一場對話，即使裡頭有些音節或單字遭到任意竄改。例如 Mst ppl hv ltl trbl rdng sntncs wth ltrs mssng（譯註：正確的全文是：Most people have little trouble reading sentences with letters missing）。換句話說，雖然太多重複性，會浪費時間與精力，但少許重複卻能防範錯誤。應用到DNA上，現在我們已經能了解重複的意義：它讓突變比較沒有機會引進錯誤的胺基酸。不只如此，生物學家曾經計算過，就算某個突變當眞替代了一個錯誤的胺基酸，好在大自然事先就有準備，所以不論發生什麼樣的錯誤，新胺基酸具有類似化學與物理特性的機會還是很大，因此還是能正確地摺疊。它是一個胺基酸同義字，所以細胞還是能弄懂該句的意思。

（基因之外的重複性，也可能有用處。非密碼的DNA——基因與基因之間那一大段DNA——含有一些沉悶冗長的重複字母，看起來就好像某人不小心把手指壓在大自然的鍵盤上。雖然這些以及其他字串看起來像是垃圾，科學家卻不知道它們是否眞的可以去除。就像一位科學家曾經思考道，「基因組到底是一部低俗小說，你即便刪掉一百頁，也沒有影響，或是更像海明威的作品，你只要刪掉一頁，情節就連不起來了？」但是，把夏農的定理應用到垃圾DNA上，結果發現，它的重複性和語文中的重複性很像——這可能意味著，非密碼DNA具有尚未發現的語言特性。）

這一切可能會令夏農與佛里德曼大爲驚訝。但是，最迷人的一點或許在於，除了其他的聰明特質以外，DNA也勝過我們最強大的資訊處理工具。一九二○年，深具影響力的數學家希爾伯特（David Hilbert）試圖找出，是否有任何機械性的啓動流程（一種互除法），能夠幾乎不用思考地自動解決定理。在希爾伯特的想像中，人類將會靠著紙和筆，通過這個過程。但是在一九三六年，數學家涂林（Alan Turing）描繪出一種機器，能夠執行這項工作。涂林機看起來很簡單——只是一條長長的記錄帶，加上一個能移動並標記帶子的裝置——但在原則上，任何可以解決的問題，它都能計算出答案，不論問題有多複雜，方法是將問題分解成小的邏輯步驟。涂林機帶給許多思想家靈感，夏農是其中之一。工程師很快就打造出涂林機的功能模型——我們稱之爲電腦——它們具有長長的磁帶與記錄頭，正如涂林所預想的。

然而，生物學家知道，涂林機就像細胞用來複製標記以及讀取長帶狀的DNA與RNA的機制。這些涂林生物機器，時時刻刻，在每一個活細胞裡運轉，解決各種錯綜複雜的問題。事實上，DNA比起涂林機還更勝一籌：電腦硬體還是需要軟體才能運轉；DNA則能同時扮演硬體與軟體，既能儲存資訊，也能執行指令。它甚至還含有「能夠製造出更多自己」的指令。

這還不是全部哦。就算DNA只會做我們現在已知的這些事——一再完美地自我複製，生產RNA與蛋白質，抵抗原子彈的傷害，為字詞編碼，甚至指揮幾首曲子——它依然是一個表現突出的神奇分子，一個最精緻的分子。但是，DNA最與眾不同之處在於，它有能力建造出體積是本身幾十億倍的作品——而且還要這些作品在全世界跑來跑去。DNA甚至還保留旅遊日誌，將它的作品長久以來的所見所聞和行動都記錄下來，而少數幸運的生物，在弄清楚DNA運作的基礎之後，終於能夠親自來閱讀這些故事。

PART II

我們的動物身世

製造爬跳、嬉戲與殺戮

5 DNA 的辯解

生物為何演化得這麼慢——但複雜度卻又大爆發？

米莉昂修女（Sister Miriam Michael Stimson）在讀到那篇論文時，一定馬上就意識到，她長達十年的心血，她畢生的研究，全都毀了。在一九四〇年代，這位整天都穿著黑白罩袍（外加兜帽）的道明會修女，爲自己開拓出一個豐富的研究生涯。她先是在密西根州與俄亥俄州的小型宗教學院，實驗治療傷口的荷爾蒙，甚至協助發明了一種有名的痔瘡軟膏（品名叫做 Preparation H），然後才找到了她最愛的研究：DNA鹼基的形狀。

她的進展很快，發表論文證明DNA鹼基會變來變去，就像變形者，此刻的長相和下一刻往往不一樣。這個想法很簡單，但是它對DNA如何運作，卻有深遠的影響。然而，在一九五一年，兩位競爭對手卻只用一篇論文，就抹殺了她的理論，把她的研究貶抑成無足輕重而且會誤導人。這眞是令人羞辱的時刻。身爲女性科學家，米莉昂修女得擔負額外的包袱：她經常得忍受男性同行對她說教，甚至對她專長的研究領域，也要來指手畫腳一番。如今加上這次公開的駁斥，她辛辛苦苦累積起來的學術聲譽，崩解之快、之徹底，簡直就像DNA的雙螺旋般。

往後幾年，即使她明白，自己的垮台其實是一個必要的步驟，如此才能導致二十世紀最重要的生物學發現——華森與克里克的雙螺旋，但是這個想法恐怕對她也不是個安慰。在那個時代，華森與克里克這兩位生物學家在某方面頗不尋常：他們只管把其他人的研究成果加以合成，自己則懶得動手做實驗（即便是超級理論專家達爾文，也有自己的實驗苗圃，而且自我訓練成爲藤壺專家，包括藤壺的性生活專家）。這種「借用」的習慣，有時候也會替華森和克里克惹上麻煩，最著名的要算是法蘭克林（Rosalind Franklin）了，她所拍攝的X射線照片闡明了DNA形狀爲雙螺旋。但是，華森與克里克的偉大發現，同時也是以其他幾十位科學家的研究爲基礎，包括比較不知名的學者，米莉昂修女就是其中之一。坦白說，她的研究在這個領域不算最重要的。事實上，她的錯誤使得早期許多有關DNA的迷惑一直存在。但是，和摩根的案例一樣，追蹤某人如何面對自己的錯誤，自有它的價值。在這方面，米莉昂修女和許多被打倒的科學家不同，她夠謙虛，或說夠進取，所以能再度返回實驗室，最後終於對雙螺旋故事做出了貢獻。

就很多方面來說，二十世紀中期的生物學家都在與同一個基本問題奮戰：DNA到底長什麼樣子？譬如在米歇爾的年代，他們發現，DNA很不尋常地混雜了糖類、磷酸鹽以及環狀鹼基。最令人傷腦筋的是，沒有人想得出來，這些長長的DNA股鏈，要怎樣才能相契合地依偎在一起。現在我們已經知道，DNA鏈之所以能自動黏合在一起，是因爲A能與T吻合，C能與G吻合，但是在一九五〇年代沒有人曉得這個。大家都以爲這些字母（鹼基）是隨機配對的。所以，科學家必須設法把每一種難看的字母組合，都塞進他們的DNA模型中：壯碩的A與G，有時必須配在一起，同樣地，苗條的C與T亦是。科學家很快就察覺，不論你怎樣旋轉或擠塞，這些格格不入的鹼基對總是會製造出一堆凸凸凹凹的形狀，一點都不像他們預期的平滑

DNA外型。華森與克里克有一度甚至咒罵這種生物分子的俄羅斯方塊，而且花費好幾個月時間，在尋思從內往外翻轉（而且是三股①）的DNA模型，讓鹼基全都朝外，以避免彼此擋路。

米莉昂修女研究了一個與DNA構造有關的子題：各鹼基的精確形狀。一名修女來從事這方面的研究，從今天的角度來看，或許很奇怪，但是米莉昂事後回憶，她當年參加各種研討會所遇到的女性科學家，大部分都是修女同行。當時的女性在結婚後，往往都必須放棄職業生涯，至於沒結婚的女性（例如法蘭克林），常常會引起懷疑或是被嘲弄，有時候她們的薪水甚至低得無法養活自己。反觀天主教修女，是受人敬重的未婚女性，而且居住在教會的女修道院裡，擁有財務上的支持以及獨立性，可以去探究科學。

但這並不表示，身爲修女不會讓事情變得複雜，無論在專業或私人方面。和孟德爾一樣（他出生時名叫 Johann，但教名卻是 Gregor），原名 Miriam Stimson 的米莉昂，在一九三四年，密西根州的一家修道院，與同梯次的見習修女一塊接受新命名。米莉昂選擇的教名是 Mary，但是在命名典禮上，大主教和他的助手漏了名單上的一個名字，所以隊伍中大部分的修女都取錯了名字。沒有人說破，因此輪到排在最後一個的米莉昂時，名單上已經沒有名字了，聰明的大主教隨機應變，脫口說出腦中想到的第一個名字，一個男性的名字 Michael。由於修女被視爲與基督結婚，而上帝（或是大主教）與凡人的結合是不能分離的，因此錯誤的名字就只能讓它錯下去了。

像這類絕對服從的要求，在米莉昂修女開始做研究之後，變得愈來愈麻煩，而且也限制了她的科學生涯。在那間小型天主教學院，她的上司並沒有分給她一間完整的研究室，只撥了一間改裝過的浴室，給她做實驗。不過她也沒有多少時間可以做實驗：她必須兼任「廂房修女」（wing-

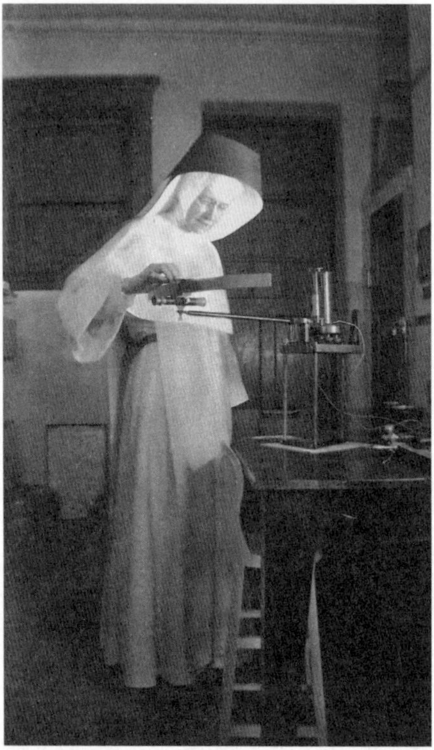

DNA 研究先驅米莉昂修女，即便在實驗室裡也必須戴著那頂極大的兜帽。（圖片來源：Siena Heights University）

mun），負責管理一間學生宿舍，而且還得扛起專任的教學工作。另外，她必須時時穿著全套修女服，包括一個極大的兜帽，即使在實驗室裡做研究，也不得例外，這讓她很難進行一些比較複雜的實驗（她也不能開車，因爲帽子太大，會遮住周邊視力）。不過，米莉昂眞的非常聰明——朋友暱稱她爲「M^2」——而且和孟德爾一樣，她對科學的熱情受到教會的表彰與鼓勵。無可否認的，他們這麼做，部分是爲了對抗亞洲那些無神論的共產黨，但部分也是爲了要了解上帝的傑作，並關愛神所創造的萬物。事實上，米莉昂和她的同事對醫療化學頗有貢獻（所以才有 Preparation H 的研究）。DNA研究是這類工作的延伸，而她在一九四〇年代末，經由研究DNA的成分，在DNA鹼基的形狀方面，似乎很有進展。

碳、氮以及氧原子組成了A、C、G、T的核心，但是這些鹼基裡也含有氫，這就讓事情更複雜了。氫會掛在分子的周邊，而且由於它是質量最輕、最容易被同儕擠壓的元素，氫原子有可能被扯來扯去，安放到不同的位置，讓鹼基形狀出現輕微的改變。這些移動沒什麼大不了——移動前與移動後的分子差不多——只除了一點，DNA若要保持雙股形狀，氫的位置非常關鍵。

氫原子是由一個電子繞著一個質子運轉而組成的。但是氫通常會和內側的DNA鹼基環狀部分，共用那帶負電的電子。這使得它那帶正電的質子後背沒了遮蔽。DNA雙股的鍵結方式爲：其中一股上頭的鹼基的正電氫原子區域排排站好，與另一股上頭同樣排排站的鹼基的負電區域，湊合起來（負電區域通常以氧和氮爲中心，它們會儲存電子）。如此形成的氫鍵，不像一般化學鍵那麼強，但這樣最好，因爲如此一來，細胞便可以像開拉鍊一樣，視需要來開合DNA的雙股。

不過，氫鍵結在大自然雖然普遍，但是在一九五〇年代初看起來，它卻不太可能存在DNA裡。因爲氫的鍵結需要正負區域完美地排列對齊——就像它們在A與T之間，以及C與G之間。但話又說回來，那時沒人知道有特定字母配對這檔子事——而在其他的字母組合中，電荷沒有辦法排列得這麼聰明。M^2修女以及其他人的研究，則是讓這整個場景變得更混亂。她的研究包括：用強酸或是弱酸溶液來溶解DNA鹼基（強酸會增加氫原子的數目；弱酸則會壓抑它的數目）。米莉昂知道，溶解的鹼基與氫，會在她的溶液裡進行互動：當她用紫外線照射穿透它們時，鹼基吸收的光線會不一樣，這是一個常見的徵兆，顯示某些東西正在改變形狀。但是她假設（總是有風險的），這些形狀的改變與氫原子到處轉移有關，而且她認為，這個現象會自然出現在所有DNA中。果眞如此，DNA科學家不只必須幫不吻合的鹼基安排氫鍵，而且還得為這些不吻合的鹼基，安排好幾種位置的氫鍵。華森和克里克事後有點誇張地回憶，當時即便教科書上的鹼基的氫原子，位置都不一樣，視作者的心情和偏見而定。這使得建造DNA模型成為幾乎不可能的事。

當米莉昂修女於一九四〇年代末，發表這項DNA的變形理論時，她眼看著自己的科學地位步步高升。然而，驕者必敗。一九五一年，兩名倫敦的科學家證明，酸性與非酸性溶液並不會讓氫原子繞著DNA鹼基打轉。相反地，那些溶液要不是把**額外**的氫原子緊緊抓住，安放在奇怪的位置上，就是把脆弱的氫給撕下來。換句話說，米莉昂的實驗所創造的，是一種人造的非自然鹼基。她的研究，對於判定DNA的任何性質，都沒有用處，因此DNA的鹼基形狀依舊是一團謎。

然而，不論米莉昂的結論有多大錯誤，她做這項研究時所引進的某些實驗技術，可是非常有用。一九四九年，DNA生物學家查加夫（Erwin Chargaff）就採用了由米莉昂最早實施的一種紫外線分析法。查加夫利用這種技術，證明DNA裡頭具有等量的A與T，以及等量的C與G。查加夫並沒有充分利用這條線索，但是他卻到處宣傳它，說給任何被他逮到的科學家聽。查加夫曾經想把這項發現告訴鮑林（Linus Pauling，華森與克里克的主要競爭對手），當時是在船上，但鮑林不希望度假受到打擾，便把查加夫趕走了。可是比較狡猾的華森與克里克，卻很注意聽查加夫的話（雖說查加夫認爲這兩個年輕人是傻瓜），然後他們根據查加夫這項洞見，終於定出A與T配對，C與G配對。這是他們需要的最後一條線索，而且和米莉昂修女也只有幾度的區別，雙螺旋於焉誕生。

只除了——那些氫鍵該怎麼辦？在半個世紀的齊聲頌讚之後，它早就被遺忘了，但是，華森和克里克的模型是建立在一項沒有保證、甚至很不穩固的假設之上。它們的鹼基要想在雙螺旋內部配合無間地相依偎——而且也和適當的氫鍵相依偎——唯有在每個鹼基都具備特定形狀的情況下，才有可能成立。但是，自從米莉昂的研究搞砸之後，就沒有人知道生物活體內的DNA鹼基形狀如何了。

下定決心這次一定要幫上忙，米莉昂修女又回到實驗桌前。繼上回酸性紫外線實驗慘敗之後，她這回探究DNA，採用的是光譜另一端的光線——紅外線。用紅外線來探測物質的標準做法是，把它和液體相混合，但是DNA鹼基不見得都能與液體好好地混合。於是，米莉昂發明了一種方法來混合DNA與一種白色粉末——溴化鉀。爲了要讓樣品薄到可以研究，米莉昂的實驗團隊必須向附近的克萊斯勒公司商借一個鑄模，把粉末做成直徑約合阿司匹靈大小的「藥丸」，然後再到附近的機械工廠，用沖床把這些小藥丸壓成厚度只有一公釐的圓盤。看見一整車穿著道袍的修女，突然光臨髒兮兮的機械工廠，逗得一群值班工人樂不可支，不過米莉昂記得他們對她相當有禮貌。後來美國空軍捐了一部沖床給她的研究室，好讓她能自己來壓圓盤（她的學生回憶，她得按住沖床好一會，時間長到足以念兩遍聖母經）。由於溴化鉀薄片對紅外線來說，是看不見的，因此紅外光通過時，只會碰到A、C、G、T鹼基。往後十年，這種圓盤紅外線研究（以及其他研究）證明了華森與克里克是對的：DNA鹼基只有一種天然形狀，就是那種能製造出完美氫鍵的形狀。到了這個時候，而且也只有等到這個時候，科學家才能說，他們眞的了解DNA的結構。

當然，了解結構並非最終目標；科學家還有更多研究等在前面。雖然M^{2}繼續做出許多傑出的研究——一九五三年，她受邀到巴黎索邦大學演講，是繼居禮夫人之後，第二位受邀的女性科學家——而且也活到二〇〇二年，八十九歲高壽，但是她的科學雄心卻漸漸地淡下來。在狂放不羈的一九六〇年代，她終於脫掉了那身連帽的道袍（而且學會了怎樣開車），但是即便有這些小小的叛逆行爲，她還是把生命最後幾十年都奉獻給教會，而不再做實驗了。她讓其他科學家，包括另外兩位女性科學家先鋒，去揭露DNA究竟如何打造複雜又美麗的生物②。

在科學史當中，充滿了重複的發現。例如天擇、氧、海王星、太陽黑子——都有兩位或三位，甚至四位科學家同時獨立發現。史學家也不斷地爭辯，爲什麼會發生這種事：或許每件個案都是一次大巧合；或許某位被認爲是發現者的人，偷了別人的點子；或許這些發現就是必須等待適合的情境出現，因此一旦情勢對了，就都產生了。但是不論你相信哪一個解釋，相同的科學發現同時出現，是一樁事實。有好幾個團隊幾乎就要解開雙螺旋，而且在一九六三年，眞的有兩個小組做出另一項有關DNA的重大發現。其中一個小組利用顯微鏡描繪出粒線體，那是一個豆子形狀的胞器，負責提供細胞所需的能量。另一個小組則將粒線體煮成濃湯，然後再用腸子來過濾。兩個實驗都發現證據，證明粒線體具有自己的DNA。米歇爾在一八〇〇年代末期，為了要打響自己的名號，將細胞核界定為DNA唯一的居所；結果歷史又再次與他擦肩而過。

不過，就算歷史情境可能有利於某些發現，科學還是需要異議者，需要那些不按牌理出牌的人，指出我們其他人都昧於看清的情勢。有時候，我們甚至需要惹人厭的叛逆者——因為他們如果不好鬥，他們的理論將永遠無法吸引我們的注意。就像馬古利斯（Lynn Margulis）的案例。一九六〇年代中期，大部分科學家對於粒線體DNA的起源，都解釋得很乏味，只說細胞一定是曾經出借了一點DNA，後來卻收不回來。但是，馬古利斯卻從一九六五年她的博士論文開始，長達二十年，大力推銷「粒線體DNA不只是古玩」的想法。相反地，她認為粒線體是一樁更重大事實的證據，證明生物擁有更多的方式來混合及演化，超出一般生物學家所能想像。

馬古利斯的理論叫做「胞內共生」（endosymbiosis），大意如下：我們全都是古早以前地球上第一個微生物的後代，現存所有生物都擁有某些共同的基因，大約一百個，是為這項遺產的一部分。雖說很快地，這些早期微生物就開始分歧。有些長成巨大的一團，有些萎縮成小點，但這種體積差異也創造出機會。最重要的是，有些微生物開始吞噬與消化其他微生物，而另外一些微生物則會感染和殺死又大又呆的微生物。不論是哪種情況，馬古利斯指稱，在很久很久以前的某個午後，一隻大微生物吞吃了一隻小微生物，然後怪事發生了：相安無事。要不是被吞的小約拿抵死反抗，所以沒被消化掉，就是他的主人避開了一場內部政變。接著出現僵局，雖然雙方仍在奮戰，但是沒有誰能消滅對方。然後經過不知多少個世代，初遇時的敵意，融化成結伴闖天涯的好交情。漸漸地，那個小傢伙愈來愈擅長把氧合成高純度的燃料；漸漸地，大細胞失去了製造動力的能力，而是特化成只提供原始營養素和避難所。對此，亞當·斯密可能會預測說，這樣的生物分工對雙方都有利，而且很快地，沒有一方在拋棄了對方之後，還能夠存活。我們把這種小微生物稱爲我們的粒線體。

總的說來，這是滿好的一個理論——但也僅只於此。而且很不幸地，當馬古利斯提出這個理論時，科學家的反應並不好。十五家期刊拒絕刊登她的第一篇胞內共生論文，更糟的是，很多科學家甚至憤怒地攻擊該理論是臆測。不過，每次他們一攻擊，她就會整理出更多的證據，然後變得更好鬥，強調粒線體的獨立行爲——像是它們能在細胞裡仰泳，它們能按照自己的計畫來繁殖，它們具有像細胞似的外膜。而且它們退化的DNA更是該結論的關鍵：細胞很少會讓DNA逃出細胞核，到細胞質裡亂逛，再說，DNA若眞的這麼做，也很少能存活。另外，我們遺傳到的這種DNA與染色體DNA不同——前者完全來自母親，因爲是由母親提供子女體內所有的粒線體。馬古利斯結論道，所謂的粒線體DNA只可能來自曾經具有至尊地位的細胞。

反對她的人(很正確地)駁斥道，粒線體並非獨立運轉；它們需要染色體基因才能發揮功能，所以根本稱不上是獨立的。馬古利斯迴避了這個問題，只說在經過長達三十億年後，獨立生存所需要的基因，如果許多都消失了，徒留下現今老粒線體基因組的笑臉貓，應該也不會太令人驚訝。她的反對者不吃這一套，指控她完全沒有證據，但是她可不是那種沒骨氣、不敢反擊的人(譬如米歇爾)，馬古利斯不斷地堅守同樣的立場。她到處演講寫作，宣導自己的理論，而且很高興面對吵吵鬧鬧的聽衆。(有一次她在演講時，一開場就先問，「在座有沒有生物學家？像是分子生物學家？」她點了點舉手的人數之後，大笑起來。「好極了。你們會恨死這個演講。」）

生物學家確實憎恨胞內共生理論，而且這樣的爭吵持續了很久，直到新的掃瞄技術在一九八〇年代揭露了一個事實：粒線體不是以長條線性染色體的方式（像動物和植物），來儲存它們的DNA，而是和細菌一樣，以環形方式。此外，環上排列緊密的三十七個基因，也會製造類似細菌的蛋白質，而且它的A-C-G-T序列看起來就非常像是細菌的。根據這些證據來研究，科學家甚至認出粒線體現存的親戚，像是傷寒細菌。類似的研究也證明了，葉綠體——負責在植物體內行光合作用的綠色小點——同樣含有環狀DNA。和粒線體一樣，馬古利斯推測，葉綠體的演化，是在大型祖先微生物吞噬了光合綠藻，因而產生的斯德哥爾摩症候群。對反對者來說，兩宗胞內共生案例太難駁斥了。馬古利斯證明是對的，而她也得意地大聲歡呼。

馬古利斯的理論除了能解釋粒線體，也有助於解開地球生命的一人謎團：爲何在一個前程似錦的開頭之後，演化就呈現近乎停頓的狀態。沒有粒線體的臨門一腳，原始生物可能永遠無法發展成高等生物，更別提智慧的人類了。

想了解這個停頓有多深，只要想一想宇宙製造生命有多容易。地球上最早的有機分子，大概是在海底火山口自然發生的。那兒的高熱能量，可以將富含碳原子的簡單分子融合成複雜的胺基酸，甚至融合成可做爲原始胞膜的小囊。地球的有機物也有可能是從太空輸入的。天文學家曾經發現沒有任何保護的胺基酸，飄浮在星際塵埃雲中，化學家也曾計算過，DNA鹼基（例如腺嘌呤）確實有可能在太空中形成，因爲腺嘌呤不過是五個簡單的HCN分子（不是別的，正是氰化物）被擠壓成一個雙環。又或者，冰封的彗星孵育出DNA鹼基。因爲冰在形成時，會變得非常仇外，把內部所有的有機雜質都擠到濃縮的泡泡中，高壓烹煮一堆黏答答的東西，讓複雜分子更有可能形成。科學家早已懷疑，是彗星在撞擊早期的地球時，讓我們的海洋充滿了水，而且它們可能也在我們的海裡撒下生物位元的種子。

從這鍋慢慢熬煮的有機濃湯中，帶有複雜胞膜以及可替換的運動部位的微生物，在不過十億年間，就自發性地產生了（仔細想一下，其實是滿快的）。然後從這個共通的開場之後，許多不同的物種在短期內相繼冒出頭來，它們有著不同的生活方式，聰明地拓展出自己的一片天。然而，在這個奇蹟過後，演化突然停滯不前：我們有各式各樣的生物，然而這些微生物在演化上沒有什麼進展，已經超過十億多年——而且可能再也不會演化了。

它們的致命傷在於能量的消耗。原始微生物將全部能量的百分之二，拿來複製和維持DNA，但是從DNA來製造蛋白質，需要耗掉它們百分之七十五的能量。所以，即便某個微生物發展出的DNA，具有演化優勢的特性——像是密閉的細胞核，或是一個能消化其他微生物的「肚皮」，或是某種能和同儕溝通的裝置——真正要它打造出這項優勢特性，恐怕會把它累死。要它一口氣增加兩個特性，更是想都別想。在這種情況下，演化便懶散下來；細胞再怎麼努力，也無法做到多精緻。然而，廉價的粒線體動力解除了這些限制。粒線體每單位體積所儲存的能量，和閃電一樣多，而且它們的移動能力，更是讓我們的祖先得以同時增加許多光怪陸離的特性，進而演變成各式各樣的生物。事實上，粒線體讓細胞得以擴充它們的DNA作品集，高達二十萬倍，讓它們不只能發明新的基因，而且也能增加大量的調控DNA，讓它們能夠更有彈性地使用基因。要是沒有粒線體，這些是不會發生的，要是沒有馬古利斯的理論，我們可能永遠都不能照亮這段演化的黑暗時代。

此外，粒線體ＤＮＡ也開啓了一些全新的科學領域，像是考古遺傳學。因爲粒線體是靠自己繁殖的，粒線體ＤＮＡ的基因在細胞裡很豐富，遠比染色體基因多。所以當科學家挖到山頂洞人，或是木乃伊，或是其他東西時，通常會把粒線體ＤＮＡ清出來，仔細地檢查。科學家也能利用粒線體ＤＮＡ來追蹤系譜，正確度之高，前所未見。由於精子除了一個細胞核ＤＮＡ之外，沒法再攜帶更多東西，因此孩子的粒線體完全傳自母親那個大得多的卵。於是，粒線體ＤＮＡ便能在大部分沒有改變的情況下，透過母系，一代一代地傳下去，成爲追蹤母系祖先的理想工具。不只如此，由於科學家知道粒線體系統多久會發生一次罕見的變化——每三千五百年發生一次突變——因此，他們可以把粒線體ＤＮＡ視爲一個時鐘：他們可以比較兩個人的粒線體ＤＮＡ，如果發現愈多的突變，就表示這兩人距離擁有一位共同祖先的時期愈久遠。事實上，這個時鐘告訴我們，現今地球七十億人口都可以追溯回同一個女性祖先，她在十七萬年前居住在非洲，被稱爲「粒線體夏娃」（Mitochondrial Eve）。順便提醒你一下，夏娃可不是當時唯一活著的女性。她只是現今所有人類的最古老的母系祖先[3]。

在證明粒線體ＤＮＡ對科學極爲關鍵之後，馬古利斯挾著這股氣勢以及暴漲的名望，繼續推動其他的特異想法。她開始辯稱，微生物還捐贈了各式各樣的運動裝置給動物，像是精子的尾巴，雖說那些構造不具有ＤＮＡ。而且，不只是細胞撿拾多餘的零件，她還提出更宏偉的一個理論，主張推動整個演化的是胞內共生，至於突變和天擇，只是小角色。根據這個理論，突變只能稍微改變特性。眞正的變化，都發生在基因從一個物種跳到另一個物種的時候，或是在某個廣泛融合不同特性的基因組突然出現時。也唯有在這類水平方向的DNA轉移之後，天擇才會開動，它們不過是把一些毫無希望的怪獸給消除掉而已。在這同時，有希望的怪獸——那些融合後的受益者，則是欣欣向榮。

雖然馬古利斯稱這個理論是革命性的，但就某些方面來看，她的融合理論只不過是把長久以來存在生物學家之間的一場辯論，加以延伸罷了，其中一方生物學家偏愛（不論你覺得他們是基於什麼樣的心理分析原因）大躍進，另一方生物學家則偏愛保守的調整與漸進的物種形成。頭號漸進主義者達爾文，把適度的改變與共通的血緣，視爲天擇的定律，而且他偏好一棵慢慢長大、枝椏也不會重疊的生命樹。馬古利斯則屬於激進陣營。她辯稱，融合之後可以創造出眞正的怪物——就技術層面而言，這些混種生物和人魚、人面獅身或是半人馬，沒有兩樣。從這個觀點來看，達爾文典雅的生命樹只能讓位給速成的生命網，後者充滿了互連與輻射狀的線條。

然而，不論她偏離到多麼激進的想法，她都有權表示異議。這甚至有點一體兩面的味道，有時候我們稱讚某人堅守不尋常的科學想法，有時候又責備她在其他方面不遵守規則；但是你怎麼可能爲了便宜行事，就把破除偶像的心理個性給轉換掉。正如知名的生物學家梅納德．史密斯（John Maynard Smith）有一次承認道，「我覺得（馬古利斯）常常是錯的，但是我認識的人大都認爲她的存在很重要，因爲她犯錯的方式如此豐碩。」而且不要忘了，馬古利斯提出來的第一個重大想法，後來證明是對的，而且對得漂亮極了。最重要的是，她的研究能提醒我們，漂亮的植物以及有骨幹的動物，並沒有支配生命史。是微生物在支配生命史，它們才是演化的糧草，是我們多細胞生物的源頭。

如果說馬古利斯熱愛衝突，那麼比她年長的同輩麥克林托克（Barbara McClintock）則是避之唯恐不及。麥克林托克寧可安安靜靜地沉思，勝過公開衝突，而且她那些與眾不同的想法，不是來自喜歡反向操作的氣質，而是純粹的怪異。也因此，麥克林托克一輩子獻身研究植物（像是玉米）的怪異遺傳學，眞是再適合也沒有了。藉由擁抱玉米的怪異，麥克林托克擴展了我們對DNA能耐的概念，也提供了關鍵證據，讓我們了解我們的演化史上第二大的秘密：DNA如何根據馬古利斯那些複雜但單獨的細胞，打造出多細胞生物。

麥克林托克的生物研究可以分成兩個時期：一九五一年以前的滿足的科學家，以及一九五一年之後的苦澀的隱士。打從年紀輕輕的時候，麥克林托克就開始和身爲鋼琴家的母親爭吵得很厲害，主要是因爲她一直對科學和諸如冰上曲棍球之類的運動有興趣，勝過一般女孩子的娛樂嗜好，而她母親老是說，那些女孩子的嗜好可以增加她的戀愛機會。她媽媽甚至禁止她追逐夢想（和前輩繆勒及佛里德曼一樣）去康乃爾大學讀遺傳學，理由是：好男孩是不會娶聰明女生當老婆的。就科學來說，還好她的醫生爸爸在一九一九年秋季班開學之前，出手干涉，親自搭火車送女兒去紐約上州讀大學。

麥克林托克在康乃爾大學很活躍，當上大一女生的班代，而且成爲科學課堂上的明星人物。不過，她的同學不見得都欣賞她那尖利的舌頭，尤其是她對他們的微生物研究的批評。在這段期間，準備微生物標本——將細胞切成薄片，好像熟食店裡切薄肉片般，再將細胞裡那些凝膠狀的內臟，封裝在多個玻片上——是極爲有趣又累人的工作。事實上，使用顯微鏡也不容易：要辨識出哪些小點點是細胞的內部，甚至連優秀的科學家，都會被難倒。但是麥克林托克卻早早地就精通了顯微鏡技術，畢業時已經成爲這方面的世界級專家。從康乃爾大學畢業後，她磨練出另一種技術——「壓碎技術」（the squash）：用拇指將所有細胞壓扁在玻片上，但仍然讓細胞保持完整，以便於觀察。利用壓碎技術，她成爲第一個辨識出所有十根玉米染色體的科學家（你只要瞇起眼睛，觀察眞實細胞中雜亂如麵條的染色體，就會知道這有多麼不容易）。

一九二七年，康乃爾大學聘請麥克林托克擔任專職研究員兼講師，而她也在得意的門生克萊頓（Harriet Creighton）的協助下，開始研究染色體之間如何互動。她們兩個都是有男子氣概的女生，留短髮，常穿著男性化的衣服：燈籠褲和長筒襪。人們也常把她倆的趣事搞混——像是誰因爲前一天把鑰匙忘在二樓辦公室，只得大清早爬排水管上樓。克萊頓個性更外向；譬如說，爲了慶祝二次大戰結束，克萊頓買了一部老爺車，並一路開到墨西哥去，保守的麥克林托克就不可能這樣做。不過，她們還是組成最佳拍檔，很快就做出一項非常基本的發現。摩根的果蠅幫在前幾年已經證明，染色體可能會手臂交纏，互換物質。但是他們的論點還停留在統計上的、奠基於抽象的模式。雖說有好些顯微鏡專家都曾見過染色體交纏在一起，但是沒人能夠分辨它們是否有交換遺傳物質。但是麥克林托克與克萊頓卻只要看一眼，就知道每根玉米染色體上的每一個瘤與紅斑，因此她們有辦法判斷染色體之間是否有交換眞正的片段。她們甚至把這些「交換」與「基因作用的改變」連在一起，這是一項非常關鍵的證明。麥克林托克並沒有積極地去撰寫這些研究結果，但是當摩根聽到風聲，他堅持要她趕快發表。她果然在一九三一年發表了。而摩根則在兩年後拿到諾貝爾生理醫學獎。

麥克林托克雖然也很滿意——這項研究爲她和克萊頓在《美國科學名人錄》裡贏得一席之

地——但是她要的更多。她不只想研究染色體本身，也想研究染色體如何互換和突變，以及這些改變如何打造出具有不同的根、顏色與葉子的複雜生物。很不幸的，就在她試著建立一間研究室時，社會環境卻好像聯手與她作對。當時大學的專任教職和神父職位一樣，只提供給男性（除了家政課），康乃爾大學也無意爲麥克林托克開創特例。她在一九三六年心不甘、情不願地離開母校，換了好幾個地方，到加州和摩根做了一會兒研究，然後到密蘇里以及德國做研究。她很討厭最後這兩個地方。

坦白說，麥克林托克除了性別問題之外，還有其他的麻煩。她一點都不活潑討喜，而是出了名的壞脾氣和不好惹——她曾經背著某個同事，搶了他的研究題目，而且趕在他完成之前，先發表了自己的結果。另外，麥克林托克的玉米研究，也同樣問題多多。

沒錯，玉米遺傳學的研究經費很充足，因爲玉米是糧食作物（美國最著名的遺傳學家華勒斯〔Henry Wallace〕，後來當上美國食品藥物管理局副局長——就是靠著經營一家種子公司而致富）。而且玉米和科學也有淵源，因爲達爾文和孟德爾都曾經研究過它。農業學家甚至對玉米的突變種產生興趣：一九四六年，當美國在比基尼環礁進行核子試爆時，政府的遺傳學家曾經將玉米種子暴露在核爆塵之下，想研究核子落塵對玉米會造成什麼影響。

不過，麥克林托克很輕視玉米研究的傳統目標，像是培育更高的產量或是更甜的玉米粒。玉米對她來說只是一項工具，是研究一般遺傳與發育的工具。不幸的是，在這方面，玉米有一些不利之處。它生長得慢極了，而且它那善變的染色體動不動就會折斷，或是長出突塊，或是融合起來，或是隨機地倍增。麥克林托克很懂得欣賞複雜性，但是大部分遺傳學家都想要避開這類頭痛的難題。他們很信任麥克林托克的研究——沒有人能像她對顯微鏡那樣在行——但是她對玉米的全心投入，卻害得她被困在兩類科學家之間，一種是忙著幫愛荷華州增加玉米產量的實用派科學家，另一種是拒絕研究任性的玉米DNA的純遺傳學家。

最後，麥克林托克終於在純樸的冷泉港實驗室找到一份工作，時間是一九四一年，地點在紐約曼哈頓東邊三十英里處。和以前不同的是，這裡沒有學生來煩她，而她也只聘用了一名助理——這人拿到一支獵槍以及一份指示：別讓那群死烏鴉接近她的玉米田。雖然只能孤獨地和她的玉米相處，她卻孤獨得很快樂。她僅有的幾個朋友總是把她描述成一位科學神秘客，老是在追逐一份洞見，希望能將遺傳學的複雜統合為一。「她相信偉大的內心之光，」一名朋友這麼說。她在冷泉港有的是時間與空間，供她沉思，然後進入她生涯中最豐富多產的十年，直到一九五一年。

她的研究在一九五〇年三月達到巔峰，當時有位同事收到麥克林托克寫來的一封信。這封打字不空行的信長達十頁，但是整封信寫得密密麻麻，很不整齊——更別提那些狂熱的註解，用箭頭來連接，好像葛藤般，在信紙空白處爬上爬下。換做今天，它就是那種會讓你想要送去檢驗是否有炭疽病毒的信，而且它所描述的理論，聽起來也是頭腦少根筋。摩根先前已經證明，基因就像染色體項鍊上固定的珍珠。但麥克林托克卻堅稱，她看到珍珠移動——從一根染色體跳到另一根染色體，然後潛伏進去。

不只如此，這些跳躍的基因不知怎的，還有辦法影響玉米粒的顏色。麥克林托克研究的是印度玉米，在收成的作物上，可以看到一排排的紅色與藍色斑點。她親眼看到跳躍基因攻擊這些玉米粒中的染色體的手臂，害得它們懸空掛在那裡，好像複雜性骨折般。每當這種情況發生，玉米粒就會停止製造色素。不過，稍後，當跳躍基因又開始不安分，隨機跳到別的地方之後，斷裂的手臂就會癒合，而色素製造也會重新啓動。在這封密密麻麻的信中，麥克林托克假設道，染色體的斷裂打擾到製造色素的基因。事實上，這種開與關的模式似乎能解釋，她的玉米粒爲何會隨機出現彩色的帶狀及斑點。

換句話說，跳躍基因控制了色素的製造；麥克林托克眞的把它們稱爲「調控因子」（現在我們把它們稱爲「轉位子」，transposon，或是比較通俗的「移動式DNA」〔mobile DNA〕）。和馬古利斯一樣，麥克林托克把她這項驚人的發現，全部投入另一項更有野心的理論。在一九四〇年代，最難解決的生物學問題，或許要算是細胞爲何看起來不盡相同：皮膚細胞與肝臟細胞與腦細胞，全都具有一樣的DNA，但是爲什麼它們表現得不一樣？先前的生物學家指稱，是細胞質裡的某些東西在調節基因，是位於細胞核外的東西。麥克林托克已經贏得證據，證明染色體會在細胞核內調控自己——而這項調節，就是在適當的時間打開或關閉基因。

事實上，（正如麥克林托克所懷疑）打開與關閉基因的能力，是生物史上關鍵的一步。在馬古利斯的複雜細胞登場之後，生物再次停頓了超過十億年之久。然後，在差不多五億五千萬年前，數量衆多的多細胞生物突然湧現。最早的多細胞生物可能只是因爲錯誤而產生，是一團黏在一起的細胞無法分開所致。但是經過一段時間，在精確地控制「黏成一團的細胞中，哪些基因在哪些時刻發揮功能」之後，細胞可以開始進行特化——高等生物的註冊商標。現在，麥克林托克認爲，她洞察出這個改變是如何產生的了。

麥克林托克發現跳躍的基因，但是當其他科學家質疑她的結論後，她就變成了科學界的隱士，備受挫折與氣餒。左上角的小圖是她最心愛的玉米和顯微鏡。（圖片來源：National Institutes of Health, and Smithsonian Institution, National Museum of American History）

麥克林托克將她那封狂熱的信，整理成一篇像樣的演講稿，然後在一九五一年六月，於冷泉港發表演說。懷抱著熱望的她，講了兩個多小時，念了三十五張沒有空行的打字稿。她或許能夠原諒有些聽眾在打瞌睡，但是她很氣餒地發現，大家一臉困惑。其實不完全是因爲她提出的事實。科學家都知道她的名聲，所以當她堅稱她看見基因像跳蚤似地蹦跳，大部分人都接受她必定是有看到。令他們困擾的是，她那個基因調控的理論。基本上，那樣的插入與跳躍似乎太過隨機。他們承認，這種隨機性或許能解釋忽藍忽紅的玉米粒，但是，跳躍基因怎麼可能控制多細胞生物體內所有的胚胎發生？你不可能靠著隨性忽開忽關的基因，來製造一個小嬰兒或是一根豆莖。麥克林托克也沒辦法給出一個好答案，隨著各種難以回答的問題相繼出籠，大家的意見開始與她相左。於是，她那有關調控因子的革命性想法，被降級④為只不過是玉米的另一個古怪特性。

這次降級深深傷害了麥克林托克。演講都過了幾十年，她仍然對同事們怒火中燒，因為據說他們在偷笑她，或是猛烈地指控她——你膽敢質疑固定基因的教條？然而，幾乎沒有證據顯示，當時真的有人在嘲笑她或是怒罵她；還是一樣，大部分人其實能接受跳躍基因，只是不能接受她的調控理論。但是，麥克林托克將記憶扭曲成大家合謀與她作對。跳躍基因與基因調控，在她心裡是這麼緊密地交纏在一起，攻擊其中一個，就等於同時攻擊它們兩個，也就等於攻擊她。飽受挫折，加上個性又不喜歡與人爭鬥，她於是選擇退縮，遠離科學界⑤。

她的隱士期於焉展開。麥克林托克繼續研究玉米，長達三十年，半夜經常就窩在辦公室的帆布床上打個盹。但是她不再參加學術研討會，也切斷與同儕科學家的聯繫。每次做完實驗，她通常會把結果打出來，好像要投稿一樣，但是之後又把論文歸檔，並沒有寄出去。要是同儕駁回她的想法，她便用不理他們做為報復。而處在這種（現在變得很憂鬱的）孤獨之中，她個性裡的神秘主義的那一面，開始充分地浮現出來。她沉迷在第六感、不明飛行物以及鬧鬼之類的想法中，而且研讀了一些有關精神控制反應的方法（她去看牙醫時，要醫生不用給她局部麻醉，因爲她能夠將痛覺鎖在心思之外）。不過，她還是在種玉米，用壓碎技術製作玻片，並撰寫不曾被人閱讀的論文，就好像隱居的女詩人狄金蓀（Emily Dickinson）所寫的詩。她，就是她自個兒的悲傷的科學社群。

然而，在這段期間，廣泛的科學社群卻開始出現一些有趣的進展，剛開始，變化微妙得幾乎難以察覺。麥克林托克懶得理的那群分子生物學家，在一九六〇年代末，開始在微生物裡看到會動的ＤＮＡ。而且這種ＤＮＡ不只是很新奇，跳躍基因還能指揮一些事，像是微生物是否要發展出抗藥性之類的。此外，科學家也找到證據，證明傳染性病毒能夠像移動式ＤＮＡ一樣，將遺傳物質插進宿主的染色體，然後永久潛伏在裡面。這兩項發現都具有重大的醫學意義。在追蹤不同物種的演化關聯時，移動式ＤＮＡ也成爲一項關鍵。因爲你若比較幾個物種，發現其中兩個物種具有相同的轉位子，而且在幾十億個鹼基之中，它們都藏在相同的位置上，那麼幾乎可以確定，這兩個物種最近擁有一位共同的祖先。更重要的是，它們擁有共同祖先的年代，比起它們各自與第三種不具此一轉位子的物種擁有共同祖先的年代，要近得多；因爲有太多鹼基存在，不可能是碰巧獨立發生兩次插入。於是，原本看起來像是ＤＮＡ的旁枝末節的東西，事實上，卻揭露了生命隱藏的記錄史，由於這個以及其他原因，麥克林托克的研究突然不再顯得「很俏皮」，而是具有深刻的意義了。於是，她的名聲停止下墜，然後，開始反轉向上，一年高過一年。差不多在一九八〇年，有些事蹟開始流傳，一本講述如今已滿臉皺紋的麥克林托克的傳記《玉米田裡的先知》（*A Feeling for the Organism*），在一九八三年七月上市，讓她出了點小名。從那以後，情勢彈升得失去控制，然後難以想像地，就像她的研究在半個世紀前對摩根產生的作用一樣，如今這陣吹捧也在那年十月，幫麥克林托克拱到一座諾貝爾獎。

隱士被改造成童話故事。她成爲晚近的孟德爾，一位受到排擠和遺忘的天才——差別只在，麥克林托克活得夠長，能夠看到她的冤屈平反。她的生平，很快地就變成女性主義宣傳的重點，以及童書教導小朋友不要放棄夢想的絕佳材料。麥克林托克對諾貝爾獎盛名的痛恨——它們干擾她的研究，而且招來許多媒體記者在她門口徘徊——粉絲可一點都不在乎。而且，即使就科學來說，獲得諾貝爾獎也讓她痛苦。諾貝爾委員會頒獎給她的理由是「發現會移動的遺傳因子」，這其實是夠眞確的了。但是，在一九五一年，麥克林托克曾經想像自己發現了「基因如何控制其他基因，以及控制多細胞生物的發生」。然而，科學家對她的推崇，基本上卻是在於她的顯微鏡技巧——在於她看見小DNA在那兒狂奔。由於這些原因，麥克林托克對於拿到諾貝爾獎之後的生活，愈來愈憂心，甚至有一點病態：在她八十多歲，接近九十大關時，她開始告訴朋友說，她一定會在九十歲過世。一九九二年六月，在她九十大壽派對（在華森家舉行）過後幾個月，她果然蒙主寵召，益加鞏固了她異於常人的先知名聲。

直到最後，麥克林托克一生的研究還是沒有完成。她確實發現了跳躍基因，而且也大大地擴展了我們對玉米遺傳學的了解（其中一個叫做hopscotch的跳躍基因，事實上，似乎是讓骨瘦如材的古代野生玉米，變形爲現今這種豐美多汁的人類頭號作物的關鍵）。說得更普遍一點，麥克林托克幫忙確立了染色體能夠從內部調節自己，而這種DNA的開關模式，也決定了細胞的命運。這兩個想法至今仍是遺傳學的關鍵信條。但是，不論她有多渴望，跳躍基因並沒有控制發生，對於基因的開與關也沒有到她所想像的那種程度；細胞是以其他方式來辦這些事的。事實上，其他科學家在許多年之後，才能解釋ＤＮＡ如何完成這些任務——在很久很久以前，這群強大但獨立的細胞，如何共襄盛舉，開始打造真正的複雜生物，甚至是像米莉昂修女、馬古利斯以及麥克林托克這般複雜的生物。

6 生還者，肝臟

人體最古老、最重要的DNA是誰？

長久以來，所有小學生都知道，在殖民盛行年代，歐洲商人與王室曾經浪費不知多少銀兩，來搜尋西北航道（Northwest Passage）——一條能橫切過北美洲的航線，讓歐洲直通盛產香料、瓷器與茶葉的印尼、印度和中國。然而，比較不爲人所知的是，早期探險家其實也花了同樣多的心血和妄念，去搜尋一條能繞過天寒地凍的俄羅斯北方的**東北航道**。

其中一位搜尋東北航道的探險家巴倫支（Willem Barentsz），來自荷蘭沿海低地，是航海家兼地圖繪製師，英文典籍中的 Barents、Barentz、Barentson 和 Barentzoon，都是指他。一五九四年，巴倫支第一次出海尋找該航道，進入現今挪威北方的巴倫支海（Barents Sea）。巴倫支所進行的這類型航海，雖然是基於商業目的，但是也造福了科學家。博物學家雖然會擔憂傳言中偶爾會出現的荒島怪獸，但如今總算可以開始描繪植物相與動物相在世界各地有何差異——這些研究，可以說是「現代探討共通祖先、共通ＤＮＡ」的生物學的先驅研究。地理學家也因此獲得急需的協助。當時很多地理學家都相信，由於高緯度地區的夏季整天都有陽光，到某個時候，極地的冰帽會融解，讓北極成爲一個陽光普照的樂園。而且幾乎所有地圖都把北極畫成一大塊黑色的磁石，因爲這樣一來，就能解釋爲何它這麼會吸引羅盤。在動身前，巴倫支的目標是想弄清楚，位於西伯利亞北邊的新地島（Novaya Zemlya），究竟是另一塊尚未發現的大陸的一個岬角，或者只是一個可以繞行的島嶼。他總共得到三艘船的裝備，分別是水星號（Mercury）、天鵝號（Swan）以及另一艘水星號，並且在一五九四年六月啓航。

幾個月後，巴倫支帶著他的水星號組員與其他兩艘船分開，開始探索新地島的海岸。此舉堪稱探險史上非常大膽的行動。水星號一連好幾週，都在忙著閃躲一支由浮冰組成的西班牙無敵艦隊，長達一千五百英里。最後，巴倫支的手下疲憊不堪，懇求返航。既然已經證明他能航到北極海，巴倫支大發慈悲，掉頭回到荷蘭，心裡認定自己發現了一條比較容易通往亞洲的航道。

是啊，比較容易，只要他能避開怪獸。新世界的發現，以及非洲與亞洲地區的持續探險，導致大量歐洲人連做夢都難以想像的動物與植物，不斷地出現——同時，也激發出同樣怪誕的野獸傳說，是水手們信誓旦旦親眼見到的。至於繪圖師，更是充分發揮了內在的驚悚畫家天分，爲空白的大海加油添醋，在他們的地圖上安插了狂野的場景：血紅色的大海怪把船擊碎，巨大的海獺彼此吞噬，龍貪婪地咀嚼老鼠，樹木用鎚矛般的樹枝敲打熊的腦袋，更別提永遠上空的美人魚。有一張很重要的航海圖，繪製於一五四四年，上面就畫了一個沉思中的獨眼巨人，坐在非洲西邊的彎鉤上。這張圖的繪圖師是明斯特（Sebastian Münster），他後來發表了一本很具影響力的地圖集，裡面穿插了各種怪獸的短文，介紹半獅半鷲（griffin），以及忙著挖金礦的貪婪的螞蟻。而且明斯特還滔滔不絕地大談世界上各種長得像人類的怪物，包括臉長在胸部的無頭族（Blemmyae）；長著狗臉的犬頭人（Cynocephali）；以及一種叫做遮陽腳（Sciopods）的醜怪的陸上人魚，

在早期地圖裡，各式各樣的怪獸深受歡迎，牠們充斥在各處陸地與海洋中，長達數百年。（圖片來源：Olaus Magnus 於 1539 年繪製的 Carta Marina 的局部）

它們僅有一隻大腳，每每在烈日當空時，躺下身，把大腳高舉過頭部，用來遮陽。這些怪獸，有些只是將古老的恐懼或迷信加以擬人化（或是擬動物化）。但是其中也混雜了一些貌似真實的神話以及奇妙的事實，博物學家幾乎趕不上他們。

在那個探險的年代，即便是最富科學精神的博物學家林奈（Carl von Linné，也就是 Carl Linnaeus），都會思考這些怪獸。他的大作《自然系統》（*Systema Naturae*）建立了我們至今仍在使用的二名法，來幫物種命名，所以我們現在也才有諸如 Homo sapiens（智人）與 Tyrannosaurus rex（暴龍）這樣的學名。同時，林奈這本書還把一類動物歸入「奇異動物」（paradoxa），包括龍，鳳凰，森林之神薩特，獨角獸，由樹上嫩芽變成的鵝，海克力士的天敵多頭蛇，以及不只會隨著年齡愈變愈小，而且最後會變成魚的奇特蝌蚪。現在看到這些，我們可能會大笑，但是其中至少有一個例子，可笑的是我們：愈長愈小的蝌蚪確實存在，只不過這種叫做奇異多趾節蟾（Pseudis paradoxa）的蝌蚪，最後會縮小成尋常的老青蛙，而非變成魚。不只如此，現代基因研究還發現，林奈與明斯特的傳奇故事，是有一項根據的。

在每個胚胎中，都有幾個關鍵基因扮演其他基因的繪圖師角色，利用全球定位系統那樣的精準度，來繪製身體地圖，從前到後，從左到右，以及從上到下。昆蟲、魚類、哺乳類、爬蟲類以及所有其他動物，都共用許多這類型基因，尤其是 hox 基因群（全名爲 homeobox genes，同源盒基因）。在動物王國裡，無所不在的 hox 基因解釋了，爲何全世界的動物都擁有相同的基本身軀計畫：圓柱體身軀，一端是頭，另一端是肛門，中央地帶則長出各種不同的附屬肢體（單單根據這個原因，傳說中，臉孔位置低得可以舔自己肚臍的無頭族，就很不可能存在）。

就基因來說，hox 有一個很不尋常的地方，經過幾億年演化之後，它仍然緊密相連，幾乎總是一起出現在一段連續的ＤＮＡ中（無脊椎動物這一段ＤＮＡ大約有十個基因，脊椎動物有四段基本上相同的ＤＮＡ）。更不尋常的是，每個 hox 基因在那段ＤＮＡ上的位置，都與它管轄的身體部位相對應。譬如說，第一個 hox 基因設計頭頂。下一個 hox 基因設計稍微低一點的部位。第三個 hox 基因再稍微低一點，以此類推，直到最後一個 hox 基因，負責設計我們身體最下方的部位。爲什麼大自然需要在 hox 基因裡，埋下一張從頭到腳的空間地圖，目前並不清楚，但還是一樣，所有動物都展現這個特性。

對於這種在很多物種裡都呈現出相同基本特性的ＤＮＡ，科學家稱之爲高度「保守」，因爲生物對於改變它，顯得極爲小心，也極爲保守（有些hox基因以及類似hox基因，保守到什麼樣的程度呢？科學家可以將它們從雞、老鼠和蒼蠅細胞中抽出來，換到其他物種體內，而那些基因的功能還是大致相同）。你可能已經猜到了，如此保守，與那段DNA的重要性，息息相關。而且很容易看出，眞正的看出，爲何生物不敢輕易亂動這些高度保守的hox基因。這群基因要是缺了一個，動物可能會長出好幾個下巴。這些基因要是突變其中幾個，翅膀可能會不見，或是多出幾對眼睛，而且還長在嚇人的部位，例如從腿上冒出來，或是從觸角末端瞪著你。另外，還有一些突變會使生殖器或腿從頭上長出來，或是使得下巴觸角出現在胯下。而這些還算是幸運的突變呢；大部分敢冒犯hox或相關基因的動物，根本無法活著看到後果。

像hox這類基因，它們的任務比較是指導其他基因如何來打造動物，而非自己動手做：它們每一個基因，都能調節幾十個部屬基因。但是，不管有多重要，這些基因都無法控制發育的每個環節。其中，它們尤其依賴像是維生素A這樣的營養素。

維生素A雖然是一個單一名稱，但它其實包括好幾種相關的分子，只是我們這種非生化學家爲了方便，把它們混成一團。這些形形色色的維生素A，屬於自然界分布最廣的營養素群之一。植物以β胡蘿蔔素的形式來儲存維生素A，胡蘿蔔會有那種紅色，就是它們的傑作。動物則把維生素A儲存在肝臟裡，我們的身體可以隨時自由地轉換它們的形式，然後以拜占庭式的生化流程形式來加以利用——保持視力敏銳，精子有力，增加粒線體的製造，以及讓老細胞安樂死。由於這些原因，飲食中缺乏維生素A，在全世界都造成嚴重的健康議題。科學家所創造的第一批基因強化食品當中，就包括所謂的黃金米，是便宜的維生素A來源，它的米粒被β胡蘿蔔素染出許多斑點。

維生素A會和hox基因互動，打造胚胎的腦、肺臟、眼睛、心臟、肢體以及幾乎是所有其他器官。事實上，維生素A是這麼地重要，細胞甚至在胞膜裡打造了特定吊橋，讓維生素A、而且只讓維生素A通過。一旦進入細胞，維生素A就會和特定的助手分子結合，形成複合分子，然後直接與DNA的雙螺旋結合，把hox以及其他基因打開。大部分傳送信號的化學分子，都被細胞擋在牆外，只能透過小小的鑰匙孔，吼叫它們的指令，但是維生素A卻受到特殊禮遇，而嬰兒體內的hox基因，要是沒得到維生素A主子的點頭，幾乎是不會有任何行動的。

但是要小心：在你衝到健康食品店，爲某個孕婦採購高單位維生素A之前，你要先弄清楚，維生素A過量也可能造成許多天生畸形。事實上，身體會嚴密管制維生素A的最高濃度，甚至有幾個基因（例如縮寫名字很彆扭的tgif基因）存在的目的，就是爲了把濃度升得太高的維生素A降解成小分子。部分原因在於，胚胎內的高濃度維生素A，會干擾到一種生存必需的基因，這種基因的名字甚至更古怪，叫做音速刺蝟基因（sonic hedgehog gene，簡稱shh基因）。

（沒錯，它是以電玩主角來命名。有一個研究生——是那群怪僻的果蠅幫之一——在一九九〇年代初發現它，並將它分類歸入某群基因中，這些基因若發生突變，會使果蠅全身長出尖尖的羽毛管，好像刺蝟一樣。科學家之前早就發現好幾個「刺蝟」基因，並且用眞正的刺蝟來替它們命名，像是印度刺蝟、刺毛鼴蝟以及沙漠刺蝟。瑞多〔Robert Riddle〕想說，把他發現的基因，按照電玩英雄音速小子來命名，應該很有趣。很不巧，後來證明sonic基因是動物體內最重要的基因之一，而且這個輕佻的名字也不經用。因爲缺陷有可能造成癌症或是令人心碎的天生畸形，因此，科學家發現，面對可憐的親屬，很難開口解釋說，音速刺蝟基因將會害死他們心愛的人。正如一位生物學家曾經跟《紐約時報》說起這個名字，「如果你只是在研究蠢果蠅，把一個基因取名叫蕪菁〔turnip，也有笨蛋之意〕，確實很俏皮。但是如果它和人類的某項發育有關，就一點都不俏皮了。」）

就像 hox 基因能控制身體從頭到腳的模式，shh 基因——討厭「音速刺蝟」這個名稱的科學家，都用它的簡稱——能幫忙控制身體從左到右的對稱性。Shh 基因是藉由「設定全身定位系統的梯度」，來完成這項任務。當我們還只是一團原生質，日後會形成我們身體中心線的原始脊柱，就已經開始分泌 sonic 基因所製造的蛋白質。鄰近細胞會吸收到比較多這種蛋白質，遠處細胞吸收得比較少。然後，細胞根據它們吸收這種蛋白質的量有多少，就能「得知」自己與中線的相對位置爲何，於是，也就知道它們應該長成什麼類型的細胞。

但是如果維生素 A 太多（或是 shh 因爲其他原因而失效），濃度梯度將無法正確設立。如此一來，細胞也無法弄清楚，自己相對於中線的經度爲何，於是器官的生長便會出現異常，甚至變得非常可怕。在嚴重的案例中，大腦不會分成左右半腦；它會變成一人團未分化的東西。同樣的情況也可能發生在下肢：如果接觸到太多維生素 A，下肢會接合在一起，造成「並肢畸形」（sirenomelia），也稱做美人魚綜合症（mermaid syndrome）。腦部未分化或是雙腿接合都是致命的（就後者來說，因爲肛門與膀胱的開口都沒有發育出來）。但是最令人痛苦的不對稱，出現在臉上。具有太多 sonic 基因的小雞，臉部具有超寬的中線，有時候寬到生出兩隻口喙（其他動物則生出兩隻鼻子）。如果 sonic 基因太少，有可能產生只有一個大鼻孔的鼻子，或是完全沒有發育出鼻子。曾經有某些嚴重的案例，鼻子出現在錯誤的位置上，像是額頭。其中最悲慘的，或許要算是因為 sonic 基因太少，使得兩隻眼睛沒有生長在正確的位置上，也就是大約距離臉部中線左右各一英寸的位置。結果，兩隻眼睛都長到中線上，變成真正的獨眼龍①，繪圖師以前把它們畫在地圖上，還因此被認為傻氣。

林奈從來沒有把獨眼巨人納入他的分類體系，主要是因為他漸漸開始懷疑怪獸真的存在。他把《自然系統》晚期版本中的奇異動物目錄刪掉了。但是就其中一個案例，林奈不相信傳聞，可能是太過懷疑了。林奈把熊所在的屬，命名為 Ursus，而且他還親自幫棕熊命名為 Ursus arctos，所以他確實知道熊可以居住在極端北方的氣候中。然而，他從未討論過北極熊是否存在，或許因為那些漸漸流傳到他耳中的故事，聽起來太可疑了。畢竟，有誰會相信那些酒吧裡的傳說，關於雪白的熊在冰上跟蹤人類，為了好玩，把人們的頭扯下來？尤其是——而且人們還發誓說是千真萬確——當他們把白熊殺了而且吃掉之後，白熊還能從墳墓裡向人類報仇，讓他們的皮膚剝落？然而，這種事確實發生在巴倫支的船員身上，而且是一則很可怕的故事，它在兜了一圈之後，又繞回維生素 A 的身上，也就是製造出獨眼龍和美人魚的維生素 A。

在「最誇張的期望」激勵下，一位荷蘭王子——拿騷的莫理斯（Maurice of Nassau）②在一五九五年，備妥七艘船，裝滿亞麻布、織布以及掛毯，派遣巴倫支再次出航亞洲。由於需要討論的事情太多，他們把啓程的日期耽擱到盛夏，而且一旦出海之後，船長們都否決了巴倫支的意見（他只不過是導航者），而採用比較偏南的航道。他們這樣做，部分是因為巴倫支的北方航線看起來太瘋狂了，部分也是因爲除了前往中國之外，荷蘭船員一心想去一座邊遠小島，謠傳它的岸邊到處都是鑽石。果然，船員找到了這座小島，直接登陸去也。

水手們忙著把滿地散落的透明珍寶塞進口袋，過了好幾分鐘後，正如一名老英國人的描述，「一隻瘦精精的白熊突然躡手躡腳地走過來」，用牠的爪子抱住一個船員的脖子。那人以爲是某個多毛的船員在勒他的脖子，於是大叫，「誰在那裡拉我的脖子？」他的同伴，原本眼睛都盯在地上撿珍寶，抬頭一看，這才準備採取行動。只見那頭北極熊「撲在那人身上，把他的頭咬斷，開始吸他的血」。

這次遭遇開啓了一場長達數百年的戰爭，由探險家對上這種「殘忍、兇猛又貪婪的野獸」。被稱爲「兇惡的王八蛋」的北極熊，可不是浪得虛名。每當水手一上岸，牠們就會對落單的人下手，大快朵頤，而且牠們可以抵擋的還擊更是驚人。水手有可能把斧頭砍進熊背或是連射六發子彈進牠的側腹——結果呢，通常這只會令牠暴跳如雷，更加瘋狂。不過話說回來，北極熊也有滿腹冤屈。正如一名史學家所記載，「早期的探險家似乎把殺害北極熊視爲他們的天職」，而且還把北極熊屍體堆得老高，就像後人在美國大平原上堆集野牛屍體一樣。有些探險家刻意把熊弄傷，然後把牠們套上繩索，牽著牠們到處展示，當成寵物。其中就有這麼一隻北極熊，被綁著拖上一條小船，不料牠掙斷繩索，把水手打得東倒西歪之後，叛變成功，接管了小船。不過，在狂怒之下，牠的鼻子被卡在舵裡頭，爲了要掙脫，搞得精疲力竭。這時，才有勇敢的人上前宰殺了北極熊，奪回小船。

巴倫支的船員在與北極熊遭遇的那一次，那頭熊後來又殺死第二名水手，而且要不是母船上的援軍趕到，可能還要繼續獵殺下去。一名神槍手乾淨利落地把一粒子彈送進牠兩眼之間，但是北極熊把子彈甩掉，還是不肯停止享用美食。其他人趕來，用劍攻擊牠，但是刀鋒卻斷裂在牠的頭和皮毛上。最後總算有人用棍子猛敲牠的口鼻，把牠弄昏，才讓另一個人有機會將牠的喉嚨割斷。這時，最先受到攻擊的兩名水手早就斷了氣，剩下的船員只能把熊皮剝了，然後把屍體丟掉。

對於巴倫支的船員來說，剩餘的航程也不好過。由於啓航的日期太晚，巨大的浮冰地雷已經開始形成，船身沒有一處不受威脅，而且威脅還逐日擴大，到了九月，有些水手情急得發動叛變，有五人因而被絞死。最後，甚至連巴倫支也日漸憔悴，擔心這些不夠靈光的商船抵抗不住堅冰。所有七艘船都只好一事無成地返航，除了原本的貨物之外，什麼都沒帶回來，而且每個人都衣衫襤褸。即便是原先以爲的鑽石，事後證明，也只不過是毫無價值的易碎玻璃。

這趟航程足以讓謙卑的人信心動搖。然而巴倫支從中得到的教訓卻是：不要信賴上位者。他一直渴望航向更北的地方，於是在一五九六年，辛苦地籌措到兩艘船的經費，重新出航。剛開始一切都很順利，但還是一樣，巴倫支那艘船再度與比較精明的夥伴分道揚鑣，也就是瑞吉普船長（Captain Rijp）掌舵的那艘船。而這一次，巴倫支推進得太過頭了。他終於航到新地島的北端，而且繞過了它，但是就在完成之後，從北極襲來一陣非當季該有的嚴寒。寒氣追著他的船，一路沿著海岸南行，而在浮冰之間推擠出行船空間的困難度，也一天大似一天。過沒多久，巴倫支就發現自己快要完蛋了，孤立無援地困坐在一片冰海之中。

離開這艘漂浮的棺材——無疑地，衆人必定都聽見腳下傳來冰塊擴張並撕裂船身的聲音——

船員踉蹌地爬上新地島上的一個半島，尋找一個可以遮風避雨的地方。總算有這麼一丁點好運，他們在這片沒有樹木的荒島上，發現了一堆被海水漂白的漂流木。想當然耳，隨船木匠上岸沒多久就死了，但是有了這些漂流木，加上從船體搶救下來的一些木料，十來名船員搭建起一座小木屋，大約八乘十二碼，而且還配備了齊全的松木屋頂、一個門廊以及前門的梯子。他們帶著希望而非嘲諷地稱它做「保留屋」（Het Behouden Huys，英文的 Saved House），然後搬進來，準備迎接酷寒的冬天。

寒冷是無所不在的危險，但是除此之外，北極還擁有更多的爪牙可以騷擾人類。到了十一月，太陽整整消失了三個月，他們被困在黑暗而且臭氣沖天的小木屋裡，快要被逼瘋了。弔詭的是，火對他們也造成威脅：有一天晚上，船員幾乎因一氧化碳中毒而窒息，因爲通風不良。他們想辦法射殺了一些白狐，取得皮毛和鮮肉，但是這些小傢伙還是持續偷吃他們的存糧。在這裡，甚至連洗衣服都變成一齣黑色喜劇。他們幾乎得把衣服放進火中才能取得足夠晾乾衣服的熱度。但是有可能衣物某一邊都快燒焦冒煙了，而另一端還是冰冰脆脆地。

然而，就每天例行的恐懼而言，再沒有什麼比得上和北極熊的爭鬥了。巴倫支的手下德維爾（Garrit de Veer），在航海日誌裡，記錄了北極熊如何包圍襲擊避難所，以精確的軍事手段，搶奪他們擺在戶外的桶裝牛肉、醃肉、火腿和魚。一天晚上，有一頭北極熊聞到烹煮晚餐的香味，躡手躡腳地靠近，行動之鬼祟，在牠爬上後門樓梯並跨過門檻之前，都沒有人注意到牠。好在一發運氣夠好的毛瑟槍子彈（它射穿北極熊，把牠嚇跑了），才讓這個小房間免去一場大屠殺。

深覺受夠了、陷入半瘋狂狀態的水手渴望復仇，他們衝出室外，跟著雪地上的血跡，追蹤到

巴倫支悲慘航程的場景圖，位在俄國北疆的上方。（左上圖）遇上北極熊；（右上圖）船隻被冰撞毀；（下圖）庇護船員度過 1950 年代嚴冬的小木屋。（圖片來源：Gerrit de Veer, *The Three Voyages of William Barents to the Arctic Regions*）

入侵者，然後把牠殺了。接下來兩天，另外兩隻熊又來攻擊他們，也被水手殺了。突然之間，人類士氣高昂，加上對鮮肉的飢渴，他們決定要享受一頓北極熊大餐，只要是能吃的部位，都盡情吞下肚。他們把骨頭上的軟骨咬斷，吸食骨髓，然後把所有多汁的部位都丟下鍋——心臟、腎臟、腦以及最最肥美多汁的肝臟。吃了那頓大餐，在北緯八十度的一座荒涼的小木屋裡，這群歐洲探險家第一次上了一堂難忘的遺傳學課程——這是頑固的北極探險家們將一再溫習的一堂課，也是科學家們幾世紀以來都無法完全理解的一堂課。因爲北極熊的肝臟外觀看起來，或許和其他動物的肝臟一樣紫中帶紅，聞起來也一樣生鮮多汁，連在叉子上抖動的方式都沒有兩樣，但是其中卻有一大差別：就在分子層次，北極熊的肝臟充滿了維生素Ａ。

想知道這一點爲何如此可怕，我們得先仔細研究一些特定的基因，這些基因能幫助人體未成熟的細胞，轉變成特化的皮膚或肝臟或腦細胞，或其他任何細胞。這正是麥克林托克渴望了解的部分，但事實上，科學界早在她之前幾十年，就已經對這個議題爭辯不休了。

一八〇〇年代末，有兩個陣營開始嘗試解釋細胞的特化，其中一方由德國生物學家魏斯曼③（August Weismann）領軍。魏斯曼研究的是合子，也就是精子與卵結合形成的動物體的第一個細胞。在他認爲，第一個細胞顯然含有一組完整的分子指令，但是當合子以及它的子細胞，每分裂一次，細胞就會減少半數指令。等到細胞只剩下一個指令，而失去其他所有指令時，就是它們最終將變成的細胞。相反地，其他科學家主張，細胞在分裂後依然保有整套指令，只不過在超過一定歲數之後，它們自會忽略大部分指令。德國生物學家斯培曼（Hans Spemann）在一九〇二年以一場蠑螈合子的實驗，解決了這場紛爭。他把一顆又大又軟的蠑螈合子，放在顯微鏡的十字準星正中央，等它分裂成兩個子細胞，然後用剛出生的寶貝女兒瑪格麗特的一根金髮，將兩枚細胞的邊界圍起來（斯培曼爲何要用女兒的頭髮，我們並不清楚，因爲他本人又不是禿頭。當然也可能是因爲嬰兒的髮質比較細）。當他把圈套抽緊之後，兩枚細胞就分離了，然後斯培曼把它們分裝進不同的培養皿，讓它們獨立發育。如果是魏斯曼，一定會預測產生兩個畸形的半蠑螈。但是，斯培曼的兩個細胞都發育成完整健康的成體。事實上，牠們的遺傳成分完全相同，也就是說，斯培曼有效地複製了牠們——在一九〇二年。就在那之前不久，科學家才剛剛重新發現孟德爾，斯培曼的研究暗示了，細胞必定保存了指令，只是會把基因打開或關上。

但還是一樣，無論斯培曼或麥克林托克，或任何其他人，都無法解釋細胞如何開關基因，箇中機制到底是什麼。那還需要再做幾十年的研究。結果證明，雖然細胞沒有失去遺傳資訊本身，但是細胞確實會失去取得這些資訊的管道，兩者的結果是一樣的。我們已經知道，ＤＮＡ必須展現超人美技，才有辦法將整條彎彎曲曲的身子，裝進小小的細胞核內。為了避免過程中打結，ＤＮＡ通常會把自己包裹得像溜溜球的繩子般，纏繞在一種名叫組蛋白（histone）的線軸上，然後這些組蛋白又會堆集起來，深深地埋進細胞核中（組蛋白是科學家早期在染色體中偵測到的蛋白質，因此他們以為是組蛋白在控制遺傳，而非ＤＮＡ）除了保持ＤＮＡ不要打結，組蛋白線軸還能防範細胞機制去命令ＤＮＡ製造ＲＮＡ，它們能有效地關閉ＤＮＡ。細胞會用一種叫做乙醯的化學物質，來控制這種線軸。添加一個乙醯分子（$COCH_3$）到一個組蛋白上，就能解開ＤＮＡ；移開那個乙醯，又能把ＤＮＡ彈繞回去。

同時細胞還會藉由改變ＤＮＡ，加裝一種叫做甲基（CH_3）的分子圖釘，來阻止ＤＮＡ被使用。甲基和遺傳密碼字母Ｃ（也就是胞嘧啶）黏得最緊，雖然甲基不會佔去太多空間——碳體積很小，氫更是週期表上最小的元素——但即便是一個小腫塊，也能防止其他分子與ＤＮＡ嵌合，使它們無法打開某個基因。換句話說，添加甲基，可以讓基因閉嘴。

我們體內兩百多種細胞，每一種細胞的ＤＮＡ都有獨特的盤繞模式以及甲基化模式，這些模式是在我們的胚胎時期建立起來的。註定要形成皮膚細胞的胚胎細胞，必須關閉所有會製造肝臟酵素或神經傳導物質的基因，換成其他細胞也是一樣。這些細胞不只一輩子都記得它們的模式，而且在它們以成熟細胞身分進行分裂時，還會把這種模式傳給子細胞。每當你聽見科學家說到把基因打開或關上，甲基和乙醯通常是罪魁禍首。尤其是甲基，因爲太重要了，有些科學家甚至提議，正式幫ＤＮＡ的字母添加第五個字④——Ａ，Ｃ，Ｇ，Ｔ以及現在多加的mC，意思是methylated cytosine（甲基化的胞嘧啶）。

但是，爲了額外的以及有時候更精密地調控ＤＮＡ，細胞會轉而求助像維生素Ａ這樣的轉錄因子（transcription factor）。維生素（以及其他的轉錄因子）能與ＤＮＡ結合，並徵召其他分子來開始轉錄它。就我們現在討論的議題而言，最重要的是，維生素Ａ只要一下子，就能刺激生長，以及協助將未成熟細胞轉化爲完全成熟的骨骼或肌肉或其他任何細胞。對於不同層的皮膚細胞來說，維生素Ａ更是重要。譬如說，在成熟皮膚細胞中，維生素Ａ會逼迫特定的皮膚細胞，從體內往上爬到表面，然後在那兒死去，變成我們皮膚的保護外層。高濃度的維生素Ａ之所以可能傷害皮膚，同樣也是透過「啓動細胞死亡程式」。這種被迫自殺的遺傳程式，能幫助身體消除生病的細胞，不見得都是壞事。但是基於不明原因，維生素Ａ似乎也會挾持某些皮膚細胞裡的系統——就像巴倫支的船員付出高昂代價所發現的事實。

在船員們大啖充滿肝臟碎塊的北極熊濃湯後，他們開始害病，而且感覺這輩子從來沒有病得如此嚴重過。病徵是盜汗，發高燒，頭昏，肚子痛得好像被鐵鉗夾住，就像聖經上所描述的瘟疫。日誌作者德維爾，在頭腦昏亂的狀態下，想起他幫忙宰殺的那頭母北極熊，不禁呻吟道，「她的死亡，比她的生存，對我們造成更多傷害。」更令人難受的是，幾天之後，維德爾發現，許多人的皮膚從靠近口唇或是其他接觸過北極熊肝的部位，開始脫落。德維爾痛苦地寫道，「有三個人病得格外嚴重，而且我們眞的以爲他們會死掉，因爲他們的皮膚從腳脫落到頭。」

直到二十世紀中，科學家才確定北極熊的肝臟爲何會含有如此驚人的大量維生素Ａ。北極熊主要是靠捕獵環紋海豹和髯鬚海豹爲生，而這些海豹必須在最嚴峻的環境中，在攝氏二度的北極冰洋不斷消耗牠們的體溫的情況下，養育小寶寶。維生素Ａ能讓這些海豹在酷寒中存活：它的功用就像某種生長荷爾蒙，能刺激細胞，讓海豹寶寶增加厚實的外皮層以及油脂，而且增加得很快。爲了這個目的，哺育期間的海豹媽媽會在肝臟裡屯積大量維生素Ａ，以確保孩子能攝取足夠的維生素Ａ。

北極熊也需要大量的維生素Ａ以增添油脂。但更重要的是，牠們的身體能容忍毒性等級的維生素Ａ，否則牠們將無法食用海豹，而海豹幾乎是北極唯一的食物來源。生態學有一項法則，大意是說，在食物鏈上爬得愈高，毒性累積得愈多，因此位於頂端的食肉動物，攝取毒性的濃度也最高。對於任何毒素，或是劑量一高就會產生毒性的營養素來說，此話一點都不假。但是，和許多其他營養素不同的是，維生素Ａ不溶於水，因此，當頂級肉食者攝取過量，沒有辦法利用尿液來排放。北極熊只有兩條路可走，一條路是設法處理所有呑進肚子的維生素Ａ，另一條路就是餓死。北極熊的適應之道是：把牠們的肝臟當成高科技生化災害圍堵設施，用來過濾維生素Ａ，並防止它接觸身體其他器官。(但即便有這樣的肝，北極熊還是得小心進食。牠們可以吃食物鏈上較低等的動物，後者的維生素Ａ含量也較低。但是有些生物學家曾挖苦地寫道，要是北極熊吃了自己的肝，幾乎保證會死翹翹)。

北極熊是在大約十五萬年前，演化出這種對抗維生素Ａ的驚人能力，當時一小群阿拉斯加棕熊脫隊，遷移到終年結冰的北方。但是科學家始終懷疑，讓北極熊能夠成爲今日北極熊的重大基因變化，可能是馬上就出現的，而非經年累月慢慢累積的結果。他們的推論如下：任何兩群動物在地理分布上有了差異之後，就會開始出現不同的DNA突變。隨著突變的累積，兩個動物群就會發展成不同的種類，具有不同的身體、代謝以及行爲。但是，在一個族群中，並非所有DNA變化的速度都相同。像hox這樣高度保守的基因，會很不甘願地，以近乎地質年代的步調，慢吞吞地改變。其他基因的改變則可能很快就普及，尤其是在動物面臨強大環境壓力時。譬如說，當這些棕熊晃進北極圈的冰天雪地之中，任何有助於抵擋寒冷的突變——像是消化富含維生素A的海豹的能力——都會給這些熊帶來實質的推升，讓牠們生養更多小熊，而且更能把小熊照顧好。環境壓力愈大，這類基因在族群裡的普及速度就愈快。

還有另一種方式可以解釋這一點，那就是觀察「DNA裡的突變數量與速率」的DNA時鐘，在基因體的不同部分，會以不同的速度來走動。所以，科學家在比較兩個物種的DNA，並推算它們在多久以前分道揚鑣時，必須非常小心。要是科學家沒有把保守基因或是加速度的改變，納入考量，得出來的估計值，可能會偏差得很厲害。把這一點謹記在心的科學家，在二〇一〇年判定北極熊是在短短兩萬年前，脫離祖先棕熊後，成爲一支獨立的物種——就演化而言，這只是一眨眼的工夫。

就像我們待會要討論的，咱們人類在肉食動物家族裡，只是一名新手，因此我們缺乏像北極熊那樣的對抗維生素A的能力，或是當我們在食物鏈裡招搖撞騙，吃到北極熊的肝，結果自討苦吃，都沒什麼好奇怪的了。不同的人，對於維生素A中毒（稱做維生素A過多症）的耐受性，天生遺傳就不相同，但是重量低到只不過一盎司的北極熊肝，就足以殺死一名成年人，而且會死得很慘。

我們的身體會代謝維生素A，製成視黃醇，然後特定酵素應該會更進一步地分解它們（這些酵素也會分解我們攝取的大部分普通毒物，像是啤酒、蘭姆酒、葡萄酒、威士忌以及其他酒類裡的酒精）。但是北極熊肝臟含有的維生素A實在太多了，讓我們可憐的酵素無法招架，在它們來得及逐一分解之前，視黃醇早就在血液中周遊列國了。這可不妙。細胞是由脂質的細胞膜裹住的，而視黃醇具有彷彿清潔劑的功能，可以把細胞膜分解掉。於是，細胞的內臟開始不停地往外流，如果是在我們的顱骨內，液體將會愈積愈多，導致頭痛、神智不清以及易怒等。視黃醇也會損壞其他組織（它甚至會令直的毛髮變鬈曲），但還是一樣，皮膚受的折磨最大。維生素A早已開啓皮膚細胞裡不知多少個基因，叫某些細胞去自殺，敦促另一些細胞還沒成熟就爬上表皮。消耗的維生素A愈多，被殺掉的皮膚也愈多，過沒多久，皮膚就會開始一片片地剝落。

我們人類早在很久以前，就已經學到（而且是一再地學到）食用肉食動物肝臟的嚴厲教訓。一九八〇年代，人類學家發現，在一具一百六十萬年前的直立猿人骨骸上，具有維生素A中毒造成的傷痕，應該是吃了當時的頂級肉食動物的結果。自從北極熊崛起之後——以及這些族人傷亡了不知多少世紀之後——愛斯基摩人、西伯利亞人以及其他北方部族（更別提食肉的猛禽），全都學會不要碰北極熊的肝，但是當歐洲探險家直搗北極時，可欠缺這份智慧。許多人甚至把「不得吃肝臟」的禁忌視爲「鄉巴佬的偏見」，就像敬拜樹頭一樣，都是迷信。直到晚近的一九〇〇年代，英國探險家寇特利茲（Reginald Koettlitz）原本都還在期待品嘗北極熊肝的美味，但他很快就發現，民俗禁忌自有幾分道理。不出幾小時，寇特利茲就感到頭殼裡的壓力增加，整個頭好像要爆開似地。接著他感到天旋地轉，然後不斷地嘔吐。最痛苦的是，睡覺也沒有辦法止住病情；因爲平躺下來，情況會更糟。差不多同個時期，另一位探險家林德哈特（Dr. Jens Lindhard）做了一個實驗，拿北極熊肝來餵給他負責照顧的十九個人吃。結果這些人全都病得一塌糊塗，有人甚至顯露出精神失常的症狀。但在同時，其他挨餓的探險家也學會了，不只是北極熊和海豹的肝臟，具有濃度高到令人中毒的維生素A：就連馴鹿、鯊魚、劍魚、狐狸乃至北極雪橇犬⑤，都可以成爲終結你的最後晚餐。

至於巴倫支手下的船員，在一五九七年被北極熊肝臟痛擊之後，也學乖了。就像德維爾的日誌所載，那頓飯之後，「爐火上還掛著一個鍋子，裡頭留有些許肝臟。但是船長一把抓起它，全倒到門外去，因爲我們可是受夠了。」

衆人很快恢復健康，但是他們的小木屋、衣物以及士氣，卻在酷寒的氣候裡，持續瓦解。最後終於熬到了六月，冰雪開始融化，他們從母船搶救回小艇，然後啓航出海。剛開始，他們只能在小冰山之間突圍，而且還要提防窮追不捨的北極熊的攻擊。但是在一五九七年六月二十日，北極的冰裂開了，形成一條眞正的航路。然而，六月二十日這天，對於久病的巴倫支來說，也是人生最後一天，他得年五十歲。失去導航者，重挫了剩餘十二名船員的勇氣，但他們還是靠著沒有遮頂的小艇，在海上航行了數百英里。當他們設法抵達俄國北部海岸，當地人出於憐憫，給了他們一些食物。一個月以後，他們被沖到拉普蘭的海岸邊，然後在那兒，什麼人也沒碰到，竟然碰到瑞吉普船長，也就是巴倫支去年冬天拋下的那艘船的船長。瑞吉普欣喜若狂——他以爲他們早就死了——將他們載回家鄉荷蘭，⑥這群人返鄉時全都衣衫襤褸，但卻頭戴極漂亮的雪白狐狸皮帽。

他們期盼的英雄凱旋場面，並沒有出現。就在同一天，另一支荷蘭船隊返航，船上滿載香料和美味佳餚，那是他們繞過南方的非洲之角，從中國運回來的。他們的航程證明了，商船也能進行遠洋航行，餓肚子和掙扎求生的故事固然刺激，但尋寶的故事更能打動荷蘭人民的心靈。荷蘭國王允諾讓荷蘭東印度公司壟斷經過非洲前往亞洲的航道，一條偉大的貿易路線，一條海上的絲路，於焉誕生。巴倫支和他的船員則被遺忘在腦後。

然而，經非洲的亞洲航線被壟斷之後，意味著其他航海公司只能經由北方航道來尋求商機，於是各方人馬繼續往五十萬平方英里的巴倫支海峽挺進。最後，垂涎於雙重壟斷的東印度公司，也在一六〇九年派出自己的船隻，由英國人哈德遜（Henry Hudson）擔任船長，航向北方。又一次地，事與願違。哈德遜和他的「半月號」（Half Moon）按照計畫，往北方航經挪威頂端。但是他手下四十名船員，半數爲荷蘭人，無疑地都聽說過挨餓、受凍，以及（天老爺保佑）皮膚從頭到腳剝落的恐怖傳說，於是起而叛變。他們逼哈德遜返回西方。

如果船員一定要往西，就往西吧，哈德遜順著他們的意思，一路往西開到了北美洲。他繞過新斯科細亞省，然後把船停靠在大西洋沿岸的幾個地方，包括航進一條尙未命名的河流，途中經過一片狹長的沼澤島嶼。對於哈德遜沒能繞過俄國，荷蘭公司雖然頗爲失望，但還是將計就計，幾年後，在那個島上設立了一個貿易據點，稱之爲新阿姆斯特丹，也就是曼哈頓。有人說，人類對探險的熱情就在我們的基因裡。就紐約市的發現過程來說，絕對是這麼回事。

7 馬基維利微生物

在人類的DNA裡，有多少真正屬於人類？

一九〇九年，紐約長島的一名農夫，神色倉皇地來到曼哈頓的洛克菲勒研究所，臂彎裡抱著一隻病奄奄的雞。那個年代有一種看似癌症的雞隻傳染病席捲全美，這名農夫的蘆花雞也在右乳上長出一個疑似腫瘤的東西。農夫擔心會失去他的雞群，於是把這隻母雞送來給洛克菲勒的科學家羅斯（Francis Peyton Rous；小名Peyton，〔裴頓〕）做檢查。沒想到羅斯不但沒有試圖搶救母雞，反而立刻把牠宰了，以便挖出腫瘤進行某種實驗，這可把農夫嚇壞了。不過，科學界將永遠感激羅斯的殺雞行爲。

取出腫瘤後，羅斯將大約零點幾盎司的腫瘤磨碎，成爲一堆溼答答的糊狀物體。然後他讓這團東西濾過一個非常小的瓷器孔，將糊狀物中的腫瘤細胞去除，剩下的大部分都是存在細胞間的液體。這種液體，可以幫忙傳送營養以及其他東西，但是它裡面也可能藏有微生物。羅斯將這種液體注射到另一隻蘆花雞胸裡。沒多久，第二隻雞也長出一枚腫瘤。羅斯重複這項實驗到其他品種的雞隻身上，例如來亨雞，結果不出六個月，牠們全都長出癌腫塊，約一乘一英寸大小。這其中最值得注意、也最令人納悶的，在於過濾的那個步驟。由於羅斯在注射前，已先將所有腫瘤細胞移除，新腫瘤不可能從舊腫瘤細胞跳到新家禽身上。所以，癌症一定是來自那些液體。

那名農夫雖然很氣惱，但是如果一定得犧牲他的母雞，來解開這場雞瘟之謎，再沒有比羅斯更適合的候選人了。羅斯既是醫師，也是病理學家，而且擁有扎實的家禽家畜背景。羅斯的爸爸在南北戰爭前夕，逃離維吉尼亞州，然後在德州定居下來，在那裡遇到了裴頓的母親。這家人最後又搬回美國東部的巴爾的摩，而羅斯在高中畢業後，就進入約翰霍普金斯大學，自己打工賺學費，部分是靠寫作，幫《巴爾的摩太陽報》（*Baltimore Sun*）撰寫「當月野花」專欄，介紹這座所謂的「迷人城市」裡的花卉，一篇稿子五塊錢。等到羅斯進入約翰霍普金斯醫學院之後，就不再寫專欄了，然而沒多久，他被迫輟學。他是在解剖一具結核病患者的屍體時，不慎割到手，結果染上了結核病，校方命令他休學去養病。但羅斯並沒有採用歐洲式的養病——住進山裡的療養院，眞正休息一陣子——而是採用一種很好的老式美國人療法，在德州牧場打工。羅斯雖然生得瘦瘦小小，但卻很喜歡牧場的工作，而且他對農場裡的動物也非常有興趣。康復之後，他決定不要走臨床醫學，改而攻讀微生物學。

多年來的牧場以及實驗室訓練，加上雞隻身上的證據，全都讓羅斯指向一個結論。這些雞染上了某種病毒，而這種病毒能傳染癌症。但是他所接受的訓練也告訴他，這個想法太荒謬了——而且同事也都這麼認爲。**會傳染的癌症，算了吧，羅斯醫生？病毒怎麼可能引起癌症？**有人反駁，羅斯一定是誤診腫瘤；或者是注射引起某種雞隻特有的發炎反應。羅斯本人事後也承認，「夜深人靜時，我常常害怕得發抖，擔心我弄錯了。」但他還是發表了研究結果。即便以科學文章的拐彎抹角標準而言，他在有些時候，幾乎不曾承認自己到底相信什麼：「若說（這項發現）

指出有一組新的物質存在，它們能引發雞隻產生特性多變的腫瘍（腫瘤），或許不算太爲言過其實。」但羅斯這麼謹慎是很聰明的。一位同事回憶，當年羅斯那篇雞隻癌症論文「碰到的反應，從冷漠到懷疑，到公然敵對都有」。

接下來幾十年，大部分科學家都把羅斯的研究淡忘了，而這可是有理由的。因爲從那之後，就算有幾項發現，認爲病毒與癌症具有生物學上的關聯，但其他發現卻一直將這兩者的關聯切開。到了一九五〇年代，科學家便認定，癌症細胞會生長失控，部分原因在於它們的基因功能失常。另外，科學家也認定病毒儲存了少許的遺傳物質（有些是用DNA；其他則是用RNA，就像羅斯研究的那種）。雖然就技術層面而言，病毒不能算是活的生物，但是它們能利用自己的遺傳物質，來綁架宿主細胞，要它們複製自己。所以說，病毒與癌症都會失控地繁殖，而且兩者都是用DNA與RNA做爲共同貨幣——眞是引人遐思的線索。但在同時，克里克於一九五八年發表了他的中心教條，所謂DNA製造RNA，後者再製造蛋白質，必須按照以上這個次序。根據這個廣爲人知的教條，羅斯所研究的那種RNA病毒，不可以破壞或是改寫細胞的DNA：因爲如此一來，會讓教條逆向而行，這是違反規定的。因此，即便在生物上有所重疊，「病毒RNA」似乎還是沒有辦法和「引發癌症的DNA」產生關聯。

僵局出現了——數據與教條相持不下——直到幾名年輕的科學家，在一九六〇年代末和一九七〇年代初發現，大自然才不甩什麼教條。事實證明，某些病毒（HIV〔人類免疫不全病毒〕是最有名的例子）會以不合正統的方式來操縱DNA。尤其是，病毒還有辦法哄騙被感染的細胞，逆向將病毒的RNA轉錄成DNA。更可怕的是，接著它們會耍手段，要細胞把新製造的病毒DNA，剪接到細胞的基因組裡。簡單地說，這些病毒能融入細胞。我們喜歡用來區分「它們的DNA」與「我們的DNA」的這道馬其諾防線，它們壓根兒就不放在眼裡。

用這種策略來感染細胞，看起來或許有點多此一舉：爲什麼像HIV這類的RNA病毒，要大費周章地將自己逆轉成DNA，尤其是稍後這些細胞還是得將這些DNA再轉錄回RNA？你若考量到RNA和DNA比起來，是多麼足智多謀與靈巧，就更令人困惑了。單獨的RNA，能夠製造基礎蛋白質，但是單獨的DNA，就只能呆呆地坐在那裡。而且RNA還能**自己**打造自己，就像錯覺圖形大師艾薛爾（M.C. Escher）那張左右兩手互畫的作品，基於這些理由，大部分科學家相信，RNA在生物史上的年代，可能比DNA早，因爲早期的生物缺乏現今生物細胞這種精緻的內部複製設備（這是所謂的「RNA世界」理論①）。

不過，地球早期只是一片混沌，而RNA和DNA比起來，可是單薄得多。因爲它只有單股，RNA字母暴露在外，不斷受到攻擊。而且RNA的環狀糖分子上還多出一個氧原子，如果RNA分子變得太長，這個氧原子就會愚蠢地啃食自己的脊椎骨，撕裂RNA。因此，若想打造能持久的東西，能夠到處探險、游泳、生長、戰鬥、交配（也就是眞正地活著）的生物，脆弱的RNA必須讓位給DNA。這場發生在幾十億年前的轉換，換成另一種比較不易腐壞的媒介物質，可能可以算是生物史上最重要的一大步。就某方面來看，這好比人類文化從譬如說荷馬的口傳詩歌，過渡到無聲的書寫作品：面對冷冰冰的DNA文字，你不禁懷念起RNA的多才多藝，懷念它們的聲調與手勢變化；但是，若沒有莎草紙和墨水，我們今天根本不會保有《伊里亞得》與《奧德賽》。只有DNA才能留傳。

這就是爲什麼有些病毒在感染細胞後，要將自己的RNA改變成DNA：因爲DNA比較強壯，比較持久。一旦這些反轉錄病毒——此名之由來，是因爲它們能讓DNA↓RNA↓蛋白質的教條，逆向而行——把自己混入宿主細胞的DNA中，在病毒與細胞的有生之年，該細胞都會忠心耿耿地幫病毒複製基因。

這項關於病毒能操控DNA的發現，解釋了羅斯那些可憐的雞兒。注射之後，那些病毒便經由細胞間液，找到門路進入肌肉細胞。然後它們會去逢迎討好雞隻的DNA，把每個受感染細胞的機制，改換成盡量製造它自己，數目愈多愈好。結果——這裡是關鍵——病毒若想瘋狂地傳播，上好的妙計即爲：說服蘊含病毒DNA的細胞去瘋狂地散播。病毒藉由瓦解「負責防範細胞快速分裂的基因總管」，達成這項任務。最後的結果就是失控的腫瘤（以及一大群死雞）。像這種可以傳染的癌症，當然並非典型——大部分癌症有其他的遺傳原因——但是對許多動物而言，由病毒傳送的癌症，非常危險。

這個新的基因入侵理論，起初當然還不是正統理論（就連羅斯都對它的部分內容抱持懷疑）。但是不管怎樣，當時的科學家眞正低估了病毒以及其他微生物在入侵DNA上的能耐。說眞的，我們不應該幫無所不在這個字眼，添加任何程度上的形容詞；就像「獨一無二」這個形容詞，只能「是」獨一無二，或「不是」獨一無二。但是請容我稍稍陶醉片刻，來讚美一下微生物，就顯微尺度而言，它們具備了完美、全然而且終極的無所不在。這些小混蛋的殖民地遍及所有已知生物體——我們體內有十倍於細胞數量的微生物，在裡面白吃白喝——而且充分滲透進所有可能的生態棲位。甚至有一群病毒只會感染其他的寄生蟲②，而後者體積幾乎沒比病毒大多少。爲求穩定，這些微生物很多都會入侵DNA，而且它們通常能夠靈巧地改變或是遮掩自己的DNA，以逃避並戰勝我們體內的防禦機制（有一位生物學家計算過，HIV在過去幾十年內，更動基因中的A、C、G、T的次數，比靈長類在過去五千萬年更動的次數還要多）。

直到大約二〇〇〇年，人類基因組計畫完成之後，生物學家才領悟到，微生物能多麼廣泛地滲透到高等動物體內。甚至連「人類基因組計畫」這個名稱都有點不恰當，因爲結果發現，我們的基因組有百分之八完全不屬於人類：我們有二億五千萬個鹼基對屬於舊病毒的基因。人類基因，事實上，只佔我們體內全部DNA的百分之二，所以照這樣估算，我們的病毒成分其實是人類成分四倍。研究病毒DNA的先鋒魏斯（Robin Weiss），在解釋這種演化關係時，說得最露骨：「如果達爾文再世，」魏斯沉思道，「他可能會很驚訝地發現，人類既是猿猴的後裔，也是病毒的後裔。」

怎麼會發生這種事？從病毒的觀點來看，開拓動物的DNA做爲殖民地，非常合理。儘管如此詭詐與欺瞞，那些會引發癌症或愛滋病之類重症的反轉錄病毒，就某方面而言，其實很愚蠢：它們太快就把自己的宿主給殺了，最後只能與宿主同歸於盡。但是並非所有病毒都會如同顯微版的蝗蟲般，把宿主撕碎。一些野心較小的病毒，就學會了不要破壞得太厲害，它們藉由展現自我約束力，靜靜地哄騙細胞幫它們進行複製，長達幾十年。更妙的是，假如病毒能滲透進精子或卵細胞，它們便能哄騙宿主，把病毒的基因傳給宿主的下一代，如此一來，該病毒就可以無限期地「活在」宿主的子子孫孫身上了（這種情況目前正在無尾熊體內上演，因爲科學家在無尾熊的精子內，逮到病毒的反轉錄DNA）。病毒將如此多的DNA攙雜到如此多種動物體內，暗示出，這樣的滲透行爲時時刻刻都在發生之中，規模之大，令人不寒而慄。

屯積在人類DNA中的已絕種反轉錄病毒的基因，絕大多數都累積了一些致命的突變，而且也不再具有功能。但是除此之外，這些基因還是完整地窩在我們的細胞裡，提供足夠的細節，讓我們去研究原始的病毒。事實上，在二○○六年，法國病毒學家海德曼（Thierry Heidmann）利用人類DNA，讓一個已絕種的病毒復活——堪稱培養皿裡的侏羅紀公園。結果證明，這樣做簡單得嚇人。某些古代病毒字串在人類基因組裡出現好多次（複本的數量從幾十個到幾萬個不等）。但是致命的突變，在每個版本出現的位置點則不相同，是隨機的。因此，藉由比較許多病毒字串，海德曼可以推斷出，原始健康的病毒字串是什麼樣子，做法很簡單，只要計算，在每個點上，哪些DNA字母最常出現，就可以了。海德曼說，病毒原本是良性的，但是當他把病毒重建好，並注射到不同的哺乳動物細胞之後——貓、倉鼠、人類——它卻感染了所有的細胞。

不過，海德曼並沒有對這項科技焦慮不安（因爲古代病毒可不見得都是無害的），也沒有預言它終究難逃落入惡人之手，而是把這項重建技術當成科學上的勝利來慶祝，將他的病毒命名爲鳳凰（Phoenix），也就是在神話傳說中，從自己的灰燼中重生的不死鳥。其他科學家也重複海德曼的研究，複製出其他病毒，然後他們集合起來，創立了一個新學門，叫做古病毒學（paleovirology）。柔軟、微小的病毒不能在岩層的化石裡留下痕跡，讓考古學家去挖掘，但是古病毒學家在化石DNA裡一樣找得到情報豐富的東西。

仔細觀察這項「溼的」化石記錄，暗示了我們的基因組含有的病毒甚至可能超過百分之八。

二〇〇九年，科學家發現，人體裡有四段來自一種叫做玻納病毒（bornavirus）的ＤＮＡ，該病毒能感染有蹄類動物，起始年代已經久遠得無法追憶（它的名字源於一場特別嚴重的馬匹疫病，是一八八五年在德國靠近玻納的一支騎兵隊裡爆發的。有些馬匹徹底瘋掉，把自己的頭都撞碎了）。大約四千萬年前，一小群玻納病毒跳進我們的猴子祖先體內，在牠們的ＤＮＡ裡安頓下來。從那時候起，它便隱居在裡面，沒有被偵測到，也沒有受到懷疑，因爲玻納病毒不是反轉錄病毒，因此科學家不認爲它具備「能夠將ＲＮＡ逆轉爲ＤＮＡ，然後再將自己注入其中某處」的機制。但是實驗室試驗證明，玻納病毒其實有能力將自己混進人類的ＤＮＡ，只需要短短三十天。而且和我們從反轉錄病毒遺傳到的緘默的ＤＮＡ不同，玻納病毒給我們的四段ＤＮＡ當中，有兩段完全像是正宗的基因。

科學家還沒有弄清楚，那些基因在做什麼，但它們可能在製造我們生存必需的蛋白質，或許是藉由提升我們的免疫系統的方式。讓非致命的病毒侵入我們的ＤＮＡ，或許能阻止其他病毒一些可能比較糟糕的病毒這樣做。更重要的是，細胞能利用良性病毒蛋白質，來對抗其他感染。這眞的是一種很簡單的策略：正如賭場僱用算牌人，電腦安全公司僱用駭客，因爲再沒有比改邪歸正的病菌，更懂得如何對抗與消滅病毒的了。人類基因組的研究調查暗示，病毒還給了我們重要的調控ＤＮＡ。例如，我們的消化道裡很早就有酵素，能將澱粉分解成比較簡單的糖分子。但是病毒還送給了我們能開啓唾液中相同酵素的開關。結果，澱粉食物在我們口中吃起來便有了甜味。要是少了這些開關，我們將不可能有這種喜歡吃麵包、麵條以及米飯的「澱粉牙齒」了。

這些例子可能只是剛起頭。幾乎一半的人體ＤＮＡ都含有（麥克林托克式的）移動因子以及跳躍基因。單是其中一個轉位子，三百個鹼基長度的alu，就在人類染色體裡出現了一百萬次，而且構成整整百分之十的人類基因組。這種「DNA離開某條染色體，爬到另一條染色體上，然後像壁蝨一樣鑽進去」的能力，看起來和病毒眞是相像得嚇人。照理我們不應該把私人情感注入科學論理中，然而，「我們有百分之八（或更多）爲化石病毒」這件事之所以令人著迷，就是在於它實在太詭異了。我們人類天生就對疾病或不潔感到厭惡，而且我們把入侵的病菌，視爲某種必須避開或驅除的東西，而非我們自身親密的一部分——但是病毒以及類似病毒的顆粒，卻早就在幫動物的DNA敲打修補了不知多少年。就像某位在追蹤研究人類玻納病毒的科學家曾說過的（特別強調單數），「關於人類是『一種』動物的概念，恐怕有一點誤解了。」

情況愈來愈糟。由於它們的無所不在，各式各樣的微生物（不只是病毒，還有細菌和原生動物）都不得不操縱動物演化。很明顯，微生物能藉由疾病殺死某些動物，來塑造一個族群，但那只是它們權力的一部分。病毒、細菌以及原生動物，還會不時地留下一些新基因給動物，一些能改變我們身體運作的基因。它們也能操縱動物的心智。馬基維利式的微生物，不只是能在動物體內大量殖民不被發現，它還會偷動物的DNA——甚至利用該DNA來幫我們洗腦，以遂其所願。

有時候我們得用笨方法學到智慧。「你能想像一百隻貓，」傑克．萊特（Jack Wright）有一次這樣說。「超過那個數目，你就沒辦法了。兩百隻，五百隻，看起來都一樣。」這可不是他的揣測。傑克知道這一點，是因爲他和妻子唐娜（Donna）曾經養過金氏記錄全世界最多的家貓——六百八十九隻。

一切是從一隻名叫「半夜」（Midnight）的小貓開始。傑克是安大略省的一名油漆匠，他在一九七〇年代左右愛上了餐廳女侍唐娜，於是兩人同居，加上唐娜養的一隻黑色的長毛貓。有一天晚上，半夜在院子裡失足，懷了身孕，萊特夫婦不忍心拆散她的一窩小貓咪。再說，多幾隻貓咪也能讓家裡更快活，不久之後，他們開始領養收容所裡的流浪貓，免得牠們被撲殺。當地人把他們家稱做「貓咪交會點」（Cat Crossing），然後人們開始把更多流浪貓丟棄在他們家門口，這人丟兩隻，那人丟五隻。一九八〇年代，《國家詢問報》（*National Enquirer*）舉辦一項競賽，看看誰家養的貓最多，結果萊特家以一百四十五隻贏得冠軍。他們很快就受邀上了《唐納休談話秀》（*The Phil Donahue Show*），而且從此之後，「捐貓」情況變得更加嚴重。有人將一窩小貓綁在萊特家的野餐桌邊，然後就開車跑掉了；另外還有人用航空快遞一隻貓給他們——運費還要萊特支付。但是萊特夫婦就是沒法拒絕貓咪，即使他們家的貓口已經膨脹到快要七百隻。

根據報導，帳單每年高達十一萬一千美元，包括個別包裝的聖誕禮物玩具。唐娜（她開始在家工作，幫傑克打點他的油漆事業）每天早上五點半起床，然後接下來十五小時，都忙著清洗骯髒的貓床，清空貓砂盆，強迫貓咪服藥，以及幫小貓碗添加冰塊（被太多貓咪的舌頭摩擦過的水，會變得溫熱，不適合飲用）。但是最重要的是，她整個白天都得不停地餵食、餵食、餵食。萊特家每天要開一百八十罐貓食，而且還額外添購了三台冰箱，來裝豬肉、火腿以及牛腰肉，給那些比較挑嘴的貓兒吃。最後他們還提領了二次房貸，而且爲了讓他們這棟高楨桿的小屋保持清潔，他們還把油布釘在牆面上。

傑克與唐娜最後終於狠下心，撲殺貓口，等到一九九〇年代末，他們已經將「貓咪交會點」

的貓咪數量減少到三百五十九隻。但是數量幾乎馬上又回升起來，因爲他們就是沒法忍受貓咪數目再降下去。事實上，要是你仔細揣摩他們的言外之意，就會發現，萊特夫婦幾乎是對養貓上了癮——上癮是一種很奇特的心理狀態，上癮者能從同樣的事物中，獲得極大的樂趣以及極大的焦慮。很顯然，他們就是愛貓。傑克對新聞報紙辯護他的貓家族，而且還幫每一隻貓咪取名字③，甚至連少數幾隻不肯離開他的衣櫥的貓咪也不例外。但在同時，唐娜卻沒法掩飾她被貓咪奴役的痛苦。「讓我告訴你，在這邊吃什麼東西最困難，」她有一次抱怨道，「肯德基的炸雞。每次我吃它，都得在屋裡四處走動，盤子緊貼著下巴。」（部分是爲了防止貓咪靠近，部分是爲了避免貓毛貼上她黏答答的雞腿。）更令人痛苦的是，唐娜有一次承認道，「有時候，我會覺得憂鬱。有時候我只是說，『傑克，給我幾塊錢。』然後我會出去喝一兩杯啤酒。在外面坐幾個小時，眞是舒服。眞是安寧——周圍一隻貓都沒有。」然而，即便有這些意識清楚的時刻，即便有排山倒海的壓力④，傑克還是沒法接受最明顯的解決方法：丟掉那些鬼貓。

我得爲萊特夫婦說句公道話，由於唐娜不停地清潔，他們家還滿像樣的，尤其是和某些貓咪屯積者以前的骯髒記錄相比。動物福利檢查員在狀況較差的屋子裡發現腐爛的貓屍，並非罕見，甚至卡在牆壁內，可能是貓咪想逃跑時鑽進去的。同樣不算少見的，還有因爲長期浸泡貓尿，造成地板及牆壁腐壞，出現結構性的損傷。但最驚人的是，許多貓咪屯積者都矢口否認情況失控——典型的上癮徵兆。

科學家最近才開始勾勒出上癮的化學與遺傳基礎，但是愈來愈多證據暗示，貓咪屯積者會這麼離不開貓群，至少部分原因在於，他們被一種叫做弓漿蟲（Toxoplasma gondii）的寄生蟲給攻佔了。弓漿蟲是一種單細胞的原生動物，與藻類及變形蟲有親緣關係；它擁有八千個基因。雖然弓漿蟲剛開始是一種貓科病原體，但是投資項目逐漸多樣化，如今已經可以感染猴子、蝙蝠、鯨魚、大象、土豚、食蟻獸、樹懶、犰狳以及哺乳動物，還有雞隻。

野生的蝙蝠或土豚或其他動物，透過攝取被感染的獵物或糞便，染上弓漿蟲，家禽和家畜則是透過直接攝取肥料中的糞便，而感染上它。人類也可能經由飲食吸收弓漿蟲，貓咪飼主則可能在處理新生小貓時，經由皮膚感染。總體說來，它感染了全球三分之一的人口。當弓漿蟲侵入哺乳動物時，它通常會直接游進腦部，在那裡形成微小的胞囊，尤其是在杏仁體內（它因外型類似杏仁而得名，負責主導哺乳動物腦中的情感流程，包括快樂與焦慮）。科學家還不清楚原因，但是杏仁體胞囊在人體內，會慢慢降低反應時間，並引發嫉妒或攻擊行爲。而且弓漿蟲還能改變人體的嗅覺。有些貓咪屯積者對刺鼻的貓尿免疫——他們已經能夠不聞其臭。少數貓咪屯積者甚至慚愧地承認，非常喜愛那種氣味。

對於齧齒類（也就是貓咪的餐點），弓漿蟲甚至還有更怪的招數。在實驗室裡被養了幾百個世代的齧齒動物，雖然一輩子都沒見過任何獵食者，但是只要一接觸到貓尿，就會立刻害怕得發抖，驚惶地奔到任何能找到的縫隙裡去躲藏；這是出於本能，完全是內建的恐懼。但是染上弓漿蟲的老鼠，卻有相反的反應。牠們還是會害怕其他獵食者的氣味，而且其他方面也很正常，照常睡覺、交配、走迷宮、吃乳酪以及其他正常的活動。但是這些老鼠熱愛貓尿，尤其是雄鼠。事實上，牠們對貓尿的反應已經超過熱愛。只要吸到一小口貓尿的氣味，牠們的杏仁體就會悸動，彷彿碰到發情的母鼠，睪丸隨之腫脹。貓尿能令牠們主動出擊。

弓漿蟲玩弄老鼠的情慾，以豐富自己的性生活。當弓漿蟲住在齧齒動物的腦中時，能進行分裂複製，就像大部分微生物的生殖方式。它們在人類、樹懶以及其他動物體內也是這麼做。不過，和大部分微生物不同的是，弓漿蟲也能進行有性生殖，但是只限於貓腸裡。這是一種很怪異的癖性，但事實就是如此。和大部分動物一樣，弓漿蟲渴望性生活，因此不論它透過複製傳遞基因多少次，它總是千方百計，要回到那色情的貓腸裡。貓尿，就是它的大好機會。藉著貓尿的吸引力，弓漿蟲能將老鼠誘向貓咪。貓咪當然樂意配合，撲過來，一口將老鼠呑進弓漿蟲想要的位置——貓咪的消化道。科學家懷疑，基於同樣的原因，弓漿蟲也學會在其他哺乳動物候選人的餐點裡，施展它的魔法，以確保所有貓科動物，不論大小，從虎斑貓到老虎，都能攝取到弓漿蟲。

到目前爲止，這聽起來就只是一個故事——一則聽起來滿聰明、但缺乏證據的傳說。只除了一件事。科學家發現，在弓漿蟲的八千個基因當中，有兩個基因能協助製造化學物質多巴胺。如果你對腦化學稍微有些了解，你現在大概就會坐直身子了。多巴胺能幫忙活化腦部的報償迴路，讓我們心中充滿良好的感覺，天然的興奮之情。古柯鹼、快樂丸以及其他藥物，都能刺激多巴胺含量，誘發人爲的興奮之情。弓漿蟲竟然也有這種基因（而且是兩個），能製造可以塑造習慣的強力化學物質。每當被感染的腦袋一察覺到貓尿，不論是有意識還是無意識，弓漿蟲就會馬上釋出多巴胺。結果，弓漿蟲便能影響哺乳動物的行爲，而這個多巴胺陷阱，或許也能爲囤積貓咪行爲，提供看似合理的生物學理基礎⑤。

弓漿蟲不是唯一能操縱動物的寄生蟲。有一種顯微小蟲就很像弓漿蟲，喜歡在鳥禽類的腸道中游來游去，但是常常會被混在鳥糞中，被強力地彈射出去。被彈出去的蟲蟲會蠕動進入螞蟻體內，把牠們變成桃紅色，腫脹得有如《查理與巧克力工廠》中，膨脹成一顆藍莓的孩子，讓其他鳥兒誤以爲牠們是可口的莓子。另外，木匠蟻也是某種雨林眞菌的受害者，這種眞菌能把牠們變成毫無頭腦的殭屍。首先，這種眞菌會挾持一隻螞蟻的腦袋，然後支使牠走向最潮溼的地點，像是葉片底下。抵達之後，殭屍蟻就會咬住地面，下顎牢牢地扣在地上。接著，眞菌將螞蟻的腸道變成一攤含糖的營養黏液，從蟻腦冒出一根莖，然後送出一堆孢子，以便感染更多螞蟻。還有一種所謂的希律王菌（Herod bug），也就是渥巴赫氏菌（Wolbachia bacteria），它們會感染黃蜂、蚊子、蛾類、蒼蠅和甲蟲。渥巴赫氏菌只能在雌蟲的卵子內部繁殖，因此就像聖經裡的希律王，它常常會屠殺整批雄性幼蟲，方法是釋出基因製造的毒素（在某些運氣較好的昆蟲身上，渥巴赫氏菌會大發慈悲，只操控決定性別的基因，把雄性轉變成雌性——就這些案例，它的諢名應該改成泰瑞西斯菌〔Tiresias bug〕才對〔譯註：在希臘神話中，泰瑞西斯曾經被變性爲女人長達七年〕）。除了這些令人發毛的案例之外，有一種在實驗室裡被動過手腳的病毒，竟能將雜交的雄田鼠——一名科學家曾經說過，這種齧齒動物平常對母田鼠的態度，就像鄉村歌曲裡那種「愛上她們……然後離開她們」的始亂終棄行徑——轉變成「不離不棄的家居好丈夫」，整個過程，只需要將一小段重複的「口吃DNA」，注射到某個負責調整頭腦化學物質的基因中，就可以了。感染這種病毒後，田鼠甚至可以說是更聰明了。因爲雄鼠不再盲目地和任何雌鼠交配，而是開始把「性行爲」和「特定一隻雌鼠」連結起來，這種特性被稱爲「聯想學習」，是牠們以前做不到的。

對於像我們這樣重視自主與聰明的物種，田鼠和弓漿蟲的案例，開始讓人有點不舒服了。在我們的DNA裡找到破碎的舊病毒基因，是一回事，但是要我們承認微生物可能操縱我們的情感以及內心精神生活，又是另一回事了。但是弓漿蟲就能辦到。在弓漿蟲與哺乳動物漫長的共同演化期間，它不知怎地，偷到多巴胺製造基因，而事實證明，從此該基因在影響動物行為方面是非常成功的——一方面增加老鼠接近貓咪的樂趣，另方面也降低老鼠對貓咪天生的恐懼。還有一些傳聞的證據指稱，弓漿蟲能改變腦內的恐懼信號（與貓咪無關的恐懼），然後把那些衝動轉換成狂喜。有些急診室醫生報告說，摩托車車禍受害者腦中的弓漿蟲胞囊，數目往往高得出奇。這些人往往很愛現，喜歡在高速公路上蛇行，就是那種興奮得不顧性命的人。而他們剛好腦裡也充滿了弓漿蟲。

要和研究弓漿蟲的科學家爭論，可不容易，他們一方面對於弓漿蟲所揭露的與情緒有關的生物學，以及恐懼、吸引與上癮之間的相互連結，感到興奮，但在同時，也對這些研究所暗示的意義，感到毛骨悚然。一名研究弓漿蟲的史丹佛大學神經科學家就說，「從某方面來說，有點可怕。我們以為恐懼是基本的，是天生的。但是有些東西不只能消除它，而且還能將它扭轉成受人尊敬的吸引力。原來吸引力也可以被操縱，好讓我們被最大的敵人所吸引。」這也是為什麼弓漿蟲值得冠上馬基維利微生物的封號。它不只能操縱我們，還能讓邪惡看起來像是好事。

羅斯的人生擁有一個快樂但有些複雜的結局。在一次世界大戰期間，他曾幫忙建立最早的一批血庫，因為他開發出一種儲存紅血球的方法，讓它們與洋菜和糖一起保存——就像一種血液果凍。此外，羅斯還研究了另一種很難理解但是會傳染的腫瘤，來支持他早年的雞隻研究，那就是曾經感染美國棉尾兔（cottontail rabbit）的巨大乳突疣。羅斯甚至有幸以某科學期刊編輯的身分，發行第一篇證明基因與DNA緊密相關的研究。

但還是一樣，即便有這些以及其他的研究，羅斯還是懷疑遺傳學家太過頭了，而且他也不願意像其他科學家那樣，熱心地把一些個別的點，串在一些。譬如說，在他發行那篇證明基因與DNA相關的論文之前，他要求身為第一作者的科學家，把一個句子刪掉，那個句子暗示，DNA對於細胞來說，重要性不亞於胺基酸。事實上，羅斯甚至否決「病毒藉由注入遺傳物質，引起癌症」以及「DNA突變能引發癌症」這兩個想法。羅斯相信，病毒是用其他方式引起癌症，或許是藉由釋出毒素；而且他好像很難接受「微生物對動物遺傳的影響，可能像他先前的研究所暗示的那般深遠」，雖說沒人知道為什麼他沒法接受。

不過，羅斯從未動搖他的信念：病毒能夠引起腫瘤，雖然不知是用什麼方法。而且當他的同僚逐一解開他那傳染性雞腫瘤的複雜細節時，也開始更懂得欣賞羅斯早年研究的清晰。但有些人對他的敬意還是很勉強，而且羅斯也得忍受年紀小他許多的女婿，贏得一九六三年的諾貝爾生理醫學獎。但是到了一九六六年，諾貝爾獎委員會終於也給了羅斯一座諾貝爾獎，為他平反。從羅斯發表那篇重要論文，到他獲得諾貝爾獎，間隔整整五十五年，在諾貝爾獎歷史上也算是久的。但是，毫無疑問，得獎是最令人安慰的事之一，即使他只享受了四年，就在一九七〇年過世。在他過世之後，羅斯本人到底相信什麼或是不相信什麼，都不重要了；渴望探討微生物如何改變生命程式的年輕微生物學家，把他視為偶像，而今日的教科書也把他的研究譽為一個經典案例，一個「在當代被認為錯誤的想法，日後卻因為DNA證據，而獲得平反」的案例。

「貓咪交會點」的故事結局也頗為複雜。隨著帳單節節升高，債權人差點就要扣押萊特夫婦的房子。幸虧有來自愛貓人士的捐款救了他們。差不多在那段時候，報紙也開始挖掘傑克的過去，指稱他可不是什麼單純的愛貓人士，他以前曾經被判犯下殺人罪，勒死一名脫衣舞孃（她被發現陳屍在屋頂上）。即便在這陣危機過後，傑克與唐娜每天所面對的困難，依舊存在。一名訪客曾經報告說，「兩人都沒有假期，沒有新衣服，沒有家具，或是窗簾。」要是他們在半夜起床上廁所，躺在他們床上的那幾十隻貓咪，會像變形蟲似地，馬上擴張開來，將溫暖的空洞填滿，被單下再也沒有空間讓他們爬回床上。「有時候你會想，這眞會把人逼瘋，」唐娜有一次這麼承認。「我們無法脫身……夏天時，我幾乎每天都會哭。」沒辦法再忍受這種屈辱，唐娜終於搬出去了。但她還是忍不住要回去，沒辦法就這樣離棄她的貓咪。她每天清晨都會回去幫傑克的忙⑥。

即使我們幾乎可以確定弓漿蟲及其感染，也沒有人知道，弓漿蟲對於傑克和唐娜生活的失序，影響（若有的話）到什麼程度。但是就算他們有受感染——而且就算神經科學家能證明，弓漿蟲能深深地操縱他們——我們也很難譴責如此關心動物的人。再說，若從比較寬廣（非常、非常寬廣）的角度來看，這些貓咪屯積者的行爲，就馬古利斯的混合DNA的觀點而言，可能會對演化有好處。與弓漿蟲和其他微生物之間的互動，必定曾在許多階段影響我們的演化，而且影響可能很深遠。反轉錄病毒曾經一波又一波地殖民到我們的基因組裡，有幾名科學家認爲，它們的殖民波，剛好發生在人科靈長類出場之前，並非巧合。這項發現和另一個最近推出的理論頗爲吻合，該理論認爲，微生物可能可以解釋達爾文深感困擾的新種起源問題。傳統上，劃分兩個物種的界線是有性生殖：如果兩個族群無法交配並產下能存活的孩子，這兩個族群就是不同物種。這種繁殖障礙通常是機械性的（有些動物就是「合」不來），或是生化性的（製造不出活胚胎）。

但是在一項關於渥巴赫氏菌（就是前面提到的希律王—泰瑞西斯菌）的實驗中，科學家取得兩群在自然環境中不能繁殖健康後代的黃蜂，這兩群黃蜂都感染了該菌，然後科學家給牠們抗生素。結果，抗生素殺死了渥巴赫氏菌，而突然之間，兩群黃蜂就能交配繁殖了。原來，單靠渥巴赫氏菌，就能將牠們分開。

按照這樣的想法，有些科學家推測，要是HIV眞能達到大規模傳染程度，消滅地球上大部分人口，那麼少數對HIV有免疫力的人（眞的有這種人），可能會演化出一個新的人種。但還是一樣，它取決於有性生殖障礙。這些對HIV有免疫力的人，沒有辦法在不害死對方的情況下，與沒有免疫力的人（也就是我們大部分人）性交。而且，這類結合產下的小孩，也有很大的機會死亡。而像這樣的性交與繁殖障礙，一旦建立起來，就會漸進地、但是無法避免地，將兩個族群分開。更瘋狂的是，身為反轉錄病毒的HIV，未來也有可能將它的DNA，注入這些新種人類的基因組裡，而且是永久性的，就像之前已經這樣做過的許多其他病毒。於是，HIV基因將會永遠地在我們的子孫體內複製，而他們可能完全不知道，該病毒曾經做了什麼歹事。

當然，說微生物滲透進我們的DNA，可能純粹是以族類為中心的偏見說法。某些科學家指出，病毒擁有一項類似日本俳句的品質，是它們的宿主所欠缺的，那就是遺傳物質的濃度。有些科學家甚至認為，DNA最早是在幾十億年前，由病毒（從RNA）創造出來的，而且他們認為，病毒至今仍在發明新的基因。事實上，發現人體有玻納病毒基因的科學家相信，根本不是玻納病毒將這段DNA強塞進靈長類體內，而是我們的染色體偷走了這段DNA。每當我們體內的移動式DNA開始四處遊走時，常常會順手牽羊，帶走其他的DNA碎片，拖著它們一起跑到它要去的地方。玻納病毒只有在細胞核裡才會複製，而那正是我們的DNA所在之處，因此很有可能是我們的移動式DNA在很久以前，成功偷襲了玻納病毒，挾持了它的DNA，在證明它很有用之後，把它留了下來。我之前指控，弓漿蟲從智慧高它許多的哺乳動物宿主身上，偷走多巴胺基因。而且歷史證據顯示也是如此。但是，弓漿蟲主要也是居住在細胞核裡，理論上也沒有理由說，我們不可能從它那裡偷取基因。

很難決定以下哪種情況更惹人反感：第一種情況，微生物比我們的防禦系統聰明，而且出於巧合地，將哺乳動物邁向特定演化進展所必需的新奇基因工具，插進我們的基因組；或是第二種情況，哺乳動物必須和小病菌和平相處，然後再伺機竊取它們的基因。就某些案例而言，這樣做果然帶來進步，幫助我們躍升爲人類。病毒有可能創造了哺乳動物的胎盤，就是孕母與胎兒之間的界面，讓我們能變成胎生，並孕育我們的子女。不只如此，除了製造多巴胺之外，弓漿蟲還能讓人類神經元裡數百個基因的活性升高或降低，改變腦部的運作。玻納病毒也同樣居住在我們的兩耳之間，有些科學家認爲，對於「增加能塑造並運轉腦袋的DNA的多樣性」而言，弓漿蟲可能是重要的來源。這種多樣性是演化的原料，而且將玻納病毒這類微生物在不同的人之間傳來傳去（可能是經由性交），搞不好還能增加某人獲得有益DNA的機會呢。事實上，大部分有提升作用的微生物，很可能都是經由性交而四處傳遞的。意思就是，如果微生物在推動演化方面，眞如某些科學家所猜測的那般重要，則人類變得如此天才，性病可能也功不可沒。事實上，是一路從猿猴傳下來。

正如病毒學家比雅瑞爾（Luis Villarreal）曾經指出的（他這個想法也適用於其他微生物），「其實是我們無能理解病毒，尤其是沉默的病毒，而這一點限制了我們，使我們無法了解它們在所有生物中扮演的角色。只有在現在，基因組的世代裡，我們方有可能更清楚地看出，所有生物體的基因組中，無所不在的足跡。」所以說，或許我們終於也能了解，屯積貓咪的人並非瘋子，或至少不只是瘋狂。在目前上演的這一則有關動物DNA與微生物DNA混合之後的奇妙故事中，他們也是其中的一部分。

8 愛情與返祖現象

哪些基因讓哺乳動物成為哺乳動物？

每年都有成千上萬個嬰兒在大東京地區出生，他們大都不會特別引人注意。在二〇〇五年十二月的某一天，一位名叫麻由美的婦女，經過四十週零五天的懷孕期之後，產下一名女嬰，取名爲美子（基於個人隱私，我用假名稱呼他們一家）。麻由美時年二十八歲，懷孕期間的驗血及聲波圖都很正常。生產過程以及產後也很平常——當然，只除了對於新手父母來說，頭胎從來就不會是平常的事。麻由美以及在加油站工作的丈夫野茂，毫無疑問，在婦產科人員擦拭美子口中的黏液，哄她發出人生第一次啼哭時，必定會像尋常的新手父母一樣，感到忐忑不安。護士幫美子抽血做例行檢查，結果一切正常。他們切除了美子的臍帶，也就是連結她與母親胎盤的生命線，它最後會乾涸，發黑，然後以很正常的方式脫落，留下一個肚臍眼。幾天之後，野茂與麻由美便抱著美子，離開位在千葉的醫院。一切再正常不過。

生產過後三十六天，麻由美的陰道開始出血。許多婦女產後都有陰道出血的現象，但是過了三天，麻由美還出現發高燒症狀。現在多了個小嬰兒需要照顧，他們於是決定夫婦在家裡多待幾天，咬緊牙關想挺過麻由美的病情。但是不到一週時間，麻由美的出血變得無法控制，他們只好回到醫院。由於她的傷口沒有凝結，醫生們懷疑麻由美的血液恐怕有問題。他們幫她做了全套血液檢查，然後靜待結果。

他們等到的不是好消息。麻由美對一種很可怕的血癌呈陽性反應，它的全名是急性淋巴性白血病（acute lymphoblastic leukemia, ALL）。雖說大部分癌症都源於錯誤的DNA——某個細胞漏掉或拼錯了一個A、C、G或T，然後背叛身體——但是麻由美的癌症源頭更為複雜。她的DNA發生了所謂的「費城染色體」易位（Philadaphia translocation，名稱由來是因為它第一次被發現的地點是費城，時間是一九六〇年）。這種易位發生在兩個非同源染色體之間，它們錯誤地發生互換，交換了一段DNA。和一般誤植的突變不同（它們可能發生在任何物種身上），這種大錯誤，通常都發生在具備特化遺傳特徵的高等動物身上。

能製造蛋白質的DNA——也就是基因——其實佔所有DNA的比例並不高，在高等動物，只有約百分之一。摩根的果蠅幫曾經以為，基因在染色體上排列得十分緊密，一個挨著一個，緊得幾乎要凸出來了，就好像阿拉斯加的阿留申群島。事實上，基因在DNA上很稀少，有如散布在廣闊的染色體太平洋上的密克羅尼西亞島。

所以啦，那些多出來的DNA到底在做什麼呢？科學家很早以前就認定，它們什麼事都不做，因此斥之為「垃圾DNA」。這個名字從此就跟定了它們，令它們備受羞辱。但事實上，所謂的垃圾DNA，含有幾千段關鍵的DNA，它們會開或關其他的基因，或是調節其他基因——這些「垃圾」，其實是在管理基因。舉個例子，黑猩猩和其他靈長類的陰莖上，有一根短而硬的腫塊撐著，叫做脊骨（spine）。人類的陰莖上就沒有這玩意，因為在幾百萬年前，我們失去具有調節功能的垃圾DNA上的六萬個字母——否則DNA就會哄勸某些基因（我們仍然具有）去製造那個脊骨。少了這個玩意，除了讓陰道好受一些，還能減低男性行房時的感覺，因此可以拉長性交時間，科學家懷疑，這可能有助於人類的對偶結合（pair-bond），進而維持一夫一妻的關係。還有一些垃圾DNA則能對抗癌症，或是維繫我們的每日生存。

令人讚嘆的是，科學家甚至發現，垃圾DNA——他們現在已經改口稱之爲「非編碼DNA」（noncoding DNA）——還會把基因弄混。細胞將DNA轉成RNA，靠的是死背硬記，一字不漏。但是等到全套RNA手稿完成後，細胞就會瞇起眼睛，拿出紅筆，開始大刪特刪——想像一下，里許（Gordon Lish）如何劈砍卡佛（Raymond Carver）的作品。細胞這樣編輯，主要是刪掉不需要的RNA，然後將剩下的RNA黏起來，做成眞正的信使RNA（令人納悶的是，被刪除的部分稱做「內含子」〔introns〕；被納入的部分反而稱做「外顯子」〔exons〕）。譬如說，同時具備外顯子（以大寫字母來代表）和內含子（小寫字母）的原始RNA排列如下：abcdefGHijklmnOpqrSTuvwxyz。經過編輯，只留外顯子之後，得的是GHOST。

像昆蟲之類的低等動物，只具有幾個短短的內含子；否則，要是內含子太長，或是數目太多，就會把它們的細胞弄糊塗，而無法連續地串連基因。哺乳動物細胞在這方面的天分，就高出許多；我們的細胞硬是有辦法篩選一頁又一頁沒必要的內含子，從來不會弄不懂外顯子要表達的意思。但是，這樣的才能也有缺點。不說別的，哺乳動物的RNA編輯裝置，必須吃力不討好的長時間工作：平均每個人類基因含有八個內含子，每個內含子平均有三千五百個字母——比它們所環繞的外顯子的平均長度，高出三十倍。製造人類最大的蛋白質（titin，肌原纖維蛋白）的基因，含有一百七十八個片段，總共有八萬個鹼基，全部都得精確地連接在一起。還有一個分散得更荒謬的基因——製造肌縮蛋白（dystrophin）的基因，堪稱人類DNA上的傑克森維爾（譯註：美國面積最大的城市之一）——有一萬四千個編碼DNA的鹼基，散布在兩百二十萬個內含子廢物鹼基中。單單轉錄它，就需要十六個小時。總的說來，這樣持續不斷的剪接工作，耗費了不知多少能量，而且稍有閃失，就可能毀掉重要的蛋白質。有一項人類遺傳疾病，就是因為皮膚細胞的基因接合不當，把指紋上的溝槽與螺紋給擦掉了，導致指紋整個消失（科學家幫它取了一個綽號，叫做「入境延期病」，因為發生這項突變的人，在邊境往往會備受騷擾）。其他的接合損傷就更嚴重了；肌縮蛋白上的錯誤，會造成肌肉萎縮症。

動物之所以忍受這樣的浪費與危險，是因為內含子可以為我們的細胞增添多樣性。有些細胞可以不時地跳過外顯子，或是讓部分內含子留在原位，又或是以不同的方式來編輯同樣的RNA。於是，擁有內含子與外顯子，能讓細胞更自由地做實驗：它們可以在不同時間點，製造不同的RNA，或是為體內不同環境，量身打造特定的蛋白質①。單單基於這個原因，哺乳動物就特別學會去容忍大量的超長內含子。

但是，容忍也可能造成反效果，就像麻由美後來發現的。超長的內含子提供了空間，讓非同源染色體也有可能糾纏打結，因為它們不需擔心外顯子會受損。發生費城易位的兩段內含子——一個位於九號染色體，另一個位於二十二號染色體——都長得出奇，因此也增加了這些DNA段落接觸的機率。剛開始，我們那寬宏大量的細胞，對於這樣的易位，不認為有多嚴重，因為它「只是」發生在馬上就要被編輯剪掉的內含子上。但它其實非常嚴重。麻由美的細胞將兩個原本不應融合的基因，融合在一起——於是，這兩個一前一後排列的基因，形成了一個超大的混血蛋白質，然而原本兩個小蛋白質的工作，它都不會做。最後的結果就是血癌。

醫生開始對麻由美施行化學治療，但是他們發現癌症的時機太晚了，她的病情始終沉重。更糟的是，隨著麻由美的病情加重，他們的心思開始打轉：美子的情況如何？急性淋巴性白血病算是發展很快的癌症，但是也沒有快成這個樣子。幾乎可以確定，麻由美在懷美子的時候，就已經羅癌了。所以，小女孩是否也已經從母親那兒「感染到」癌症呢？準媽媽罹癌不算罕見，大約千分之一的懷孕婦女罹患癌症。但是，這些醫生從未看到一個胎兒感染癌症：聯繫母親與胎兒的胎盤，應該會抵抗這類型的入侵，因爲胎盤除了爲胎兒輸送營養以及清除廢棄物之外，還能權充嬰兒部分的免疫系統，阻擋微生物與流氓細胞。

不過，胎盤並非萬無一失的保障——醫生常奉勸懷孕婦女，不要逗小貓玩，因爲弓漿蟲有時候會溜過胎盤，大肆蹂躪胎兒的腦袋。經過一番研究和諮詢專家之後，醫生們明白，在罕見的情況下——自從一八六〇年代記載第一個案例開始，共有幾十樁個案——母親與胎兒同時罹癌。然而，從來沒有人證明這類癌症是傳染的，因爲母親、胎兒與胎盤結合得如此緊密，所有的因與果都交纏在一起了。可能是胎兒把癌症傳給媽媽。可能是兩者都暴露在某種未知的致癌物質。也可能剛好是巧合——兩個與羅癌傾向強烈相關的基因，同時爆發。但是，二〇〇六年在千葉服務的這群醫生，握有前輩所沒有的利器：DNA定序列技術。在麻由美與美子的案例中，醫生利用基因定序，將第一次能夠判斷母親是否會把癌症傳給胎兒。不只如此，這項偵測還能凸顯哺乳動物DNA所獨有的某些功能與機制，這些特性可以做爲跳板，供科學家探討哺乳動物在遺傳上的特殊之處。

當然，千葉的醫生們並沒有想到他們的工作會把他們帶往那樣的境地。他們眼前最關切的是，如何治療麻由美以及監測美子。好在美子看起來似乎沒問題，讓他們鬆了口氣。說眞的，她完全不曉得媽媽爲什麼離開她，而且所有的哺乳——對於哺乳動物的母親與子女來說，哺乳是非常重要的——在化療期間也全都停止了。可以想見她一定會感覺不安。但是除此之外，美子的成長與發育都有達到每個階段的標準，醫學檢驗也都過關。她的情況看起來一切正常。

這樣說可能會嚇到天下所有孕婦，但是我們有充分的理由把胎兒視爲寄生蟲。受孕之後，小胚胎就會滲透進宿主（母親）體內，將自己植入其中。接下來，它會操縱宿主的荷爾蒙，把食物轉給它自己。它會讓媽媽害喜，而且有辦法躲避她的免疫系統，否則早就會被母體的免疫系統消滅了。而我們甚至還沒談到胎盤呢。

在動物界，胎盤其實是界定哺乳動物的特徵②。有些很久以前就和我們分道揚鑣的古怪哺乳動物（例如嘴巴像鴨子的鴨嘴獸）是會下蛋的，就好像魚類、爬蟲、鳥類、昆蟲以及其他所有動物般。但是在大約二一五〇種類型的哺乳動物中，有二千種以上種具有胎盤，包括分布最廣且最成功的哺乳動物，像是蝙蝠、齧齒類以及人類。有胎盤的哺乳動物從剛開始很有限的分布，擴張到大海、天空乃至幾乎所有生態棲位，從熱帶到極地，暗示胎盤爲它們——爲我們——的生存，大大地加分。

胎盤最大的好處，或許在於能讓懷孕的哺乳動物隨身攜帶還在發育中的孩子。這麼一來，孩子便能在子宮裡保暖，她也能帶著孩子逃離危險，這些好處，在水中產卵的魚或是蹲在巢裡孵蛋的鳥兒，都不具備。而且，腹中胎兒還有較長的時間來孕育和發展高耗能器官，例如腦袋；此外，胎盤抽取廢物的能力也有助於頭腦的發育，因爲這樣一來胚胎就不會浸泡在毒物裡了。不只如此，也因爲母親投資了這麼多力氣在發育中的胎兒身上——更別提胎盤令母親感覺到與胎兒的親密連結——哺乳動物的母親，會覺得有意願去撫養和照顧她的子女，有時候甚至一顧就是好幾年（或者起碼感覺有需要嘮叨好幾年）。這項投資的時間長度，在動物界很是罕見，而哺乳動物的子女通常也會投桃報李，與母親形成強烈的連結。就某個角度來說，我們哺乳類就是因爲這個能幹的胎盤，才會成爲有愛心的動物。

然而，更令人感到毛骨悚然的是，胎盤竟然極有可能源自我們的老朋友：反轉錄病毒。但是從生物學家的觀點，這項關聯非常合理。夾緊細胞，原本就是病毒的一大天賦：在注射遺傳物質進細胞之前，它們會先將自己的「外套」（病毒外表的皮膚）與細胞融合。同樣地，當一小球胚胎細胞游進子宮，準備下錨固定時，胚胎也會利用特定的融合蛋白，讓自己的一部分與子宮細胞融合。而且，靈長類、老鼠以及其他哺乳動物用來製造那些融合蛋白質的ＤＮＡ，看起來，也很像是剽竊自反轉錄病毒用來銜接與融合外套的基因。不只是這樣，胎盤哺乳動物的子宮還很會利用像病毒的ＤＮＡ，來幫它做事，用一種特別的跳躍基因，叫做 mer20，來開和關子宮裡的一千五百個基因。看來，擁有這兩個器官的我們，曾經向某種寄生蟲借了一些滿好用的遺傳物質，並讓它適應我們的目的。附帶的好處是，胎盤裡的病毒基因甚至還能提供額外的免疫，因爲反轉錄病毒的蛋白質（不論是藉由警告還是競爭）會讓其他微生物不敢到胎盤這兒來閒逛。

至於胎盤的另一項免疫功能是：它可以過濾試圖侵入胚胎的細胞，包括癌細胞。不幸的是，胎盤的其他特性，卻對癌細胞甚具吸引力。胎盤會製造生長荷爾蒙，促進胚胎細胞的快速分裂，但這些生長荷爾蒙也能讓某些癌症生長繁茂。此外，胎盤還會吸取大量的血液，並抽出其中的營養給胎兒。這意味的是，像白血病這類的血癌，能夠躲藏在胎盤中，大長特長。某些天生設定就是會轉移的癌症，例如皮膚癌的黑色素瘤，進入人體後，便會潛入血液中，而它們發現胎盤眞是個好客的好地方。

事實上，黑色素瘤是最常見的母親與胎兒同時罹患的癌症。史上第一個記載的母親與孩子同時罹癌，發生在一八六六年的德國，一枚四處流浪的黑色素瘤，隨機地住進母親的肝臟以及孩子的膝蓋中。兩人都在九天內過世。另一個可怕的案例發生在一名二十八歲的費城婦女身上，她的醫生幫她取了個假名叫「梅凱」（R. McC）。一切要從梅凱在一九六〇年四月被嚴重曬傷說起。曬傷後沒多久，她的肩胛之間長出一顆半英寸長的黑痣。她只要一碰到這顆痣，就會流血。醫生幫她切除這顆痣，然後大家就把它給忘了，直到一九六三年五月，當時她懷有幾週的身孕。在某次檢查時，醫生留意到她腹部皮膚下有一顆小瘤。到了八月，那顆小瘤擴張速度甚至比她的肚皮還要快，而且其他會疼痛的小瘤也陸續冒出來。次年一月，病變已經蔓延到她的四肢和臉部，醫生幫她開刀，準備進行剖腹生產。腹中男嬰看起來很好——足足七磅重，也就是十三盎司。但是他母親的腹部長了幾十個腫瘤，有些是黑色的。不出所料，生產將她剩餘的少許精力耗費一空。產後不到一個鐘頭，她的脈搏就掉到每分鐘三十六下，雖然醫生一再搶救，幾週之後她還是去世了。

梅凱的兒子呢？剛開始滿有希望的。即便癌症在梅凱體內四處蔓延，但是醫生在她的子宮或胎盤裡——她與兒子的接觸點——都沒有看到腫瘤。而且，雖然他也很虛弱，可是仔細掃瞄他全身所有裂縫與凹陷處，都沒有看到可疑的痣。但是他們無法檢查他體內。十一天後，深藍色的小點開始在新生兒的皮膚上冒出頭來。情勢急轉直下。腫瘤迅速擴張、倍增，七週之後就要了他的命。

麻由美罹患的是白血病，而非黑色素瘤，但是她位在千葉的家人，卻在相隔四十多年後，重演了梅凱的悲劇。在醫院裡，麻由美的情況一天天惡化，她的免疫系統因三週的化療而脆弱不堪。最後她終於感染了某種細菌，罹患腦炎而病倒。她的身軀開始抖動——這是因爲腦部恐慌與無法點火所致——她的心肺雙雙衰竭。即使送進加護病房，她還是在感染腦炎的兩天之後去世。

更慘的是，二〇〇六年十月，在埋葬妻子九個月之後，野茂又回到當初那家醫院，這次帶著美子。這名一度活潑健康的小女娃，肺部充滿了液體，而且更麻煩的是，一顆紅澄澄的肉瘤出現在她的右臉頰與下巴上。在進行核磁共振掃瞄時，這個還沒生長發育完全的面頰顯得其大無比——和美子的小腦袋一樣大（試試看，盡量吸氣來擴展你的臉頰，而那樣的程度比起美子還差得遠）由於腫瘤位在臉頰內側，醫生們診斷它是肉瘤（sarcoma），一種結締組織的癌症。但是因爲想到麻由美的關係，他們前去請教東京與英格蘭的癌症專家，最後決定要篩檢該腫瘤的DNA，看能不能有更多的發現。

他們發現費城易位突變，而且不是隨便一種費城易位，是一模一樣的費城易位。這個互換發生在兩個極長的內含子上，其中一個具有六萬八千個字母，位於某條染色體上，另一條染色體上的內含子，則具有二十萬個字母（本章約有三萬個字母）。這兩條染色體的手臂，原本可能在其餘兩千個點上進行互換。但是麻由美與美子的癌症DNA，卻在同一個點、同一個字上進行互換。這絕不是巧合。雖說美子的癌症位在臉頰內，但基本上是同一個癌症。

但是，這個癌症是由誰傳給誰？科學家先前從未解過這種謎；就連梅凱的例子也很模糊，因爲致命的癌症是在懷孕後才開始的。醫生取出美子出生時剪下的染血臍帶，發現癌症在那個時候就有了。更進一步的基因檢查發現，美子的正常細胞（非癌症細胞）並沒有顯示費城易位突變。所以美子沒有繼承到這種癌症的罹病傾向——它出現的時間點，是在從受孕到四十週後分娩這段期間。不只如此，正如科學家所料，美子的正常細胞還顯示出來自父親與母親雙方的DNA。但是她臉頰內的腫瘤細胞，卻不含野茂的DNA；它們全都來自麻由美。這一點毫無疑問地證明了，是麻由美將癌症給了美子，而不是反過來。

然而，對這些科學家來說，任何可能的勝利感都被沖淡了。就像醫學研究常出現的，最有趣的案例，往往來自最可怕的苦難。而且史上每一樁母親與胎兒同時罹癌的案例，通常兩者都會很快地過世，往往不超過一年。麻由美已經走了，現在醫生開始爲十一個月大的美子安排化療，並不樂觀的機率，想必也讓他們心情沉重。

處理這個案例的遺傳學家心中一直覺得，有些事情怪怪的。在本案例中，癌症的傳播基本上只是從某人到另外一人的單次細胞移植。如果美子從母親那兒得到某個器官，或是得到一些組織植入她臉頰，她的身體應該會把它們當成異物來排斥。然而，癌症卻可以在美子體內安身立命，沒有引發胎盤的警鈴，也沒有觸怒美子的免疫系統。怎麼會這樣？最後，科學家在費城易位突變的一段ＤＮＡ上，找到答案，那個區域被稱爲ＭＨＣ（major histocompatibility complex，組織相容複合體）。

早在林奈時代，生物學家就已經發現，列出哺乳動物之所以成爲哺乳動物的特徵，是件有趣的事。我們可以從養育方式談起——它源自拉丁文裡的「乳房」（mamma）。乳汁除了提供營養之外，還能將吸母乳的寶寶體內的幾十個基因給活化，主要是在腸道裡，但也可能在其他位置，例如腦袋。這樣說，並不是想嚇唬準媽媽，但是人工配方的嬰兒奶粉，不論其碳水化合物、脂肪、蛋白質、維生素乃至口味，和母乳有多相似，就是沒辦法以同樣方式幫寶寶的ＤＮＡ加油。

哺乳動物的其他特徵，還包括我們的毛髮（就連鯨魚和海豚都有一個條碼頭），我們獨有的內耳與下巴結構，以及我們在吞嚥食物前的咀嚼習慣（爬蟲類可沒有這種禮儀）。但是，就微觀層次，搜尋哺乳動物起源的一個好地方，就是組織相容性複合體，簡稱ＭＨＣ。幾乎所有脊椎動物都有一個ＭＨＣ，也就是一組能輔助免疫系統的基因。但是ＭＨＣ對於哺乳動物來說格外寶貴。它是人體內基因含量最密集的一段ＤＮＡ，超過一百個基因，塞在一小段區域裡。而且，就像我們具有內含子與外顯子編輯設備，我們也具有比其他動物更爲精緻和廣闊的ＭＨＣ[3]。在這一百個基因中，有些基因在人體內具有一千種不同的版本，提供實際上無限種遺傳組合。就連血緣親近的兩個人，其ＭＨＣ都可以有相當大的差異，至於在一般沒有親屬關係的人之間，這些差異更大，是其他大部分ＤＮＡ段落差異的一百倍。科學家有時候會說，人類有超過百分之九十九的遺傳物質都是相同的。但那可不包括ＭＨＣ，它們不相同。

ＭＨＣ蛋白基本上就做兩件事。首先，它們會隨機捉住細胞內的某個分子樣本，然後放在細胞表面。這樣做，是爲了讓其他細胞（尤其是「劊子手」免疫細胞）知道這枚細胞內部的狀況。如果劊子手看到ＭＨＣ抱的只是普通分子，就不會理睬該細胞。如果它看到不正常的物質——像是細菌碎片、癌症蛋白，或是其他違法的信號——它就會出手攻擊。ＭＨＣ的多樣化，在此對哺乳動物大有助益，因爲不同的ＭＨＣ蛋白能抓住不同的危險，對它們發出警示，因此，哺乳動物的ＭＨＣ愈是多樣，該動物能對抗的東西也愈多。最關鍵的是，ＭＨＣ和其他遺傳特性不同，ＭＨＣ基因不會彼此干預。孟德爾之所以能看出第一個顯性特徵，是因爲某些版本的基因會「勝過」其他版本的基因。然而ＭＨＣ卻不同，所有版本的該基因，都是獨立作業，沒有哪個基因會遮蓋過其他基因。它們一起合作；它們一起當顯性。

至於它們的第二件更富哲理的工作是：讓我們的身體分辨自體與非自體。在抓住蛋白碎片的時候，ＭＨＣ基因會令每顆細胞表面長出小小的鬚毛；由於每隻動物都有獨特的ＭＨＣ基因組合，這種細胞鬚毛也將擁有獨特的色澤與鬈曲。任何進入身體的非自體入侵者（像是來自動物或其他人的細胞），當然也有它們自己的ＭＨＣ基因，能長出它們獨有的鬚毛。而我們的免疫系統是這麼地精準，能夠馬上認出那些鬚毛是不同的，而且馬上出動大軍追殺入侵者，就算那些細胞沒有露出生病或寄生的徵兆。

摧毀入侵者通常是好事。但是，ＭＨＣ的警覺性也具有一項副作用，那就是排斥移植器官，除非接受移植者服用壓制免疫系統的藥物。有時候，甚至連服藥都沒有用。移植動物的器官給病人，可以減輕全球長久以來捐贈器官匱乏的問題，但是動物的ＭＨＣ是這麼地奇怪（對人類來說），我們的身體一看到它們，就要排斥。我們甚至連外來動物器官周邊的組織與血管，也一併消滅，就好像是撤退的士兵將作物燒燬，以免敵人能利用它們來補充營養。醫生只有全面癱瘓移植者的免疫系統，方能讓狒狒的心臟及肝臟，在人體內存活幾週，但是到頭來，MHC總是能高奏凱歌。

基於類似的原因，MHC對哺乳動物的演化也造成一些困難。坦白說，哺乳動物媽媽絕對有權利攻擊彷彿異物般的胚胎，既然它有一半的DNA（也就是一半的MHC）不屬於她。幸好有胎盤出面調停，限制胚胎與外界接觸。血液可以流進胎盤，但是沒有血液能真正穿透進胚胎，只有營養能進去。如此一來，像美子這樣的小寶寶，對於麻由美的免疫細胞來說，應該有如隱形才對，而且麻由美的細胞應該也不能進入美子體內。就算有幾粒細胞溜過胎盤門禁，美子自身的免疫系統應該也能認出，這是外來的MHC，然後將它們消滅。

但是，當科學家仔細檢查麻由美癌化的血液細胞時，他們發現，這些細胞要不是這麼惡毒的話，簡直聰明得令人佩服。在人類，MHC位於第六號染色體的短臂上。科學家注意到，麻由美癌細胞中的這根染色體短臂，甚至比原有的長度更短——原來該細胞刪除了它自己的MHC。某些不知名的突變早已將它從基因群中刪去。這使得它們對外界來說，彷彿是隱形的，因此胎盤和美子的免疫系統都沒能辨識出它們。她沒有辦法搜索出證據，證明它們是外來物質，更別說看出它們暗藏了癌症。

於是，總的說來，科學家能夠追蹤出兩個原因，造成麻由美的癌細胞入侵：一個是費城易位突變，使得它們變成惡性細胞，另一個則是MHC突變，使得它們有如隱形，得以侵入並窩藏進美子的臉頰。以上兩者的發生機率都很低;兩者同時發生在一名剛好懷孕的婦女的同一個細胞裡,機率更是超低。但並非零。事實上,科學家現在懷疑,大部分史上所記載的母親將癌症傳給胎兒的案例,恐怕都有類似的情況,使得MHC失能或受損才造成的。

如果我們對線索追蹤得夠遠,MHC可以幫忙更進一步釐清麻由美、野茂以及美子一家人的故事,這條線索要回溯到我們剛剛成爲哺乳動物的年代。發育中的胚胎必須指揮每個細胞內的一整團基因交響樂團,鼓勵某些DNA演奏得大聲些,其他單位則要降低聲量。在懷孕初期,胚胎裡最活躍的基因,是哺乳動物從那些會下蛋的、爬蟲似的老祖先那兒繼承到的基因。翻閱生物學教科書,觀看鳥類、蜥蜴、魚類、人類以及其他動物的胚胎早期,相似度是多麼地驚人,眞是一趟令人謙卑的體驗。我們人類的胚胎,早期甚至還有鰓裂與尾巴呢——眞眞實實地來自我們動物背景的返祖現象(atavism)。

幾週之後,胚胎要爬蟲基因閉嘴,轉而開啓一群哺乳動物特有的基因,然後過不了多久,胚胎就開始有點兒人模人樣了。然而,即使在這個階段,如果適當的基因仍然緘默或是被扭傷,返祖現象(也就是遺傳大倒退)還是可能出現。有些人天生就有多餘的乳頭,和家裡養的母豬一樣④。這些多餘的乳頭通常是沿著身軀上的「乳線」(milk line)垂直往下長,但是它們出現的距離,甚至可以遠到腳底。其他有些返祖基因會讓人全身長出毛髮,包括臉頰與前額。科學家甚至還能區分(請原諒以下這些含有輕蔑意味的名詞)「狗臉」(dog-faced)與「猴臉」(monkey-faced)皮毛,依據的是這些毛髮的粗細、色澤與其他特質。嬰兒如果缺少第五號染色體末端的一小段DNA,

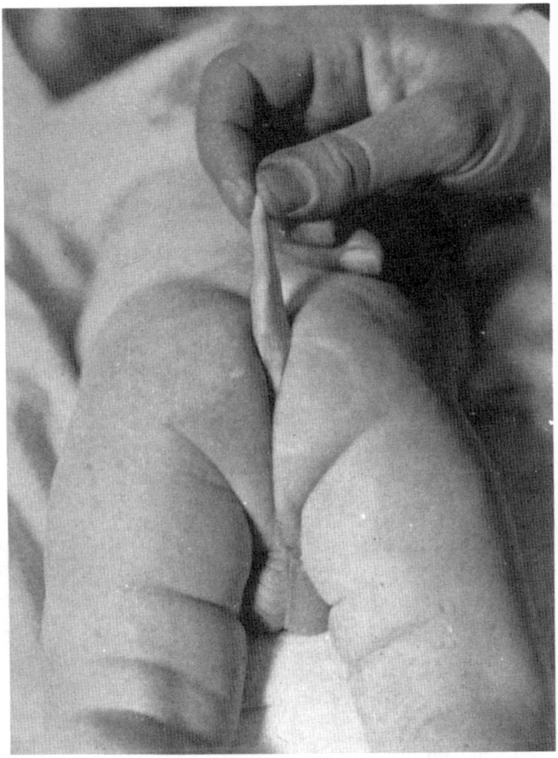

這名健壯的小男嬰出生時就有一條尾巴——來自我們猿猴背景的一項遺傳倒退。（圖片來源：Jan Bondeson, *A Cabinet of Medical Curiosities*）。

會發生所謂的貓哭症（cri-da-chat，或是 cry of the cat）症候群，名稱由來是因爲他們會發出宛如貓兒叫春的聲音。有些孩子出生就有尾巴。這些尾巴——通常位在屁股正中央——含有肌肉與神經，長度大約五英寸，厚度約一英寸。有時候，尾巴是某些隱性遺傳疾病的副作用，那些遺傳疾病會造成各種結構上的毛病，但是尾巴也可能只是一個奇怪的特性，出現在正常孩童身上。小兒科醫師曾經報告，這些小男孩或小女孩可以捲起他們的尾巴，有如大象捲鼻子，而且這些孩子在打噴嚏或咳嗽時，尾巴會不自主地收縮⑤。不過話說回來，所有胚胎在六週大的時候，都有尾巴，但是通常在八週時消失，因爲尾巴細胞會死亡，而身體也會吸收多餘的組織。尾巴持續存在，可能是因爲某些自發的突變，但有些長尾巴的孩子，確實也有拿掉尾巴的親戚。他們大都是在出生後就切除了這個無害的附屬肢體，但也有人並不在意，直到成年之後才來處理。

我們都有其他的返祖現象潛伏在體內，只等待適當的基因訊號來喚醒它們。事實上，有一項返祖現象是誰也逃不掉的。在受孕差不多四十天後，人類胚胎就會在鼻腔內，發育出一條約〇．〇一英寸的管子，兩旁各有一道裂縫。這項原始的梨鼻器（vomeronasal organ）結構，在哺乳動物當中甚爲普遍，可以幫忙描繪周邊世界。它的功能好像備用的鼻子，只不過它不像嗅覺動物的鼻子，用來聞氣味（煙味、食物腐爛的味道等），梨鼻器偵測的是費洛蒙。費洛蒙是一種類似荷爾蒙的模糊氣味；只不過荷爾蒙是對我們身體內部發出指令，而費洛蒙則是對其他同類發出指令（或至少是眨眼或意味深長的一瞥）。

由於費洛蒙能夠幫忙導引社交互動，尤其是親密接觸，關掉某些哺乳動物的梨鼻器，有可能造成尷尬的後果。二〇〇七年，一群哈佛大學的科學家修改了某些母老鼠的基因，讓牠們的梨鼻器失去效力。當這些老鼠獨處時，一切都沒有改變——牠們的行爲很正常。但是，當科學家將正常母鼠放進來，基因改動過的母鼠立刻衝過去，彷彿古羅馬人對待薩賓婦女般。牠們騎在那些正常的母鼠身上，儘管缺乏適當的性器官，仍然扭動臀部，做出交配的動作。這群古怪的母老鼠，甚至發出彷彿雄鼠性高潮時會有的呻吟聲。

相較於其他哺乳動物，人類比較不依賴氣味；在我們的演化歷程中，我們喪失了或關閉了六百個一般哺乳動物的嗅覺基因。但是即使這樣，我們的基因還能打造出犁鼻器，就更令人驚訝了。科學家甚至偵測出，胎兒的犁鼻器有神經直通腦部，而且看到這些神經細胞來回發送信號。但是基於未知的原因，即便這樣大費周章地建造出這個器官，而且還幫它接線，我們的身體卻不在意這項第六感官，而且在十六週之後，它就開始枯萎。到了成年期，它縮回的程度之大，惹得多數科學家都在爭辯人類是否眞的擁有一個犁鼻器，而非是否擁有一個具備功能的犁鼻器。

關於人類犁鼻器的爭辯，還落入另一個更大也更不體面的歷史性辯論，關於氣味、性與行爲之間的關聯。佛洛伊德的瘋狂友人弗立斯（Wilhelm Fliess）醫生，在一八〇〇年代末，把鼻子封爲全身最有影響力的性器官。他的「鼻反射神經官能症理論」是一盤沒有科學根據的大雜燴，融合了命理學、自慰與月經的傳聞、假想中的鼻內性點地圖，以及一些奇怪的實驗（將古柯鹼輕搽在人們的黏膜上，然後觀察他們的性慾）。然而，他在解釋人類性事方面的失敗，並沒有降低他的地位；恰恰相反，他的研究影響了佛洛伊德，而且佛洛伊德還允許他幫自己的病人治病，治療他們對手淫的沉溺（有些人認爲，其中包括佛洛伊德本人）。弗立斯的想法最後終於過氣了，但是屬於僞科學的性學卻沒有過氣。最近幾十年來，小商人忙著兜售號稱富含費洛蒙的香水與古龍水，聲稱它們會令人具有性感磁力（嘿，別忘了呼吸）。一九九四年，美國軍方有一位科學家向空軍申請七百五十萬美元的經費，要發展以費洛蒙爲基礎的「同志炸彈」（gay bomb）。他在申請書上，將這項武器描述成一種「令人作嘔、但是完全不會致命」的戰爭形式。費洛蒙將被噴灑在（主要是男性的）敵軍上空，而這種味道不知怎地會令他們突然性慾大增，把武器一扔，開始尋歡作樂，不再作戰（細節顯然很不完全，至少除了科學家本人的幻想之外，沒有太多別的）。這時，我方健兒（戴著防毒面具）登場，就可輕鬆地將敵人全數拿下⑥。

除了香水和同志炸彈外，有些正統科學研究也發現，費洛蒙確實可以影響人類行為。四十年前，科學家確定，費洛蒙能令同住的婦女生理期調整為同一天（這可不是都會傳奇）。雖然我們可能不願意把人類的愛情貶低為化學反應，但證據顯示，人類的天性慾望——或是講得文雅些，就是吸引力——帶有很強烈的嗅覺成分。古老的人類學書籍（更別提達爾文本人）都曾津津樂道地描述說，在沒有發展出親吻習俗的社會裡，準戀人通常會聞嗅對方而非親吻對方。再回到近代，瑞典醫生曾經做過一些實驗，可以呼應哈佛大學的老鼠實驗。首先，醫生讓異性戀女子、異性戀男子以及同性戀男子，聞嗅一種存在男性汗水中的費洛蒙。在聞嗅的時候，腦部掃瞄顯示，異性戀女子和同性戀男子性慾稍微增強（但是異性戀男子沒有）。之後再進行相對的實驗，證明女性尿液中的費洛蒙，能令異性戀男子與同性戀女子性慾增強（但是不包括異性戀女子）。看來，性傾向不同的人的腦袋，對於兩性的氣味，確實會產生不同的反應。這一點並不能證明，人類擁有具備功能的犁鼻器，但是它暗示了，我們還保有部分費洛蒙偵測能力，或許是藉由基因把它的責任轉移到我們常用的鼻子上。

有關氣味能影響人類性慾的最直接證據，應該是來自——我們最後又繞回了老地方——MHC。不管你喜不喜歡，每當你舉起手臂，你的身體就會大力宣傳你的MHC。人體胳肢窩上聚集了高密度的汗腺，而與它所分泌的水、鹽、油脂相混合的，正是「能夠精確宣告此人擁有什麼樣MHC基因」之費洛蒙（這些MHC基因能保護他們抵抗疾病）。像這樣的MHC廣告，會飄進我們的鼻子裡，然後鼻細胞就能分析對方的ＭＨＣ和你的差異有多大。這一點能幫助我們判斷配偶，因爲你能估算出你們將來的子女可能有多健康。不要忘了，ＭＨＣ基因是不會彼此干擾的——它們具有共顯性。於是，媽媽和爸爸如果具有很不相同的ＭＨＣ，寶寶就可以遺傳到兩人加總起來的疾病抵抗力。能抵抗愈多的疾病，將來對寶寶當然就更有利。

這些資訊在滲透進我們的腦袋時，是沒有意識的，但是，當我們突然覺得某個陌生人沒來由地性感時，就是它在通知我們。在沒有測試的情況下，當然我們還沒有辦法確定這一點，但是這種情況發生時，有很大的機會，他（或她）的ＭＨＣ與你的差異顯著。一些不同的研究發現，讓女子聞嗅一群從未謀面的男子在睡覺時穿著的Ｔ恤，她會將具有怪異ＭＨＣ（相對於她的ＭＨＣ來說很怪異）的男子評等爲最性感。當然，其他研究也顯示，在一個已經是基因多樣化的地區，例如部分非洲地區，具有差異極大的ＭＨＣ，並不能增加吸引力。但是，在基因同質性高的地區，像是美國猶他州，ＭＨＣ與吸引力的關聯就能存在。這項發現或許也有助於解釋，爲什麼我們會覺得與兄弟姊妹——因爲對方的ＭＨＣ和我們最爲相似——發生性關係，是那麼令人厭惡了。

再說一次，把人類愛情貶低爲只是化學反應，是沒有道理的；愛情的複雜遠遠超過這些。但是，我們與其他哺乳動物的差別，或許也不及我們想像中那麼大。化學物質確實能預備和促進我們的愛情，而最強有力的化學物質，莫過於宣傳ＭＨＣ的費洛蒙了。如果兩位來自基因同質性很高的地區的人——譬如麻由美和野茂——他們相遇，相愛，決定要生一個孩子，就我們目前能提出的生物學理解釋，他倆的ＭＨＣ很可能與他們的結合有關。然而，這也令人更覺苦澀，因爲就是失去那段造就了癌症的MHC，才幾乎毀了美子。

幾乎。母子同時罹癌，雙方的存活率都極低，即便現代醫學比起一八六六年已經進步許多。但是美子和母親不一樣，她對治療的反應很好，部分是因爲醫生能夠幫她量身打造療法，專門對付她的腫瘤DNA。美子甚至不需要接受痛苦的骨髓移植，雖說大部分罹患她這種癌症的孩童，都需要做這種手術。而且直到今天（但願好運長存），美子還活著，快要滿七歲了，住在千葉。

我們不認爲癌症是一種會傳染的疾病。然而，在子宮裡的雙胞胎，可以把癌症傳給對方；器官移植可以把癌症傳給接受移植的人；而且母親也能將癌症傳給還沒出生的子女——即使有胎盤的保護。但還是一樣，美子證明了，染上一枚癌症細胞，即使是在胚胎時期，也不見得就會致命。而且像她這樣的案例，不只讓我們更加了解MHC在癌症中的角色，也證明了胎盤比大部分科學家所認爲的更容易穿透。「在我覺得，或許一直有少量細胞能穿透（胎盤），」美子醫療團隊的一位遺傳學家說。「這些罕見的醫學案例能讓你學到許多東西。」

事實上，其他科學家也正在努力證明，我們大部分人（如果不是所有人）體內都私藏著幾千個來自母親的細胞，是在胚胎時期偷渡進來的，然後窩藏在我們的重要器官中。而每一位做母親的，幾乎可以確定，也從肚中每一名子女身上，偷走了一些紀念品細胞。這類發現，替我們的生物學開啓了一些新面向；正如一位科學家所好奇的，「要是我們的腦袋不完全是我們自己的，那麼，我們在心理學上的自我，又是由什麼構成的？」更切身的是，這些發現顯示，即使在一名母親或子女死亡後，其細胞還是可以存活在對方身上。這又是哺乳動物特有的母子關係的另外一個面向了。

9 人猩，以及險些釀成的災難

人類何時與猴子分手，為什麼？

上帝知道人類的演化不會停在皮毛、乳腺以及胎盤上。我們也是靈長類——雖說在六千萬年前，這並不是什麼值得誇口的事。最早的靈長類很可能重量不超過一磅，或是壽命不超過六年。牠們可能住在樹梢上，只會跳來跳去，不會大步行走，專門獵食不比昆蟲大多少的小東西，只有在夜間才敢爬出牠們的小窩。但是，這群半夜抓蟲子吃的膽小鬼，時來運轉，繼續演化。幾千萬年之後，一些比較聰明的、拇指對生的、會擂胸脯的靈長類，在非洲崛起，其中一支靈長動物還真的站了起來，並且用兩腳行走，開始橫越非洲大草原。科學家熱切地研究這項進展，抽絲剝繭，以尋求人之爲人的線索。回頭看這整個場景——《國家地理雜誌》影片中的連續畫面：人類站起身，甩掉身上的毛髮，棄絕外突的下巴——我們一想到人類的崛起，就忍不住有些洋洋自得。

但是，人類的崛起固然珍貴，我們的DNA——就像羅馬時代跟隨在凱旋將軍身後的奴隸——卻在我們耳邊竊竊私語，**別忘了，你們只是凡人**。事實上，從類猿猴祖先轉變爲現代人的過程，比我們所知道的更爲緊張。刻畫在我們基因裡的證據暗示，人類命脈差點就要滅絕，而且是好幾次；大自然幾乎要把我們一筆勾消，就像對待乳齒象、渡渡鳥一樣，壓根就不關心我們的偉大計畫。再看看我們的DNA序列，到現在還和所謂低等靈長動物如此類似，這種類似，與我們天生的眞命天子感覺（不管怎樣，我們就是比其他動物來得高等）互相牴觸，更是令人加倍地謙卑起來。

要證明我們有這種天生高人一等的感覺，其中一項證據在於，我們對於「將人類組織與其他動物組織混合」所抱持的厭惡心態。但是，史上有一些認眞的科學家都曾經嘗試過製造人類與動物的嵌合體，其中觸動最高級警報的代表作，首推一九二〇年代，俄國生物學家伊凡諾夫（Ilya Ivanovich Ivanov）令人毛骨悚然的實驗計畫，他想要嘗試把人類基因與黑猩猩基因結合起來，而且這個計畫還獲得史達林本人的首肯。

伊凡諾夫的科學生涯始於一九〇〇年左右，曾經和生理學家巴夫洛夫一起工作（沒錯，就是那個讓狗狗流口水的科學家），之後轉換跑道，變成世界有名的家畜人工授精專家，尤其擅長馬匹。伊凡諾夫親自製作這項研究所需要的工具，一種可以吸收精子的特製海綿，以及將精子傳送到母馬體內的橡皮導管。他在國家種馬牧場待了十年，這個官方機構專門提供漂亮的馬匹，給當時掌權的羅曼諾夫王朝。就當時緊繃的政治局勢而言，不難想像羅曼諾夫家族爲何會在一九一七年被推翻。等到布爾什維克黨人取得政權，成立蘇聯之後，伊凡諾夫便失業了。

令他處境更艱辛的是，當時大部分人都認爲人工授精是件可鄙的事，腐化了天然交配之道。即便是當時最擅長此道的專家，也要花費長得荒謬的時間，來營造有機性愛的氛圍。一位名醫會守在一對不孕夫婦的臥室門口，透過鑰匙孔竊聽兩人行房，然後手持一管精子衝進房間，把丈夫推到一邊，將精子噴射到太太的體內——以哄騙她的卵子，以爲這一切都發生在自然交配的過程中。梵諦岡在一八九七年明文禁止天主教徒施行人工授精，而蘇聯的希臘正教也同樣鄙視任何進行人工授精的人士，例如伊凡諾夫。

但是這種來自宗教的緊張氣氛，最後反倒幫了伊凡諾夫。即使受困在家畜群中，伊凡諾夫還是能夠以更寬廣的角度，來看待自己的研究——除了製造更優良的牛羊之外，也能藉由將不同物種混合成胚胎，來探究達爾文與孟德爾的生物學基本理論。畢竟，他只要用海綿與導管，就能越過阻撓這項任務的障礙，隨意哄騙任何一種動物來進行交配。自從一九一〇年，伊凡諾夫就在仔細思考達爾文演化論的終極考驗：人猩（humanzees），最後他在一九二〇年代初（與那位熱愛蘇聯的果蠅專家繆勒討論過之後）終於鼓起勇氣，申請進行這項計畫。

伊凡諾夫向當時負責掌管蘇聯科研經費的教化部人民委員提出申請。這名委員原本是劇場和藝術專家，沒怎麼理會這份申請報告，但是其他位居要津的布爾什維克黨員，卻在伊凡諾夫的想法中，看出一些展望：這是羞辱宗教（蘇聯的死對頭）的一個大好機會。這些深謀遠慮的人指出，繁殖人猩，對於「我等解放工人脫離教堂權威的計畫與權力鬥爭」，至爲關鍵。表面上基於這個理由，蘇聯政府在一九二五年九月——剛好是美國斯科普斯案（Scopes trial）之後幾個月——贊助伊凡諾夫一萬美元（相當於現今的十三萬美元）來研究該計畫。

伊凡諾夫有充分的理由相信這個研究可能成功。當時的科學家已經知道，人類與靈長類的血液顯示出很高的相似度。更令人興奮的是，出身俄國的同行福羅諾夫（Serge Voronoff）正在進行一系列轟轟烈烈而且看似很可能成功的實驗；藉由移植靈長動物的腺體和睪丸到老年的男人體內，來恢復他們的雄風（謠傳愛爾蘭詩人葉慈也接受了這個療程。其實他沒有，但是人們會相信這些胡說，多少也顯示了葉慈的風評與為人）。福羅諾夫的移植手術似乎證明了，至少在生理上，低等靈長類與人類的區隔並沒有太大。

另外，伊凡諾夫也知道，差異很大的物種都有可能交配繁殖。他本人就曾經混種過羚羊與母牛，天竺鼠與兔子，以及斑馬與驢子。除了取悅沙皇和他的爪牙（這一點很重要），這類研究也證明了，親緣關係已經分開了數百萬年的不同物種，還是有可能交配產下子女，而且其他科學家後來做的一些實驗，也得到更進一步的證明。幾乎所有你能想像的組合——獅子與老虎，綿羊與山羊，海豚與殺人鯨——科學家都曾經做過。沒錯，這些混種動物有些無法生育，是遺傳上的死巷。但只有部分如此：生物學家發現，野外也有許多奇異的混種交配，而且超過三百種哺乳動物會進行天然的遠系繁殖（outbreed），其中三分之一能產下有生育力的子代。伊凡諾夫狂熱地相信雜交繁殖，而且在添加了一些馬克思主義的唯物論到他的推測裡之後——人類不會這麼不通情理，不會不願降低身分與黑猩猩為伍——他的人猩實驗看起來就更可行了。

科學家甚至到現在都不確定，人猩是否至少有可能存在，不論它有多麼令人厭惡或是可能性有多低。在實驗室裡，人類精子能夠穿透某些靈長動物的卵子外層，這是受精的第一步，而人類與黑猩猩的染色體，巨觀上看起來也很相像。更嚇人的是，人類DNA與黑猩猩DNA甚至很喜歡與對方作伴呢。你若是用兩者的DNA來調製一種溶液，然後加熱讓它們的雙股螺旋分開，人類的DNA會毫不遲疑地擁抱黑猩猩的DNA，而且在溶液冷卻後，還會扣上拉鍊。它們就是這麼地相像①。

一隻現代的斑驢（zonkey），由斑馬與驢子混種而來。伊凡諾夫在進行人猩實驗之前，曾經培育出斑驢（他稱之爲 zeedonk）以及諸多其他的混種動物。（圖片來源：Tracy N. Brandon）

不只如此，有幾位靈長動物遺傳專家認爲，我們的祖先在獨立成一個物種之後許久，仍然回頭與黑猩猩交配過。而且，根據他們備受爭議但堅持己見的理論，我們與黑猩猩的交配時間之長，遠超過大部分人感覺自在的程度，爲期一百萬年。果眞如此，我們與黑猩猩的最後決裂，將是一場複雜、混亂的分手，而且不是一場絕對無法避免的分手。要是事情往另一個方向發展，咱們的性癖好可能早已將人類血脈給磨蹭光了。

理論如下：七百萬年前，發生了一些未知的事件（也許是大地震，震出一道大裂縫；也許有一半的人在某天下午出外覓食的時候，走失了；也許是一場雞毛蒜皮的爭執，愈演愈烈），將一小群靈長類區隔出來。經過世世代代的分隔，這兩群各自生活的猩猩與人類的老祖先，會各自累積賦予他們特色的突變。到這裡爲止，內容都不出標準生物學範圍。然而，比較不尋常的是，想想看，經過一些年代之後，這兩組人馬再度團圓的樣子。還是一樣，理由仍然是現在無法猜測的；可能是一次冰河期摧毀了他們大部分的棲息地，把他們趕到一片狹小的樹林裡避難。但不管怎樣，我們不需要提出任何奇想，接下來發生的事，色情文學家薩德（Marquis de Sade）的那套動機可以解釋。如果感覺寂寞，或是數目過少，早期原人在兩組人馬重逢時，可能會很歡迎對方回到他們的床上——縱使已在一百萬年前就發誓和對方斷絕往來。一百萬年，現在看起來可能有如永遠，但是對兩種原始動物而言，他們之間的遺傳差異，比許多現在異種雜交的動物還要小。所以這樣的異種雜交，可能會製造出相當於靈長類的「騾子」，甚至還能繁殖出有生育力的混血兒。

就在這裡，對於原始人來說，埋伏著一大危機。科學家至少知道有一個靈長類的案例（獼猴），當兩個長期分離的物種再度開始交配後，融合成一個物種，而兩個物種之間原有的特殊差異都被消滅了。我們與黑猩猩間的異種雜交，可不只是週末玩玩，或是打情罵俏；它既漫長又複雜。如果我們的祖先曾經說，管他去，咱們和原始黑猩猩安定下來吧，我們人類所獨有的基因，同樣會被淹沒在共通的基因庫裡。這裡要講的不全是優生學，但是這麼一來，我們眞的會把自己給幹掉。

當然，這些都是先假設：黑猩猩與人類在分手又重逢之後，便睡在一起了。所以，這個罪狀的證據到底在哪裡呢？它們大都藏在我們的性染色體裡，尤其是X染色體。但這是一個很微妙的案例。

當女性混血兒出現生育問題，缺陷通常能回溯到，因爲她們從某個物種繼承到一根X染色體，然後又從另一個物種繼承到另一根X染色體。不管是什麼原因，染色體不相配，就沒有辦法繁殖。不相配的性染色體，對雄性的打擊甚至更大：如果一根X和一根Y分別來自不同物種，幾乎可以確定，他們只能發射空包彈。但是對一個群體的生存而言，女性不孕的問題更大。少數有生殖力的雄性，就能讓許多雌性受孕，但是有繁殖力的雄性再多，也無法彌補低落的雌性繁殖力，因爲雌性生一個孩子的速度，就只能這麼快。

在這裡，大自然的解決之道是滅種（genocide）。說得好，gene-o-cide（基因的殺滅）：大自然會消滅異種雜交裡所有可能出現的不相配，手段是：根除其中一個物種的X染色體。至於她會根除哪一個物種，並不重要，反正其中一個必須滾蛋就對了。這是一場消耗戰，千眞萬確。決定因素在於一堆混亂的細節，像是有多少原始黑猩猩與原始人類雜交，然後產下的第一代混種又是與誰相交配，之後他們的差別出生率與差別死亡率又如何——基於以上種種因素，某個物種的X染色體，可能剛開始在基因庫裡的數目就會比較高。然後在接下來的世代中，具有數量優勢的X染色體會慢慢地扼殺另一種X染色體，因爲混血兒可以和具備類似X染色體的個體，進行遠系繁殖。

請注意，對於非性染色體，這裡並沒有類似的消滅壓力。那些染色體並不在意與來自非同種的染色體配對（又或是，就算它們在意，它們之間的拌嘴，也不會妨礙它們生孩子，而DNA就只在乎能不能生孩子）。結果，混血種和它們的後代的體內，可能充滿了不相配的非性染色體，但還是活得好好的。

科學家在二〇〇六年終於明白，這種性染色體與非性染色體之間的差別，可能可以解釋一個很有趣的人類DNA特性。原始黑猩猩與原始人類在最初的分手之後，應該就會踏上不同的道路，然後開始在每一根染色體上累積不同的突變。而他們確實是這樣做了，大部分都有。可是，當科學家仔細檢查現在的黑猩猩與人類，卻發現兩者X染色體的相似程度，勝過其他染色體。看起來，DNA時鐘似乎對X染色體重新設定過；它還保有少女時代的容顏。

我們都聽說過，根據統計，我們的DNA編碼區域有百分之九十九與黑猩猩相同，但那只是平均數，整體的估算。它掩蓋了另一個事實：人類與黑猩猩的X染色體（對伊凡諾夫的實驗最爲關鍵的這根染色體）看起來甚至更爲相似。對於這種相似性，其中一個解釋爲：異種交配以及隨後產生的一場消耗戰，可能消除了其中一種X染色體。事實上，這正是爲什麼科學家會想出原始人類曾與原始黑猩猩交配的理論。即使他們也承認這種說法有點怪異，但他們實在想不出還有什麼別的解釋，能說明人類與黑猩猩的X染色體差異，爲何不及其他染色體。

然而，Y染色體相關研究的結果，與X級（限制級）的人類黑猩猩雜交證據，互相牴觸，也滿適當的（就兩性戰爭來說）。還是一樣，科學家曾經相信Y染色體——在過去三億年間，萎縮得非常厲害，如今只剩下這麼一小段染色體殘株——基因再這樣繼續減少下去，終有一天會完全消失。但事實上，自從人類發誓不與黑猩猩攪和（或是顛倒過來）之後，Y染色體在短短幾百萬年間，進行了快速的演化。Y染色體上具有能製造精子的基因，而精子的製造，是淫蕩動物的一個激烈競技場。許多不同的原始男士會與每位原始女士交配，因此每位男士的精子，時時刻刻都得在女士的陰道內，與其他男士的精子角力（此話不太中聽，但事實就是如此）。若想保障自己的優勢，其中一條演化策略就是：每次射精時，都要製造大量的精子。當然啦，要做到這一點，需要複製和運送大量的DNA，因爲每個精子都需要裝載一整套基因。而複製的次數愈多，突變出現的機率也愈大。這是簡單的數字遊戲。

然而，這些無可避免的複製錯誤，對X的折磨，卻比其他所有染色體來得輕微，主要原因在於我們的生殖生物學。製造卵子和製造精子一樣，都需要複製和輸送許多DNA。女性的每根染色體數目都相等：兩根一號染色體，兩根二號染色體，以此類推，直到最後的兩根X染色體。所以在製造卵子時，每一根染色體，包括X染色體，得到複製的機會都相同。至於男性，從一號到二十二號染色體，也都各具兩根。但是他們沒有兩根X染色體，而是一根X和一根Y染色體。於是，在製造精子時，X染色體被複製的機會，就比其他染色體來得少，它的突變也會比較少。也因此，X染色體與其他染色體上的突變差距將會擴大，尤其是在男性開始製造大量精子之後（因爲Y染色體引爆了精子競賽）。於是，某些生物學家辯稱，X染色體上的突變顯得較少，並非黑猩猩與人類可能有一段不正當的性關係，而純粹是出於我們的基礎生物學的結果，因爲X染色體的突變本來就應該比較少[2]。

不論孰對孰錯，這方面的研究已經漸漸動搖了「Y染色體是哺乳動物基因組中的不適者」的舊觀念；它的說理還滿複雜的。但是對人類來說，很難講修正後的歷史是否比較好。這種必須發展出高繁殖力精子的壓力，在黑猩猩群比在人類群中高，因爲雄黑猩猩與不同性伴侶交配得更爲頻繁。演化對此的回應是，從頭到尾重新打造黑猩猩的Y染色體。重新打造得如此徹底，事實上——大部分人可能不願意相信——黑猩猩在演化上，早已將我們男人遠遠拋在背後了。黑猩猩就是擁有更強悍、更聰明也更有方向感的小精子，至於人類的Y染色體，相形之下，便是一副過了氣的模樣。

但是DNA就是這樣——令人自慚形穢。正如一名Y染色體專家所說的，「當我們在幫黑猩猩的基因組定序列時，人們以爲我們將會了解人類爲何擁有語言，而且還會寫詩。但是結果發現，其中一項最戲劇性的差異，在於精子的製造。」

就DNA的角度來討論伊凡諾夫的實驗，似乎顯得有些過時。但是在他那個年代，科學家已經知道，染色體負責將遺傳資訊傳遞給後代，也知道來自父方與母方的染色體必須相容才行，尤其是它們的數目。根據壓倒性的證據，伊凡諾夫認定黑猩猩與人類的生物特性夠相像，足以把他們送作堆。

申請到經費後，伊凡諾夫透過巴黎一名同行的安排，到殖民地法屬幾內亞（現在的幾內亞）的一家靈長類研究站去工作。研究站的情況很糟糕：黑猩猩被關在露天的籠子裡，餐風宿露，而且當地盜獵者捕捉回來的七百頭黑猩猩，過半都因疾病或疏於照顧而死亡。然而伊凡諾夫還是徵召他的兒子（另一位名字裡有三個i的仁兄：Ilya Ilich Ivanov）前來幫忙，搭船往返於俄國、非洲與巴黎之間。伊凡諾夫父子最後終於在一九二六年十一月抵達悶熱的幾內亞，準備開始做他們的人猩實驗。

由於捕捉到的黑猩猩太年輕，還沒有發育成熟，無法受孕，一連好幾個月，伊凡諾夫每天都在檢查她們的陰部，看看初經來了沒有。在這同時，新抓到的黑猩猩也不停地往這兒送，直到一九二七年的情人節。伊凡諾夫必須小心地秘密行動，以免招來幾內亞人的憤怒質疑，由於當地有混血怪獸的傳說，人與靈長動物交配，對當地人來說是一大禁忌。但是到了二月二十八日，總算有兩隻雌黑猩猩的月經來了，她們的名字是芭比塔（Babette）和席薇塔（Syvette）。次日早晨八點，在拜訪過當地某位匿名的捐精者之後，伊凡諾夫父子來到黑猩猩籠門口，隨身帶著一管精子。另外，他們還攜帶了兩把白朗寧手槍：伊凡諾夫二世曾經被黑猩猩咬傷而住院好幾天。不過父子倆最後並不需要動用到手槍，因為他們把芭比塔和席薇塔綁在網子上，多多少少算是強暴了這兩隻黑猩猩。不過兩名處女黑猩猩還是拚命掙扎，伊凡諾夫只能設法將注射器裡的精子灌進她們的陰道，而非比較理想的受孕地點子宮。毫不令人驚訝，這次實驗失敗了，幾週之後，芭比塔和席薇塔的月經又來了。接下來的那幾個月，許多年幼的黑猩猩都死於痢疾，伊凡諾夫在那年春天只設法再幫一隻母猩猩做了一次實驗（這回她被下藥）。這次實驗仍舊失敗，意味著伊凡諾夫將無法帶著活生生的人猩返回蘇聯，去爭取更多的研究經費。

或許是因為擔憂教化部人民委員不會給他第二次機會，伊凡諾夫開始尋求新的研究計畫以及研究管道，有些是秘密進行。在前往非洲之前，他曾經協助蘇聯興建第一座靈長類研究站，地點在蘇呼米（Sukhumi），位於現今的喬治亞，是蘇聯帝國境內少數幾個亞熱帶氣候的地區，而且剛好就是蘇聯新領袖史達林的故鄉。另外，伊凡諾夫也對富裕但有點瘋癲的古巴社交名媛阿布瑞尤

（Rosalía Abreu）大獻殷勤，後者在哈瓦那的私有土地上，闢建了一個私人靈長動物保護中心——部分是因為她相信黑猩猩具有通靈能力，而且值得保護。阿布瑞尤原本答應提供場地，讓伊凡諾夫做實驗，但後來又反悔，因為擔心報社會聞風而來。她的擔心很正確。《紐約時報》果然聽到風聲，原來是伊凡諾夫有幾位美國支持者，向喜好出鋒頭的「美國無神論促進協會」（American Association for the Advancement of Atheism）請求贊助，於是該協會樂得大肆宣傳。《紐約時報》的報導③惹火了三K黨，寄信警告伊凡諾夫，不要在大西洋的這一邊進行他的魔鬼研究，因為那是「對造物者的大不敬」。

同時，伊凡諾夫也發覺，要讓一大群黑猩猩後宮佳麗保持健康與安全，實在太過昂貴與煩人，因此他想出一條妙計，將實驗程序翻轉過來。靈長動物群中的雌性，生孩子的速度很有限，但是一隻具有繁殖力的雄性，不花什麼力氣就能到處播種。與其供養多頭母黑猩猩，準備受孕人類精子，伊凡諾夫決定，不如只養一頭雄黑猩猩，然後讓人類女性來受孕。就這麼簡單。

為達成這個目的，伊凡諾夫秘密地聯絡上一位剛果的殖民地醫生，要求對方讓他幫病患授精。當這名醫生問說，憑什麼認為他的病患會同意這麼做，伊凡諾夫解釋，他們不會告訴病人真相。醫生對這個答案表示滿意，於是伊凡諾夫迅速轉換陣地，從法屬幾內亞跑到剛果，那兒看似一切就緒。然而，就在實驗即將開始的最後一刻，當地政府出面干涉，通知伊凡諾夫不得在醫院內進行他的實驗：他必須到戶外去做。對於這項干涉深感忿怒的伊凡諾夫拒絕這樣做；他指出，不夠衛生的環境會傷害到他的研究以及病患的安危。但是政府的態度很堅定。伊凡諾夫在日記中聲稱，這次災難是一次「重大的打擊」。

直到他待在非洲的最後幾天，他還在繼續尋求授精的女性，但是毫無結果。一九二七年七月，他終於離開法屬幾內亞，決定不要在遙遠的異鄉鬼混了。他要把實驗搬回在蘇呼米新成立的蘇聯靈長類研究站去執行。另外，他還要避開豢養一個母黑猩猩後宮的麻煩，改為尋找一位可靠的猛男黑猩猩，然後再設法哄勸一些蘇聯婦女與牠繁殖。

如同他所擔憂的，伊凡諾夫這個逆轉後的實驗很難找到贊助經費，但是唯物論生物學家協會（the Society of Materialist Biologists）還是把伊凡諾夫的研究，視為一項適當的布爾什維克目標，掏錢贊助他。然而，在他開始研究前，蘇呼米的靈長動物卻在那年冬天紛紛病倒，而且一命嗚呼（雖說按照蘇聯標準，蘇呼米的氣候十分宜人，但是對於原產於非洲的靈長類來說，它終究是太偏北方了）。幸運的是，熬過來的這一頭靈長動物是雄性——一頭名叫泰山的二十六歲雄猩猩。現在，伊凡諾夫只缺女性人類成員了。不過，官方通知伊凡諾夫，不得提供金錢酬勞給代理孕母。她們必須是志願者，完全出於對蘇聯的理想主義的熱愛（一份不及金錢實際的回饋）。這麼一來又拖延了進度，但還是一樣，到了一九二八年春天，伊凡諾夫找到了他的目標。

關於她的名字，我們只知道一個「G」字。她究竟身材苗條還是肥胖，滿臉雀斑還是皮膚白皙，是一位夫人還是一名女傭，我們都一無所知。我們所知道的，只有一封令人心碎而且語焉不詳的信件，是她寄給伊凡諾夫的：「親愛的教授：我的人生已經毀了，我看不出再活下去有何意義……但是當我想到，我還能對科學盡一點力，就鼓起勇氣與您聯絡。我請求您，不要拒絕我。」

伊凡諾夫向她保證，絕對不會拒絕她。但是，當他安排好要將G帶到蘇呼米去進行人工授精時，泰山突然因腦出血而死亡，而且也沒有人來得及先幫牠採精。實驗再一次延宕。

蘇聯生物學家伊凡諾夫比所有科學家都更爲激進，他曾試圖讓靈長動物與人類混種。（圖片來源：Institute of the History of Natural Sciences and Technology, Russian Academy of Sciences）

而這一次，是永遠延宕了。在伊凡諾夫找到另一隻猿猴之前，蘇聯秘密警察搶先在一九三〇年，以不明原因將他逮捕，並流放到哈薩克（官方罪名是最好用的那一條：「反革命分子活動」）。年過六十的伊凡諾夫，就像他那些靈長動物一樣，進了監獄，而他的健康也愈來愈差了。他在一九三二年洗清罪名，但是就在他出獄的前一天，他竟然和泰山一樣，腦內出血。幾天之後，他便加入泰山，進入天堂裡那個龐大的靈長類研究站。

自從伊凡諾夫死後，他的科學研究便瓦解了。少有其他科學家具備像他那樣的靈長動物人工授精技巧，也沒有一個科學先進國家像蘇聯那般樂意踐踏所有倫理守則，來贊助這樣的研究（雖然憑良心說，即使是強硬派的政治局官員，一聽到伊凡諾夫透露，他想要偷偷地對剛果醫院裡的女病患進行黑猩猩的人工授精時，都覺得想吐）。實際上，自一九二〇年代之後，科學家就沒有再進行人猩混種研究了。換句話說，伊凡諾夫最想問的問題依舊無解：G是否眞能和泰山這樣的野獸繁殖，生下一個孩子？

就某方面來說，或許是。在一九九七年，紐約有一名生物學家申請專利，項目是一套「能將人類與黑猩猩的胚胎細胞混合起來，並植入代理孕母體內，讓她受孕」的流程。該生物學家認爲，這套計畫在技術上是可行的，雖然他自己從未打算製造一隻人猩嵌合體；他只是希望先發制人，防範將來某個邪惡的傢伙搶先取得這項專利（專利局在二〇〇五年拒絕他的申請，其中一個理由是，申請擁有半人類的專利，違反美國憲法第十三修正案所規定的「禁止蓄奴以及擁有另一個人類」）。不過，這套流程其實不需要眞正的混種——它並沒有眞的將兩個物種的DNA混合起來。因爲在這套流程中，黑猩猩與人類的胚胎細胞是在受精之後，才接觸到對方；所以這個身體內的每一個細胞，都保有完整的黑猩猩或是人類的天性。這個動物將只是一個拼湊體，而非混種體。

如今科學家能夠輕易地剪接一點人類DNA到黑猩猩的胚胎裡（或是倒過來），但是這在生物學上，頂多只是小小地動個手腳。眞正的混種，需要老式的百分之五十對五十地混合精子與卵子，而且你要是去問當今有點來頭的科學家，他們幾乎全都會押注「人類與黑猩猩不可能受精」。不說別的，在每種動物體內，負責形成合子並要它開始分裂的分子，都不一樣。就算人猩的合子眞的形成了，人類與黑猩猩在調節DNA方面，也大不相同。因此，要讓所有DNA合作，同步開啓或關閉基因，以便製造適當的皮膚與肝臟，尤其是腦細胞，將會是非常艱困的任務。

懷疑人類與黑猩猩能否繁殖下一代的另一個理由是，這兩個物種的染色體數目不相同，這個事實是在伊凡諾夫的年代之後，方才浮現的。在二十世紀大部分時候，想正確計算出某物種的染色體數目，困難得令人驚訝。窩在細胞核裡的DNA，一向彼此纏繞得很厲害，只除了細胞分裂前的短暫時刻，它們才會壓縮成完整的染色體形狀。而且染色體還有另一個壞習慣，在細胞死亡後，它們會融成一團，讓人更難計算它們的數目。因此，最容易計算染色體的數目的材料，莫過於剛剛還活著、而且經常在分裂的細胞樣本——例如雄性生殖腺裡負責製造精子的細胞。要取得新鮮的猴子睪丸並不困難，即便是在一九○○年代早期（天知道他們殺了多少猴子），於是生物學家判定我們最親近的靈長類親戚，像是黑猩猩、猩猩、大猩猩，全都具有四十八根染色體。但是，因爲太多顧忌，收集新鮮的人類睪丸就困難多了。在那個年代，人們不會捐出自己的身體供做科學研究，有些急切的科學家——就好像文藝復興時代去盜墓的解剖學家——往往喜歡在城中的絞刑台附近流連，準備伺機收割死刑犯的睪丸，因爲再沒有別的管道能取得新鮮的樣本。

也因爲這種艱困的環境，人類染色體數目的研究始終不夠完全；大家揣測介於十六根到五十幾根之間。而且，即便其他種類動物的染色體都是固定數目，某些自認有義務支持種族理論的歐洲科學家聲稱，亞洲人、黑人與白人顯然具有不同數目的染色體（至於他們認爲哪個人種的染色體最多，想也知道）。德州生物學家佩因特——他後來發現果蠅唾液腺細胞中的巨大染色體——最後終於在一九二三年，以一項決定性的研究，殺死了這個染色體數目不同的理論（但是佩因特並沒有依賴刑法體系來收集原始材料，他的好運在於，先前教過的一名學生在瘋人院工作，有管道接觸剛剛被去勢的住院者）。但是即便在佩因特最好的抹片上，人類細胞的染色體數目看起來還是不清楚，只知道若非四十六，就是四十八。佩因特實驗做了又做，從各個不同角度數了又數之後，還是沒法決定。最後，或許是擔心如果他不能至少假裝知道，論文會被回絕。因此佩因特壓下了自己的困惑，深深吸口氣，然後用猜的——猜錯了。他說，人類具有四十八條染色體，而這個數字，馬上就被奉爲標準數值。

三十年過後，由於更好的顯微鏡被發明出來（更別提，限制研究人體組織的禁令鬆綁），科學家總算更正了這項大錯誤，而到了一九五五年，我們都知道人類具有四十六條染色體。但是一如往常，每解開一個謎團，只不過又開啓了另一個謎團，因爲現在科學家必須努力尋思，爲何咱們人類的染色體會少了兩條呢。

令人驚訝的是，他們判定這個流程始於一個類似費城易位的突變。差不多在一百萬年前，在某一個關鍵的男人或女人體內，原本第十二與第十三號染色體（它們在許多現代靈長動物體內，依然是第十二與十三號染色體）終端位置手臂交纏在一起，試圖交換遺傳物質。但事後它們沒能乾淨利落地分手，反而黏在一起。它們在終點處融合，就好像一根皮帶扣住另一根皮帶似地。這根合成的染色體最後變成人類的第二號染色體。

像這樣的融合其實並非罕見——大約每千次生產，就會出現一次——而且大部分終端相連的融合都不會受到注意，因爲它們不會影響個體的健康（染色體終端通常沒有基因，因此不至於引起破損）。然而，發現這樣的融合會自己產生，還是不足以解釋，人類染色體爲何從四十八掉到四十六。一次融合會讓某人帶有四十七條染色體，而非四十六條，而同一個細胞裡發生兩個完全相同的融合，機率更是微乎其微。而且，即使染色體變成四十七條，此人還是必須將基因傳給後代，又是一個重大障礙。

科學家最後終於想出事件的始末。讓我們先回到一百萬年前，當時大部分原始人類都具有四十八根染色體，然後假設有一個小子具有四十七根條染色體。還是一句老話，一條端點融合的染色體，並不會妨礙小子日常的健康狀態。但是，奇數染色體卻會損及他的精子生存能力，理由很簡單（如果你喜歡把這人想成女性，此一推理同樣適用於卵子）。假設這樣的融合使得小子擁有一條正常的12號染色體，一條正常的13號染色體，以及一條12-13混合染色體。在製造精子的某個時間點，他的身體勢必得將這三條染色體分給兩個細胞，我們如果計算一下，就會發現其實只有幾種可能的分法。可能是｛12｝和｛13、12-13｝，也可能是｛13｝和｛12、12-13｝，或是｛12、13｝與｛12-13｝。最前面四種精子，要不是少一條染色體，就是某條染色體多出一份，對於胚胎來說，基本上就像是一個氰化物膠囊，是致命的。最後兩種組合擁有正常小孩應該有的ＤＮＡ。但是，唯有第六種精子才能將小子的融合染色體傳到下一代。因此，總的說來，按照機率，小子有三分之二的子女會胎死腹中，而且只有六分之一的子女能遺傳到他的融合染色體。但是，遺傳到融合染色體的孩子，將來在生育時，又會碰到同樣的機率問題。對於傳播融合染色體來說，這可不是理想的配方——再說，即使一切順利，染色體數目仍然是四十七，而非四十六。

在這裡，小子需要的是一個也具有同樣融合染色體的女件，我們姑且稱之「丫頭」。現在，兩個具有相同融合染色體的人相遇而且一起生小孩的機率，看起來可能小得不能再小。確實如此——除非是在近親交配的家族。親戚擁有的相同基因夠多，因此，某人若有某根融合染色體，其堂表兄弟姊妹、同父異母（或同母異父）兄弟姊妹也擁有相同融合染色體的機會，不見得會低到接近零。不只如此，雖說小子與丫頭生下健康寶寶的機率還是不高，但是基因輪盤每轉動三十六下（1/6×1/6=1/36），就會產生一名遺傳到父母**雙方**的融合染色體的孩子，使得他（或她）具有四十六根染色體。現在終於有回報了：小子二世與他的四十六根染色體，在生孩子方面，將更爲容易。還記得嗎，染色體融合本身並不會讓人失能，也不會損及相關染色體上的DNA；世界上有許多健康的人都具有染色體融合。只是在生育方面會比較棘手，因爲染色體融合有可能導致胚胎的DNA不足或過量。但是，由於小子二世具有偶數染色體，他將不會產生不平衡的精子細胞：每個精子都擁有足量（只是包裝方式不一樣）的DNA，剛好可以發育成一個完整的人。這麼一來，他所有的孩子都會很健康。等到他的孩子也開始生兒育女——尤其是，對象如果爲具有四十六或四十七根染色體的親戚——這種染色體融合就會開始散播了。

而且科學家也知道，以上的場景不只是假設而已。二〇一〇年，一名醫生在中國鄉下發現了一個具有同族（血緣相似者）通婚史的家族。在這個家譜的各個重疊分支中，他發現一名男性擁有四十四條染色體。在這個家族裡，形成融合染色體的是十四號與十五號染色體，而且和前面所舉的小子與丫頭例子相符，他們以前也發生過很多流產與小產。但是從那些災難的殘骸中，產生了一個染色體少兩條、但是完全健康的男子——自從一百萬年前，我們的祖先踏上四十六條染色體之路以來，這是第一個已知染色體穩定下降的例子④。

因此，就某方面來說，佩因特也沒有錯：就我們的靈長動物歷史期間，大部分時候，人類的染色體數目都和許多靈長動物一樣。而且直到轉變之前，伊凡諾夫渴望繁殖的混血動物是大有可能的。擁有不同的染色體數目，不見得一定會妨礙交配；譬如馬有六十四條染色體，驢子只有六十二條。但是話說回來，當染色體不相等時，分子齒輪的運轉確實不會那麼順暢。事實上，佩因特那篇研究是在一九二三年發表的，剛好就在伊凡諾夫開始他的實驗之前。要是佩因特當時猜測的是四十六條染色體，而非四十八條，對於伊凡諾夫的期望或許會造成重大打擊。

或許失望的不只有伊凡諾夫。這個問題到現在還有爭議，大部分史學家都將它視爲傳說，再不然就是純粹的詐騙。但是根據俄國科技史學家挖出來的蘇聯舊檔案，伊凡諾夫的研究經過史達林本人批准。這倒滿奇怪的，因爲史達林一向痛恨遺傳學：他後來還縱容他的科學打手李森科（Trofim Lysenko），將孟德爾遺傳學逐出蘇聯，而且也因爲中了李森科思想的毒害，忿怒地駁回繆勒所提出來的改良蘇聯公民的優生計畫（繆勒嚇得趕緊腳底抹油，來不及跑的同事們則被槍斃，因爲他們是「人民的公敵」）。史達林這種前後不一的態度——支持伊凡諾夫傷風敗俗的計畫，但卻堅決反對繆勒的提議——令幾位蘇聯史學家猜測（但是都還沒有經過證明），史達林夢想著要把伊凡諾夫的人猩當作奴隸來使喚。這項傳說在二〇〇五年大爲流行，當時英國一份報紙《蘇格蘭人》（*Scotsman*），經過一連串轉來轉去的資料來源後，引用了不具名人士的一段話，說是出自史達林之口：「我想要一種新的、銳不可當的人種，對痛苦不敏感，對飲食不挑剔，而且有抵抗力。」就在同一天，英國《太陽報》也指稱史達林曾經說，他認爲如果人猩「具備無窮精力以及……

一顆尚未發育完全的腦袋」，那就再好不過了，可能是因爲這麼一來，他們就不會群起造反，或是受不了苦而鬧自殺。很顯然，史達林想要派遣這些野獸去建造穿越古拉格的西伯利亞鐵道（人類史上最浪費公帑的計畫之一），但是他的首要目標，應該是爲了補充紅軍人數，他們因爲一次大戰（以及大部分俄國戰爭）而折損嚴重。

史達林批准贊助伊凡諾夫，是不爭的事實。但是這個事實也不能說明什麼，因爲他批准贊助的科學家不下數百人。再說我也沒有找到扎實的證據——或任何證據——能證明史達林曾肖想擁有一支人猩大軍（而且他也沒有如某些人所揣測的，計畫採集人猩的腺體，然後移植到自己以及其他蘇聯高官體內，以追求長生不老）。但還是一樣，我必須承認，猜測這些事情眞是太有趣了。如果史達林眞的對伊凡諾夫的實驗，懷抱著詭異的興趣，那或許可以解釋，爲何就在史達林剛剛鞏固政權並決定重建軍隊之際，伊凡諾夫就獲得贊助。或是，爲何伊凡諾夫把靈長類研究站設立在喬治亞——史達林的故鄉。或是，爲何秘密警察要在伊凡諾夫實驗失敗後，將他逮捕，以及爲何伊凡諾夫不准付錢給代理孕母，而是必須尋找因爲熱愛祖國蘇聯所以甘願獻身的志願者——反正在養育之後，她們就必須將親生的「兒子」或「女兒」交到史達林老爹手裡。假使眞是這樣，國際局勢就更精彩了。史達林會不會派遣猴子大隊到北極去侵略北美洲？希特勒如果知道史達林會如此污染高加索人種，他還會與蘇聯簽訂互不侵犯條約嗎？

然而，假使伊凡諾夫眞的創造出人猩，老爹盤算的軍隊計畫可能還是會失敗。不說別的——姑且不論訓練半猩猩去開坦克或使用衝鋒槍會有多困難——單單蘇聯的嚴寒氣候，恐怕就要把他們全數殲滅了。伊凡諾夫的靈長動物待在有棕櫚樹的喬治亞海岸，已經因爲該地太過偏北而受苦，就算與人類混血成功，能否在西伯利亞存活，或是撐得住一開打就是幾個月的壕溝戰，恐怕也大有疑問⑤。

史達林眞正需要的，其實不是人猩，而是尼安德塔人——高大，兇惡，已經適應冰河氣候的多毛原始人。但是，當然啦，尼安德塔人已經在幾萬年前絕種了，什麼原因還不清楚。有些科學家一度相信，是我們藉由戰爭或種族屠殺，把他們逼上絕路的。這個理論後來不流行了，換成競爭食物或是氣候變遷理論走紅。但是，極有可能情勢並沒有非得發展成「我們存活，而他們滅絕」不可。事實上，在我們大部分的演化期間，我們人類可能就像伊凡諾夫的靈長動物一般嬌嫩和脆弱：氣候驟寒、喪失棲息地以及天然災害，似乎都能一再地重創我們的族群數目。而且這段歷史一點都不久遠，我們直到現在還要應付它們帶來的影響。注意到了嗎，又一次地，我們才解釋完一道人類DNA之謎：近親繁殖的家族爲何可能少掉兩條染色體？又挑起了另一道謎：新的DNA如何會成爲全體人類的標準？有可能是古代的十二與十三號染色體融合後，創造出全新的基因，讓該家族取得生存優勢。但是也可能沒有。更有可能的解釋是：我們都遭遇到一個基因瓶頸（genetic bottleneck）——某件事物將地球上所有人都消滅一空，只除了少數族裔，而那些純屬好運活下來的人，他們所帶有的基因便廣爲散布。有些物種在遇到基因瓶頸時，會被逮個正著，無法脫身——看看尼安德塔人的下場。我們人類，就像我們的DNA上的疤痕所證明的，勉強通過一些相當驚險的基因瓶頸，而且可能差一點就要加入我們那些粗眉毛的兄弟們，被掃進達爾文的垃圾桶。

PART III

基因與天才

人類如何變得如此人類？

10 猩紅字 A's，C's，G's 與 T's

為何人類幾乎絕種？

油炸脆鼠片。美洲豹肉排。犀牛派。象鼻。鱷魚早餐。鼠海豚頭薄片。馬舌。袋鼠火腿。

沒錯，巴克蘭（William Buckland）的居家生活有點古怪。去過他牛津住家的訪客，有些人最難忘他家的前門廊，活像地下室墓穴，兩旁排滿了猙獰的化石動物頭骨。有些人則記得活蹦亂跳的猴子四處亂盪，或是一隻戴著方帽子、身披學位服的寵物熊，又或是天竺鼠躲在餐桌下，偷咬客人的腳尖（至少是在某個午後家中鬣狗將牠壓扁之前）。同爲一八〇〇年代的博物學家，則記得巴克蘭下流的爬蟲類性行爲演講（雖說不見得都受得了他；達爾文覺得他是個小丑，《倫敦時報》則輕蔑地說，巴克蘭「在女士面前」應該要檢點些）。而牛津居民絕對不會忘記，他在某年春天露了一手表演藝術的特技，用蝙蝠糞在草地上寫下「G-U-A-N-O」（海鳥糞肥料），以宣導蝙蝠糞很適合做爲肥料。那個字，果然在整個夏季都是綠油油的。

但是大部分人最難忘的，還是巴克蘭的飲食。身爲恪守聖經的地質學家，巴克蘭很喜歡諾亞方舟的故事，於是他把方舟裡的動物都吃下肚，這個習慣他稱之爲「食肉性」（zoophagy）。任何野獸的肉或液體，都適合消化，不論是血、皮、軟骨，還是更糟的東西。有一次巴克蘭去參觀教

巴克蘭幾乎吃遍了動物界。(圖片來源：Antoine Claudet)

堂，當地牧師洋洋得意地展示神蹟的殉道者之血，每晚都會從椽上滴下來等等，誰知巴克蘭馬上趴到石板地上，用舌頭去舔那塊污跡。舔了幾下之後，巴克蘭宣稱，「這是蝙蝠尿。」他的舉動可把牧師嚇壞了。總的說來，巴克蘭發現很少有動物是進不了肚皮的：「原本鼴鼠的味道是我所知最難吃的，」他有一次這麼說。「直到後來我吃了一隻紅頭麗蠅。」①

巴克蘭或許是在某些歐洲偏僻角落採集化石的時候，因爲食物有限，而觸發了他的食肉性。也有可能只是一時衝動的計畫，想要深入他所挖出的絕種動物骨骸的內部。不過，最可能的狀況是，他就只是喜歡吃烤肉，而且直到老年還保持這種高度肉食行爲。但是就某方面來說，巴克蘭的飲食最驚人之處，並不在於多樣化。眞正驚人的，在於他的腸道、血管與心臟，竟能消化如此多的鮮肉，而且經過幾十年也沒有硬化成十九世紀人體解剖展覽的標本。換做咱們的靈長類堂兄弟，吃這樣的飲食絕對活不成，還差得遠了。

猿猴類的臼齒和胃，都適合吃多漿的植物食材，而且牠們在野外也以吃素爲主。有幾種靈長類，例如黑猩猩，平均每天確實也會吃幾盎司的白蟻或其他動物，而且牠們也喜歡偶爾逮一些毫無抵抗力的小型哺乳動物來大快朵頤。但是對大部分的猴子與猿類來說，高油脂、高膽固醇的飲食，會破壞牠們的內臟，而且惡化起來的速度，比起現代人可要快多了。被人捕獲的靈長動物，如果固定吃肉（以及乳品），最後往往會在籠中喘氣，牠們的膽固醇會飆高到三百，動脈壁上堆滿了脂肪。我們的原始人祖先當然也吃肉：他們留下太多石頭砍刀，散落在成堆的大型哺乳動物骨頭邊，不可能都是巧合。但是千萬年以來，早期人類因爲愛吃肉所受的苦，恐怕也不比猴子少——他們是在非洲大草原上漫遊的舊石器時代貓王。

所以啦，從那時到現在，從古代非洲到牛津的巴克蘭，這期間究竟有什麼東西改變了？答案是，我們的 DNA。自從與猩猩分手之後，人類的脂蛋白元 E 基因（apoE gene）發生了兩次突變，讓我們具有很不相同的版本。整體而言，它是嫌疑最大的人類「吃肉基因」候選人（但不是唯一的候選人）。第一次突變，提升了殺手血液細胞的能力，它們會攻擊微生物，譬如逗留在滿嘴鮮肉裡的致命微生物。同時，它也保護我們免於慢性炎症，也就是微生物感染沒有清除乾淨所造成的附帶組織損傷。不幸的是，脂蛋白元 E 基因可能是以我們的長期健康，來交換眼前的利益：

我們能吃更多的肉，但是這些肉會讓我們的動脈看起來好像黃油罐頭。不過，算我們運氣好，在二十二萬年前，第二個突變出現了，它幫助我們分解兇險的脂肪與膽固醇，使我們不會未老先衰。更重要的是，由於它能清除體內的飲食毒素，讓細胞更健康，骨頭更緻密與堅固，不至於中年就斷裂，更加保護我們不致早夭。所以，即使早期人類比起他們吃水果的堂表兄弟，飲食有如放縱的羅馬人狂歡宴會，但是在脂蛋白元E基因與其他基因的協助下，他們的壽命反而加倍。

不過，在我們互道恭喜，慶幸我們比猴子先拿到脂蛋白元E基因之前，有幾點需要先釐清。首先，帶有陳年刻痕的骨頭以及其他考古證據顯示，我們開始踏上吃肉的不歸路，是在抵抗膽固醇的脂蛋白元E基因出場之前，至少早了二百五十萬年。所以說，幾百萬年以來，我們要不是頭腦太鈍，沒能看出吃肉與早夭有關，不然就是生活太慘，不吃肉無法獲得足夠的熱量，或是太過殘酷放縱，即使曉得吃肉會害死自己，也停不下來。更丟臉的是，早期脂蛋白元E基因所暗示的殺菌特性。考古學家發現四十萬年前的削尖的木製矛頭，顯示有些洞穴人在那個時候就已經會帶醃肉回家了。但是在那之前呢？缺乏適當的武器，加上脂蛋白元E基因能夠抵抗微生物——這麼說吧，微生物在腐爛的肉片上，繁殖得最興旺——就暗示了，原始人類是吃腐屍和剩菜的。我們充其量只是等在一旁，讓其他動物去擊倒獵物，再跳出來把牠們嚇跑，然後偷走獵物，眞不是什麼英勇的行當（但起碼我們並不孤單。科學家已經爭辯了一陣子，關於暴龍究竟是白堊紀的首席殺手，還是令人瞧不起的偷獵者？）。

再一次地，DNA令我們對自己的看法更爲謙卑與不確定。而且脂蛋白元E基因只是諸多案例之一，顯示DNA研究如何改變我們對古代人類的看法：在某些敘事裡，補充一些被遺忘的細節，結果推翻了存在已久的信念，但是它總是會一再地顯現出，人類的歷史是多麼地驚心動魄。

若想了解DNA能夠增添、註解或者重寫多少的古代歷史，我們不妨來回顧一下，學者在剛挖出人類遺骸並研究它們的情形——也就是考古學與古生物學的開端。這些科學家一開始對人類起源充滿信心，之後被許多令人不安的發現弄得愈來愈迷惑，直到最近，才又回頭邁向豁然開朗，這主要得感謝遺傳學。

除非是異常案例，譬如荷蘭水手屠殺渡渡鳥，否則在一八〇〇年之前，眞的是沒有科學家相信物種會滅絕。萬物被創造成它們現有的樣子，事實就是如此。但是，法國博物學家居維葉（Jean-Léopold-Nicolas-Frédéric Cuvier）在一七九六年推翻了這個想法。居維葉是個厲害角色，一半達爾文，一半馬基維利。他後來攀上了拿破崙，沾著小個子獨裁者的光，一路爬上歐洲科學界的權力巔峰；在人生接近尾聲時，他的身分已然是居維葉男爵。但是在過程中，這位男爵證明自己確實是有史以來最偉大的博物學家之一（絕非浪得虛名），而且他也建立了一椿深具可信度的物種滅絕個案。第一條線索，是他在巴黎附近一座採石場進行挖掘時出現的，當時他突然看出，他所挖出的古代厚皮類動物，並沒有現存的子孫。更精彩的是，居維葉推翻了「洪水證人」（Homo diluvii testis）遺骸的古老傳說。這些多年以前在歐洲出土的骨骸，狀似四肢短小的畸形人。民間傳說，「他」正是上帝想藉由大洪水來消滅掉的好色腐敗民衆之一。居維葉可沒有這麼好騙，他糾正了這一點，證明該遺骸屬於一種巨大的蠑螈，牠們從地表消失已經很久了。

當然，不是所有人都相信居維葉的說法：物種的存在只是暫時性的。熱心的業餘博物學家（兼美國總統）哲斐遜（Thomas Jefferson），特別指示探險家路易斯（Meriwether Lewis）與克拉克（Willam Clark），要留意是否能在路易斯安那地區找到巨型樹懶和乳齒象的蹤跡。這兩種動物的化石之前都曾在北美洲出土過，招來一大堆人跑到挖掘現場（畫家皮爾〔Charles Willson Peale〕的作品「挖掘乳齒象」〔*The Exhumation of the Mastodon*〕，細膩地捕捉了當時的場景）。哲斐傑佛遜想要追蹤活著的這些野獸，是出於愛國心：他受夠了歐洲博物學家，他們甚至連大西洋都懶得跨過來，就在那裡發表所謂的「美洲退化理論」（American degeneracy），很勢利地指稱，美洲動物又病又弱，發育不良。哲斐遜想要證明，美洲野生動物和歐洲野獸一樣高大、勇猛，然而他會期待「能看到大樹懶和乳齒象仍然在大平原上漫步（或慢爬）」，顯示他潛藏的信念是：物種不會滅絕。

雖然巴克蘭更接近冷靜的滅絕派，而非激動的非滅絕派，但他貢獻這場辯論的方式，仍舊不改一貫的浮誇手法。巴克蘭度蜜月時，拖著新婚妻子在歐洲到處採集標本；甚至爬到偏僻的露頭上，用鶴嘴鋤開挖岩層裡的化石，他堅持身穿黑色的學位服，而且常常戴著一頂大禮帽。除了骨頭之外，巴克蘭對於動物糞便化石也愈來愈著迷，他很大方地把這些所謂的糞化石（coprolites）捐給博物館。由於巴克蘭讓這些發現顯得很有趣，大眾對於他的古怪作風也見怪不怪。有一次，他在約克郡挖出一個地底獵食動物的巢穴，裡面有很多糾纏在一起的牙齒和啃咬過的頭骨，令社會大眾嘖嘖稱奇。但是這些成果對科學很有貢獻，而且是支持滅絕派的案例：這裡的獵食者是洞穴土狼，由於牠們已不再居住於英格蘭，所以一定是滅絕了。更深遠的是——而且也很吻合他愛吃肉的癖性——巴克蘭看出從英國採石場挖出的一些巨型骨骼屬於一種新的爬蟲類，是有史以來

畫家皮爾的作品「挖掘乳齒象」，呈現一八〇一年在紐約發現乳齒象遺骸的情景。哲斐遜總統認為，當時乳齒象一定還在北美洲活動，於是命令探險家路易斯與克拉克要特別加以留意。（圖片來源：Maryland Historical Society）

最可怕的肉食動物恐龍的第一個樣本。他把這種動物命名為斑龍（Megalosaurus）②。

然而，不論他對絕種動物多麼有自信，對於疑問更多的古代人類是否存在的議題，巴克蘭卻沒有那麼堅定，甚至是含糊其辭。雖說巴克蘭是教會委任的牧師，但他卻不相信舊約聖經裡的記錄字字皆對。他懷疑地質代早在「最初上帝創造天地」之前，就已經存在了，地質代裡住滿了像乳齒象之類的動物。然而，巴克蘭和幾乎所有科學家一樣，都不願反駁聖經創世紀裡的人類起源，關於我們最近才被特別創造出來的說法。一八二三年，當巴克蘭挖掘出迷人的帕夫蘭紅色夫人（Red Lady of Paviland）——一副骸骨，戴著海貝殼做成的首飾，上面沾滿了紅色的赭土——他無視於衆多相關證據，硬是把她鑑定爲年代不會早於羅馬時代的女巫或妓女。這位夫人其實來自三萬多年前（並且是個男的）。而對於另一個考古地點的明確證據，和前創世紀年代的野獸（例如長毛象和劍齒虎）出現在同片土層裡的碎裂燧石，巴克蘭也予以駁斥。

更不可原諒的是，巴克蘭幾乎是把一團熱騰騰的糞化石，丟向有史以來最偉大的考古發現之一。一八二九年，施梅林（Philippe-Charles Schmerling）在比利時挖出一堆古代動物遺骸，其中包括一些很不尋常的，像人類但又不完全是人類的骨頭。根據他的結論（主要是以其中一個小孩的頭骨爲準），他認爲這些骨頭屬於某種滅絕的猿人。一八三五年，巴克蘭在一場科學會議上檢視該骨骸，但仍然無法除去他的聖經眼罩。他不贊成施梅林的理論，但是他並非靜靜地表達反對，而是以羞辱對方的方式來表達。巴克蘭常常宣稱，基於各種化學變化，已經變成化石的骨頭，會自然地黏在舌頭上，但是新鮮的骨頭卻不會。在那次會議的一場演說中，巴克蘭將施梅林所挖出的一塊動物骨頭（與猿人骨骸混在一起的熊骨），放在自己的舌頭上。那片熊骨很快就黏住了，然後巴克蘭繼續演講，而骨頭也隨之上下晃動，場面甚是滑稽。之後，他挑戰施梅林，要他也把他認爲的絕種人骨，放在自己的舌頭上。那些骨頭馬上就掉下來了。因此，它們不能算是古代的骨頭。

雖然不能算是明確的證據，但這份駁斥一直盤據在古生物學家心底。因此，當更多不尋常的頭骨在一八四八年出土時，謹愼的科學家並沒有多加理睬。八年之後——也就是巴克蘭（最後一位研究大洪水的科學家）死後幾個月——礦工在德國尼安德河谷（Neander Valley）附近的石灰石採礦場，挖出更多那種奇怪的骨頭。一名學者秉持巴克蘭的精神，將它們鑑定爲：一個畸形的哥薩克人，因爲被拿破崙的軍隊所傷，爬進這個懸崖邊的洞穴，結果死在這裡。但是這一次，兩名科學家再次主張，該骸骨屬於一種不同的猿人，比聖經上的以實瑪利人放逐得更遠的人種。另外，對這兩位仁兄或許也有幫助的是，在那堆形形色色的骨頭中，他們找到一塊成年人的頭骨，帶有眼窩，凸顯出兩道虎視眈眈的粗眉，那個特色，我們直到現在還是會與尼安德塔人[3]聯想在一起。

由於眼睛沒有被蒙蔽，再加上一八五九年達爾文出版的那本小書，古生物遺傳學家開始在非洲、中東以及歐洲，陸續發現尼安德塔人以及相關的猿人。古代人類的存在變成了一樁科學事實。但是不出所料，新的證據又激發出新的困惑。地層裡的骨頭會因爲岩層的彎曲而移動，讓科學家更難鑑定它們的日期或是詮釋它們。此外，骨頭還會散開和被壓碎，迫使科學家只能根據零星的臼齒或髕骨，來重建整個動物——這樣主觀的流程，很容易引發爭執和不同的詮釋。此外，也不能保證科學家會找到具有代表性的樣本：假設在西元一百萬年的時候，科學家發現了三具骨骸，分別屬於籃球巨星張伯倫（Wilt Chamberlain）、侏儒藝人拇指湯姆（Tom Thumb）以及有象人之稱的畸形人梅瑞克（Joseph Merrick），各位想想看，他們會被分類歸入相同的物種嗎？基於這些原因，在一八〇〇和一九〇〇年代所發現的各種人屬骨骸，每每引發出更多激烈的爭辯。隨著時間一年年過去，許多終極的疑問（所有古代猿人都是我們的祖先嗎？如果不是，人類到底曾經有過多少分枝？），都沒有變得更清楚。正如一則老笑話所說的，你若把二十位古生物遺傳學家關進一個房間，最後你會得到二十一種不同的人類演化過程。世界知名的古代人類遺傳學家帕波（Svante Pääbo）曾經指出，「我常常覺得奇怪，古生物學家怎麼會吵得這麼厲害……我猜原因可能在於古生物學是一門滿缺乏數據的科學。全世界古生物學家的人數，恐怕比重要的化石數目還要多。」

一九六〇年代，在遺傳學開始入侵古生物學與考古學的時候，情況大致就是如此——而且入侵這個字實在是太貼切了。古生物學家與考古學家即便吵個不停，意見大轉彎，使用過時的工具，但是他們還是解出了許多有關人類起源的事。他們不需要救主，謝了。因此，他們許多人都痛恨侵入他們地盤的生物學家，這群人帶著ＤＮＡ時鐘和以分子爲基礎的族譜，一心想要只用一篇論文，就把他們辛苦了幾十年的研究給推翻（有一位人類學家嘲笑完全靠分子的研究方式爲「一絲都不亂，一點都不煩，不會得富貴手。只要把一點蛋白質丟進一個實驗裝置，搖晃一下，賓果！——我們有答案，可以解開困擾我們三個世代的疑問」）。而且確實如此，老科學家的疑慮不是沒理由的：結果證明，古生物遺傳學其實非常困難，雖說那些點子很有希望，但是古生物遺傳學家得花很多年的時間，才能證明它們的價值。

古生物遺傳學碰到的其中一個問題在於，ＤＮＡ是熱力學不穩定的物質。隨著時間，Ｃ會降解成Ｔ，而Ｇ則會降解成Ａ，因此古生物遺傳學家不能盡信他們在古代樣本裡讀到的內容。不只如此，即使是在最冷的氣候下，經過十萬年，ＤＮＡ還是會碎裂成一堆胡言亂語；至於比十萬年更古老的標本，實際上根本就不具完整的ＤＮＡ。即使是比較新鮮的標本，科學家可能也會發現自己是以五十個字母長度的片段，來拼湊一份具有十億個鹼基的基因組——就比例上，等於要你用一堆零散的筆畫、勾角，以及比ｉ字頭上那個點更小的片段，來重組一本精裝書。

對了，這些碎片大都是垃圾。不論屍體在哪裡倒下——最寒冷的極地冰帽，最乾燥的撒哈拉沙漠——細菌和眞菌都會鑽進屍體內部，到處塗抹它們自己的DNA。某些古代的骨骼含有超過百分之九十九的外來DNA，科學家都必須辛苦地將它們一一清乾淨。而這還算是簡單的污染問題。由於DNA非常容易經由人爲接觸而散播（即便只是碰觸或呼氣，都能造成污染），而古代人類的DNA又和我們的DNA如此相似，因此，要完全去除人類對樣本的污染，幾乎是辦不到的事。

這些障礙（再加上這些年期間好幾次令人發窘的撤回研究結果）使得古生物遺傳學家對污染問題疑神疑鬼，而且他們對控制與保全的要求之高，簡直就像是生物戰實驗室的水準。古生物遺傳學家希望樣本完全不要被人碰觸過——理想的狀況是，當它們在遙遠的挖掘現場還很骯髒時，工人就戴著手術口罩與手套，把所有東西裝進無菌採樣袋。毛髮是最好的材料，因爲它們吸收的污染物較少，而且可以被漂白得很乾淨，但是古生物遺傳學家也能接受不太脆弱的骨頭（鑑於未污染的考古遺址少之又少，他們通常也勉強接受博物館儲藏櫃裡的骨頭，尤其是骨頭通常看起來很無趣，往往沒什麼人有興趣研究它們）。

選定樣本後，科學家把它帶進「無塵室」（clean room），那兒的氣壓維持在高於正常氣壓，因此外界的氣流——更重要的是，氣流中漂浮的DNA碎屑——不會隨著門被打開而流入。任何被准許進入無塵室的人，從頭到腳都包得密密實實，消毒過的手術衣、口罩、靴子以及兩雙手套，而且他們對室內幾乎所有物體表面所散發的漂白水氣味，也早就習以爲常（有一家實驗室甚至誇口說，它的技術員都洗過漂白水泡泡澡）。要是選定的樣本是骨頭，科學家會用牙醫的牙鑽，削下一些骨粉。他們甚至會控制牙鑽的轉速，最多只能到每分鐘一百下，因爲轉速若達到每分鐘一千下，產生的熱量將等於在油炸DNA。接著，他們會用化學物質來溶解粉末，以釋放DNA。這時，古生物遺傳學家通常會幫每個DNA片段，加上一個標籤——一小段人工DNA。這麼一來，他們就可以認出哪些是在標本離開無塵室之後才加入的外來DNA，因爲後者身上沒有標籤④。另外，科學家可能也會記錄實驗室內所有技術員與其他科學家（甚至包括清潔工）的族裔背景，以便在意外的族裔DNA序列出現時，能夠判斷他們的樣本是否受到影響。

等到這些準備工作全都完成後，眞正的定序列才會開始。我們待會再談這個過程的細節，但基本上，科學家就是要定出每一個DNA片段上的A-C-G-T序列，然後再用智慧軟體去拼湊爲數衆多的片段。古生物遺傳學家已經很成功地將這種技術應用在斑驢塡充標本、穴熊頭骨、長毛象的毛髮、琥珀中的蜜蜂、木乃伊的皮膚、甚至巴克蘭心愛的糞化石上。但是在這類研究中，最引人注目的是尼安德塔人DNA。在發現尼安德塔人之後，許多科學家將他們分類爲古代人類——是第一個失落的環節。其他一些科學家把尼安德塔人歸爲自成一類，是演化的一支末端，有些歐洲科學家則認爲尼安德塔人是某些（但不是所有）現代人種的祖先（又來了，唉！各位應該猜得到，他們說的是什麼人種：非洲人以及原住民）。不論是哪一種分類，科學家都認定，尼安德塔人很笨，而且文化水準很低，所以，他們會絕種一點都不令人意外。但是最後，一些異議者開始反駁，指出尼安德塔人其實比大家想的要聰明：他們會用石器，懂得生火，會埋葬死者（有時還與野花同葬），他們會關心弱者與跛子，而且他們可能還會戴珠寶與吹骨笛。但是，科學家無法證明，尼安德塔人不是因爲看到人類做這些事，然後才模仿著做，而模仿並不需要什麼了不起的智慧。

不過，DNA永遠地改變了我們對尼安德塔人的看法。早在一九八七年，粒線體就證明，尼安德塔人不是人類的直系祖先。然而，當尼安德塔人的完整基因組在二〇一〇年揭曉時，結果證明，漫畫《遠端》（*Far Side*）裡衆多笑柄都是十足的人類；我們和他們共同擁有的基因組，超過百分之九十九。在某些方面，我們重疊的是很普通的特徵：例如尼安德塔人很可能生著紅頭髮和白皮膚；他們還擁有全世界最常見的O型血；而且和大部分人類一樣，他們的成年人不能消化牛奶。其他一些發現則比較深入。尼安德塔人擁有類似的主要組織相容複體免疫基因（MHC immunity genes），此外，他們也和我們一樣擁有foxp2基因，這種基因和語言技巧有關，意思就是，他們可能也很會說話。

現在還不清楚尼安德塔人是否也有替代版本的apoE基因，但是他們攝取的肉類蛋白質比我們還多，所以他們對於代謝膽固醇以及對抗感染，可能已經擁有基因上的適應性。事實上，考古學證據暗示，尼安德塔人甚至會毫不猶豫地吃掉死去的同類——也許是原始巫醫祭典的一部分，也許是其他更黑暗的原因。在西班牙北部的一個洞穴裡，科學家發現十二名在五萬年前被謀殺的尼安德塔人遺骸，有成人，也有兒童，其中很多人有血緣關係。在這個行動過後，當時可能飢餓難耐的謀殺者，用石器宰殺他們，而且還把骨頭砍斷，吸吮他們的骨髓，所有可食的部位都不放過。這眞是一個可怕的場景，但是科學家從這一千七百塊骨頭中，獲得了許多有關尼安德塔人DNA的早期證據。

不論喜不喜歡，人類也有類似的食人行爲證據。畢竟，每一百磅重的成年人，對於飢餓的同伴而言，可以提供約四十磅寶貴的肌肉蛋白質，外加可以食用的脂肪、軟骨、肝臟以及血液。更令人不舒服的是，考古證據很早就暗示，人類即使在不是極度飢餓的情況下，也會彼此相食。但是多年來一直沒有解決的問題是，大部分非飢荒的食人行爲是否出於宗教動機，是具有選擇性的，還是例行的烹煮。全世界所有已知人種，全都擁有兩種特別的基因標記中的一種，這兩種基因標記能幫助我們的身體，抵抗某些與食人行爲有關的疾病，尤其是吃食人腦所導致的類狂牛症。這種抗病DNA，若非曾經是人類極度需要的，幾乎確定不會在全世界固定下來。

正如DNA可以顯示食人行爲，科學家不盡然都要依賴古代人造器具的資訊，來了解我們的過去。科學家剛開始研究現代人類DNA時，注意到的第一件事就是，人類DNA非常缺乏多樣性。現今全世界約有十五萬頭黑猩猩，以及差不多相同數目的大猩猩，反觀人類總數高達七十億。然而，人類的基因多樣性卻還不及這些猿猴，而且是差很多。這暗示了，在不久以前，人類總數曾經下降到遠低於黑猩猩和大猩猩的數量，而且這種情況甚至可能發生過好幾次。如果在舊石器時代就有「瀕危物種法案」，當時人類的處境，很可能相當於今日的貓熊和兀鷹。

至於人口數目爲何會減少這麼多，科學家有不同的意見，但是這些爭論的源頭可以回溯兩個不同的理論——或者該說，兩種不同的世界觀——它們最初是在巴克蘭的時代被提出來。在那之前，幾乎所有人都贊成災變學家（catastrophist）的歷史觀點：大洪水、地震以及其他大災難能快速地塑造星球，一個週末就能築起高山，一夜之間就能毀滅一個物種。但是，年輕一代的科學家——尤其是巴克蘭的學生、地質學家萊爾（Charles Lyell）——則提倡漸進論（gradualism），認爲是風、潮汐、侵蝕作用以及其他溫和的力量，以極緩慢的速度，塑造了地球以及地球上的生物。基於各種原因（包括死後的造謠抹黑），漸進說開始與正統科學連在一起，災變說則與懶散的推理和戲劇化的聖經奇蹟連在一起，到了一九〇〇年代初，災變說本身在科學界已經被殲滅了。然而，最後鐘擺又盪回來了，災變說在一九七九年之後再度受到尊敬，因爲地質學家發現，一個像城市那般大的小行星(或是彗星)與恐龍的絕跡有關。從那時候起，科學家開始接受另一種情況：對於大部分歷史，他們可以抱持比較適當的漸進說觀點，但在同時，他們也接受地球曾經發生巨變的說法。但奇怪的是，就在恐龍衝擊發生後不到一年，一場古代大災難的最初痕跡也被人發現，但它受到的重視，卻遠低於恐龍事件。尤其是考慮到某些科學家指稱，多巴超級火山（Toba supervolcano）幾乎滅絕了一個對我們來說遠比恐龍親切的物種：人類。

想了解多巴超級火山，我們需要發揮一下想像力。多巴是印尼的一座山，在七萬多年前爆發，把頂端六百五十立方英里給轟掉了。但是因爲沒有目擊者生還，我們只能拿它來和該群島上已知的第二大爆發、一八一五年的坦博拉火山爆發（Tambora eruption），做一個比較，揣測當時的可怕場景。

一八一五年四月初，坦博拉山頂噴發出三管火柱。迷幻般的橙色熔岩湧流到山下，而且一道五呎高的海嘯，也以時速一百五十英里席捲了附近的群島，造成數萬人喪生。遠在一千五百英里之外的人（大約等於紐約到南達科他州中部），都聽到剛開始的爆發聲響，而且當一柱高達十英里的黑煙噴入空中，周圍數百英里地區更是變得漆黑一片。黑煙中，充滿了硫化物。起先，這些懸浮粒子看起來沒什麼要緊，甚至還滿悅目的：在英格蘭，它們為那年的落日增添了更多的粉紅、橘色以及血紅色，如此戲劇性的天空變化，很可能還影響到擅長風景及太陽的畫家泰納（J. M. W. Turner）的作品。但是，後續的影響就沒那麼可愛了。到了一八一六年——該年素有「無夏之年」（The Year Without a Summer）的稱號——硫化物很均勻地混合到高層大氣，開始將陽光反射回太空。像這樣的熱能損失，也在美國造成怪異的七月及八月暴風雪，導致作物普遍歉收（包括哲斐遜總統位於蒙地賽羅的玉米田）。在歐洲，詩人拜倫於一八一六年七月，寫下一篇悽慘的詩〈黑暗〉（Darkness），一開頭就是：「我曾做過一個夢，又彷彿不全是夢。／明亮的太陽熄滅了……／早晨來來去去——卻未曾帶來白晝，／而人們……／被凍得自私地祈求光明。」這年夏天，幾名作家剛好與拜倫一起在日內瓦湖度假，但是因為每天都昏天黑地，害得他們大都只能待在室內。為了抒發這種情緒，有人開始講鬼故事自娛——其中一個由瑪麗．雪萊想出來的鬼故事，後來變成了小說《科學怪人》（*Frankenstein*）。

現在，心裡記著坦博拉，再去思考多巴火山的爆發時間比前者長五倍，噴出物比前者多十二倍——在最尖峰時刻，每秒有幾百萬噸岩石被蒸發⑤。由於多巴比坦博拉大出這麼多，它噴出的巨大黑色煙柱所造成的損害也大得多。由於盛行風的關係，大部分煙塵飄向西邊。有些科學家認為，當煙霧橫掃過亞洲，砍向當時人類居住的非洲大草原時，一個ＤＮＡ瓶頸就是這樣開始形成的。根據這個理論，破壞發生在兩個層面。短期而言，多巴讓太陽黯淡了六年，破壞了季節雨，扼殺了河流，將大量（以立方英里來計算）的火熱灰燼散播在廣闊的平原上，而那兒是主要的食物來源。不難想像，人口會陡然下降。其他靈長類起初受的苦，可能比不上人類，因為人類居住在非洲的東岸，剛好在多巴煙塵的路境上，但是其他靈長類多半住在非洲內陸，至少有山幫牠們擋一擋。但是就算有些動物最初躲過了多巴，也沒有誰能躲過它的第二次影響。地球在西元前七萬年，早已陷入一個冰河期的困境，如今陽光又一直被反射回太空，可能會使情況更加惡化。我們有證據顯示，某些地區的氣溫下降了二十多度，這麼一來，非洲大草原——也就是我們的古代故鄉——可能會萎縮得有如八月高溫下的小水坑。整體說來，多巴瓶頸理論指稱，最初的火山爆發導致遍地飢荒，但是加深冰河期，才是眞正讓人口數目大降的原因。

獼猴、紅毛猩猩、老虎、大猩猩以及黑猩猩的DNA都顯示，在多巴火山爆發期間，出現某些瓶頸的徵兆，但是眞正受苦的還是人類。有一項研究猜測，當時全世界的人口數目可能降到只剩下四十個成年人（一個電話亭最多能擠進多少人，世界記錄是二十五人）。即便在災變科學家當中，這樣的揣測也實在是太悲觀了，但是一般的估計也只有幾千名成年人，比某些小聯盟棒球隊的觀衆還要少。再考量這些人可能不是集中在一個地點，而是東一小群、西一小群地散布在非洲許多孤立的地點，人類的未來自然更不穩定。要是多巴瓶頸的理論是眞的，那麼人類DNA爲何如此缺乏多樣性，也就有一個簡單的答案了。我們眞的是差一點絕種。

不令人意外，許多考古學家覺得，用這樣來解釋人類基因多樣性的低落，未免太過巧合，因此這個理論還有爭議。已經能證實的是，在過去一百萬年，原始人的繁殖人口（大約等於可生育的成年人口）曾經低到拉警報的程度（再加上其他幾個因素，可能會使得一些原本怪異的特徵（例如只有四十六條染色體）廣爲散布）。而且許多科學家也在我們的DNA裡，看到強烈的證據顯示，在二十萬年前現代人崛起之後，至少曾經有過一個大的瓶頸。讓科學家心生不滿的是，把多巴與瓶頸連在一起；對於古老、差勁的災變說的疑慮隱隱浮現。

有些地質學家辯稱，多巴火山爆發並不如一些同行描述的那般強大。另外也有人懷疑，多巴眞有能力大量毀滅數千英里外的人口，或是那麼一座小山就能噴出足以強化全球冰河期的二氧化硫煙塵。此外，有些考古學家也找到證據（當然，也還是免不了有爭議），顯示石頭器具就位在某些六英寸厚的多巴灰燼層之上方及下方，它暗示了，在多巴應該造成最嚴重毀滅的地區，人類並沒有滅絕，而是持續下去。而且我們也有一些遺傳上的理由，來質疑多巴瓶頸的說法。最重要的是，遺傳學家就是沒有能力回溯區分「由一個短暫但嚴重的瓶頸所造成的缺乏多樣性」，和「由一個長期但較溫和的瓶頸所造成的缺乏多樣性」。換句話說，這裡頭有一些含糊之處：如果多巴火山爆發眞的將我們消滅到只剩下幾十名成人，我們一定會在我們的DNA裡，看到一些特定模式；但是，如果人口被壓抑到只剩幾千人，只要這樣的壓抑是持續的，這些人的DNA，在經過也許一千年之後，也會顯示出同樣的標記。而且，時間規模拉得愈長，多巴就愈不可能與DNA瓶頸有任何關聯。

巴克蘭和其他科學家可能馬上就會看出，這其中的爭辯何在：究竟是小型但持續的壓力，把我們這種聰明的動物壓抑了那麼久，或是一場大災難做的好事。但這只是進展的尺度而已，和巴克蘭時代的災變說潰不成軍，而且往後備受訕笑，是不一樣的，現代科學的災變說已經能提出一番道理。而且誰知道呢？多巴超級火山也許終將加入殺死恐龍的太空岩石，成爲世界最大的災難之一。

所以啦，這些DNA考古，總的說來，到底是什麼意思？隨著這個領域日漸受到重視，科學家整合出一個涵蓋一切的結論，關於現代人如何崛起以及遍布世界。

最重要的或許在於，ＤＮＡ證實了我們的非洲起源身世。有些考古學派堅稱人類源自印度或亞洲，但是一般說來，任何一個物種在它的起源地，總是會展現最高的基因多樣性，因爲它們在當地的發展時間最長。這正是科學家在非洲見到的情況。例如，與極重要的胰島素基因相連的某段ＤＮＡ，非洲人具有二十二種版本——世界上其他地區的人，加總起來只有三種版本。長久以來，人類學家總是把非洲人歸併成一個「人種」，但遺傳上的事實是，世界上其餘地區的多樣性，多少只能算是非洲多樣性中的一個分支。

另外，ＤＮＡ還可以爲人類起源的故事添加更多細節，關於我們在遠古以前的行爲如何，甚至長相如何。差不多在二十二萬年前，apoE食肉基因出現，並開始散布，從此使得「具有生產力的老年」成爲可能。在那之後兩萬年，另一個突變使得我們頭上的毛髮能夠無限制地生長（不像猴子的頭髮，或是我們的體毛）——所謂的「理髮基因」（haircut gene）。然後，又過了三萬年，我們開始把皮毛當成衣服穿在身上，科學家是藉由比較頭蝨（它們只生長在我們的頭皮上）的ＤＮＡ時鐘，與和它們有關但不同的體蝨（只生長在衣物裡）的ＤＮＡ時鐘，來判斷這兩者在何時分道揚鑣。而這些變化，或大或小地改變了人類社會。

大約在十三萬年前，穿扮妥當、做好頭髮的人類，似乎開始準備從非洲入侵中東（我們第一次的大帝國衝動）。但是某些不知名的原因——寒冷的氣候，思鄉病，獵食者，或是尼安德塔人的「不准入侵」標誌——阻礙了他們的擴張，讓他們又退回非洲。接下來幾萬年間的人口瓶頸，或許是因爲多巴所造成。但不管怎樣，人類終於勉強過關，恢復了元氣。但是這一次不同，與其畏畏縮縮地等待下一個滅絕的威脅降臨，許多小型部落開始進駐非洲以外的地區，大約從六萬年前開始，一波又一波。這些小型部落很可能是趁著潮水降低時，越過紅海（摩西方式），通過一處叫做曼德海峽（Bab el Mandeb，在阿拉伯文裡的意思是「悲傷之門」〔Gate of Grief〕）的南方據點。由於DNA瓶頸將這些部落隔離了幾千年之久，他們紛紛發展出獨特的基因特徵。所以當他們分散進入新地點，人口數目也倍增又倍增之後，這些特徵就發展成現代歐洲人與亞洲人獨有的特色（有一種說法，巴克蘭一定會喜歡，這種從非洲四散到世界各地的過程，有時候被稱做「弱伊甸園理論」〔Weak Garden of Eden theory〕。因爲這種說法其實比聖經版本更好；我們並沒有被逐出伊甸園，我們只是學習在世界各地創造其他的伊甸園）。

在我們從非洲擴張出來的過程，我們的DNA一直保留著神奇的旅行記錄。在亞洲，基因分析顯示有兩波不同的人類殖民潮：六萬五千年前，第一波殖民潮繞過印度，前往澳洲定居，使得澳洲原住民成爲歷史上眞正的第一批探險家；稍後的第二波，則製造出現代亞洲人，並造成第一次人口大增，時間差不多在四萬年前，當時百分之六十的世界人口都居住在印度、馬來以及泰國三個半島。在北美洲，調查不同的基因庫，結果暗示，第一批美洲人在介於西伯利亞與阿拉斯加的白令陸橋（Bering land bridge），可能滯留了一萬年，彷彿在害怕走出亞洲，進入新世界。在南美，科學家發現，復活節島原住民身上有美洲印第安人的MHC基因，而這些基因完全融入島民的亞洲染色體上，代表早在西元一〇〇〇年初期，也就是哥倫布還只是他的曾曾曾……祖父的生殖腺裡的一小片DNA時，這裡的人就進行過類似康提基號（Kon-Tiki）的越洋航程，往返美國（甘薯、葫蘆以及雞骨頭的基因分析，也顯示它們在哥倫布之前就有接觸）。在大洋洲，科學家已經將人類ＤＮＡ的擴充與勝出，與人類語言的擴充與勝出，連結起來了。結果發現，在人類的搖籃，也就是非洲南部的人，不僅擁有最豐富的ＤＮＡ，同時也擁有最豐富的語言，有多達一百種不同的發音，包括著名的 tchk-tchk 聲。多樣性居中的語言，發音會少一些（英文只有四十多種）。至於古代遷徙最遠端的語言，像是夏威夷，只使用十多種發音，而夏威夷人的ＤＮＡ也顯示出同樣的整齊畫一。這些全都吻合了。

讓我們把眼光放遠一點，除了人類之外，ＤＮＡ也闡釋了考古學上的最大謎團之一：尼安德塔人究竟發生了什麼事？在尼安德塔人於歐洲繁榮了好長一段時期後，某些原因把他們漸漸地進逼到愈來愈小的領地，而最後一批尼安德塔人，大約在三萬五千年前於歐洲南部滅絕。究竟是什麼原因造成他們的滅絕，解釋理論之多——氣候變遷、感染了人類的疾病、食物競爭、殺害（被人類），或是因爲吃了太多腦部而染上了「狂尼安德塔」症——充分顯示出，其實沒有人對這個問題有絲毫概念。但是，自從解開尼安德塔人的基因組之後，我們終於曉得尼安德塔人並未消失，未完全消失。我們帶著他們的種子，撒遍全世界。

自從大約六萬年前出現在非洲，人類部落最後終於闖進尼安德塔人的地盤，位在地中海東部的黎凡特（Levantine）。男孩瞄到女孩，高漲的荷爾蒙一發不可收拾，於是不久之後，人類與尼安德塔人的小混血兒就開始到處亂跑了——原始人類與原始黑猩猩的老戲碼重新上演（世界在變，吾心不變）。接下來發生了什麼事，不太清楚，但是兩群人分手了，而且分得很不對稱。或許是某些忿怒的人類長老氣跑了，順便把被擄的子女以及子女所生的小混血兒一併帶走。或許只有尼安德塔男人佔有人類女人，而這些女人後來跟族人離開了。又或許，兩群人其實很平和地分手，只是在人類繼續前進，自由地到世界各地去殖民之後，被留給尼安德塔人照顧的混血兒，全都死了。總之，當這些舊石器時代的「路易斯與克拉克」和他們的尼安德塔愛人分手後，他們的基因庫裡就帶著某些尼安德塔人的DNA，而且分量夠多，事實上，多到我們體內現在都還保有百分之幾的尼安德塔人DNA——相當於你從玄祖父（也就是曾祖父的祖父〔great-great-great-grandparent〕）所遺傳到的量。目前還不清楚這些DNA到底是做什麼的，但其中有些是MHC免疫DNA——這表示，尼安德塔人可能無意間協助了自己的毀滅，因爲他們給了人類抵抗新疾病的DNA，而這些新疾病所盛行的地區，正是我們從尼安德塔人手中搶過來的地盤。然而奇怪的是，情況似乎完全沒有互惠：就目前已知，人類獨有的基因，不論是抵抗疾病或是其他方面的，都沒有出現在任何尼安德塔人身上。沒有人知道爲什麼會這樣。

事實上，我們也只有某些人吸收到尼安德塔人的DNA。那些偷情，都發生在介於亞洲與歐洲之間的地方，完全沒有發生在非洲。意思就是說，攜帶尼安德塔人DNA往下傳的，並非古代的非洲人（就目前科學家所能了解，他們從未與尼安德塔人搞在一起過），而是早期的亞洲人與歐洲人，這些人的子孫遍布全球。這裡頭有一點非常諷刺，不提都不行。一八〇〇年代，每當在爭辯不同人種的高低等級，從略遜於天使，到只比畜生高明一點，沾沾自喜的種族主義科學家，總是把黑皮膚視爲「次等人類」，例如尼安德塔人。但事實就是事實：純北歐人攜帶的尼安德塔DNA，遠比現代非洲人多得多。DNA又再度貶值了。

然而，更令考古學家頭大的是，二〇一一年出現的證據顯示，非洲人也有他們自個的物種外姦情。某些待在中非老家，一輩子沒有見過尼安德塔人的部落民族，體內似乎也帶有大段的非編碼ＤＮＡ，它們來自某個不知名但現已絕種的古代人類，而且是在早期亞洲人與歐洲人離開之後，才發生的。就在科學家不斷地爲全世界的人種多樣性進行分類之際，其他特徵的ＤＮＡ記憶，無疑地，也將會從其他族群身上浮現出來，而我們也將必須把愈來愈多的「人類」ＤＮＡ，歸因於其他動物。

不過，說眞的，斤斤計較哪個人種擁有較多的古代ＤＮＡ，並沒有意義。新浮現出來的關鍵事實，並不在於誰比誰更像尼安德塔人。而是在於，世界各地的所有人類，只要環境許可，都很樂於找古代人類當愛人。這些ＤＮＡ記憶，深埋在我們體內，甚至比自我還要深，而且它們提醒了我們：人類如何遍布全球的偉大傳奇，需要進行一些個人的、私密的、而且非常合乎人性的修正與註解——在這裡約會，在那裡私奔，以及幾乎在所有地方進行基因的攪和。至少，我們可以說，所有人類都跑不掉，都得分擔這樣的羞恥（如果算是羞恥的話），都得分擔這些猩紅的Ａ、Ｃ、Ｇ、Ｔ字。

11 尺寸很重要

人類怎麼會長出這麼大顆的腦袋？

我們的老祖先能擴充到地球各個角落，需要的不只是運氣與堅持。要一而再地避免滅絕，我們還需要有點腦子。人類的智能確實有一項很明顯的生物學基礎；它太普遍了，不會不刻記在我們的DNA裡，而且（和大部分細胞不同的是）腦細胞會使用幾乎我們所有的DNA。但是，儘管幾百年來，從顱相學家到美國航太總署的工程師等，每個人都想研究像是愛因斯坦乃至白癡奇才這樣的人，但還是沒有人知道，我們的聰明智慧來自何方。

關於找出智慧的生物學基礎，早期的想法是愈大愈好：腦容量愈多，思考能力愈強，就好比肌肉愈多，提舉的能力也愈強。然而，這個想法雖然合乎直覺，卻有一個缺點：鯨魚和牠們那重達二十磅的腦袋，並沒有統治全世界。於是，那位半達爾文、半馬基維利的居維葉，建議科學家還要檢視腦袋與身體的比重，測量動物腦袋的相對重量。

然而，居維葉時代的科學家，還是抱持「腦袋大」代表「頭腦好」的想法，尤其是在同物種內的比較。最好的證據，莫過於居維葉，他素來以肩膀上頂了一顆大腦袋聞名。不過，還是沒有人能說得準，居維葉的腦袋到底有多大，直到一八三二年五月十五日星期二清晨七點，巴黎最偉大、也最無恥的醫生們齊聚一堂，開始解剖居維葉的屍體。他們切開他的身體，把內臟沖洗一番，宣布他的器官一切正常。任務完成之後，他們熱心地切開他的頭骨，取出一團非常大的標本，重達六十五盎司，比先前測量過的所有人，最少都大了百分之十。他是這群人所知的最偉大的科學家，結果他也擁有他們所見過最大的腦袋。非常有說服力。

然而，到了一八六〇年代，整齊的「尺寸代表聰明」的理論開始崩解。舉個例子，有科學家質疑居維葉的測量是否準確——那個數值太誇張了。很不幸地，當時沒有人想到要把居維葉的腦子醃起來，加以保留，好讓後世科學家繼續發掘證據。最後有人挖出了居維葉的帽子，畢竟這樣做容易多了；果然，大部分人戴上它，都會蓋到眼睛。但是熟悉女帽製造的人指出，帽子戴久了，有可能變大，導致高估。另外，居維葉那一頭濃密的頭髮，也可能讓他的頭顯得更大，使得他的醫生便先入爲主的預期（然後因爲預期如此，就發現了）一顆大腦袋。然而，還有人提出另一個說法，指稱居維葉罹患了少年型腦積水（juvenile hydrocephaly），因爲年輕時發燒導致腦水腫。如果是這樣，居維葉的大腦袋可能只是碰巧，與他的天才無關①。

辯論居維葉的個案，並沒能解決任何問題，因此爲了取得更多人的更多數據，頭骨解剖學家發展出計算腦容量的新方法。基本上，他們就是先把頭骨上的每一個洞給堵起來，然後（依個人偏好）將未知容量的豌豆、豆莢、米、粟、白胡椒子、芥菜子、水、水銀或大型鉛彈，灌入頭骨中。想像一下那個畫面，桌子上擺著一排頭骨，一名助理彎著腰，忙著處理一桶又一桶的水銀，或是剛從市場買回來的一袋又一袋的穀物。這些實驗的論文都發表了，但是卻製造出更多令人費解的結果。難道說，腦殼最大的愛斯基摩人，眞的是世界上最聰明的人嗎？不只如此，新近發現

居維葉男爵堪稱是一位半達爾文、半馬基維利的生物學家，他從拿破崙時代開始，成爲法國科學界最有權力的人。居維葉擁有一顆特大的腦袋，是現有人腦記錄中最大的一個。（圖片來源：James Thomson）

的尼安德塔人的頭骨，平均也比人類頭骨大六立方英寸。

結果發現，傷腦筋的事才剛開始呢。再次地，雖說沒有非常嚴格的關聯，但一般而言，較大的腦袋通常會讓某種動物比較聰明。由於猴子、猩猩和人類都滿聰明的，因此科學家假設，一定有強大的壓力，迫使靈長類動物的DNA去加大腦袋。基本上，它就是一種武器競賽：大腦袋的靈長類贏得最多食物，而且也比較能度過危機，要打敗牠們，唯一的方法就是你要變得更聰明。但是大自然有時候也很吝嗇。根據基因和化石證據，科學家現在可以追溯出，大部分靈長類的譜系在過去這幾百萬年來，是怎樣演化出來的。結果證明，某些種類靈長動物的身體（也有不少是牠們的腦袋）隨著時間而縮小——變成小頭一族。腦袋會消耗許多能量（約佔人體熱量的百分之二十），遇到長期食物短缺，最後勝出的靈長類DNA，是那些打造腦袋時懂得節省的DNA。

目前最爲人所熟知的小個子，大概要算是印尼弗洛瑞斯島（Indonesian island of Flores）的「哈比人」骨骸了。當它在二○○三年被發現時，許多科學家都斷言，它是一個發育不良或是頭特別小的人類；演化不可能這麼不負責任，讓某種原始人腦袋縮小成那樣，腦袋是我們人類所僅有的利器。但是，現在大多數科學家都能接受，哈比人（學名是弗洛瑞斯人〔Homo floresiensis〕）的腦袋確實縮小了。這類的縮小，有些和所謂的島嶼侏儒化（island dwarfism）有關：由於地理上的局限，島嶼上的食物較少，因此，動物如果能將控制身高與體積的數百個基因調整一番，有可能靠比較少的熱量就能生存。島嶼侏儒化已經將長毛象、河馬以及其他受困的動物，縮小成原本動物的侏儒版，我們沒有理由認爲，這種壓力不會落在原始人身上，即便代價是一顆更小的腦袋②。

但是有些測量顯示，現代人其實也是小矮子。我們可能都曾經在博物館裡，對著某位英格蘭王或是歷史上的大壞蛋的小盔甲，暗自竊笑——哪裡來的小蝦米！但是，我們的祖先看到我們的衣服，也可能會同樣地竊笑。從西元前三萬年開始，我們的DNA已經將人類體型平均縮小了百分之十（大約是五英寸）。我們洋洋自得的腦袋，在這段期間至少也縮小了百分之十，而且有些科學家認爲縮得更多。

當然，十九世紀那些把頭骨裡塡滿鉛彈或是粟米的科學家，並不曉得DNA，但是他們也看得出來，腦袋容量攸關智慧的理論不合理。其中有一項關於天才的研究非常有名——一九一二年，它曾經登上《紐約時報》，佔據了兩頁篇幅——因為確實發現了一些很大的器官。俄國作家屠格涅夫（Ivan Turgenev）的腦袋最大，有七十盎司，政治家韋伯斯特（Daniel Webster）以及夢想打造第一台程式化電腦的數學家巴貝奇（Charles Babbage），腦袋都只是普通大小，約五十盎司。至於可憐的詩人惠特曼（Walt Whitman）一定會氣得大吼，聲震屋瓦，因為他只有四十四盎司。更糟的是高爾（Franz Joseph Gall）。雖然高爾是一位聰明的科學家——他首先提出，不同的腦袋區域具有不同的功能——也建立了顱相學（phrenology），專門分析頭顱上的凸起。但是令他的追隨者永遠抬不起頭的是，他的腦袋重量只有極低的四十二盎司。

老實說，惠特曼的腦袋在測量之前，曾經被一名技術人員失手掉落地上。它跌得粉碎，就好像一塊乾了的蛋糕似地，而且我們也不清楚那些碎片是否都有收回，所以惠特曼原本可能表現得更好一些（但是高爾的腦袋可沒發生這種意外）。不管怎樣，到了一九五〇年代，腦袋尺寸與聰明有關的理論，受到了一些重創，就算還有任何殘餘的「腦袋重量與機智相關」的想法，在一九五五年愛因斯坦死後幾個小時，也跟著死透了。

一九五五年四月十三日，愛因斯坦因為大主動脈長了一顆動脈瘤，成為國際矚目的病危者。四月十八日凌晨一點十五分，他終於因內出血而死亡。他的遺體隨後被送往紐澤西州普林斯頓研究所附近的一家醫院，依照慣例，進行解剖。這時，當班的病理學家哈維（Thomas Harvey）面臨了一項困難的抉擇。

如果換做其他人，恐怕也會有同樣的想法——誰不想知道愛因斯坦爲什麼能成爲愛因斯坦呢？愛因斯坦本人曾經表示，有興趣在死後讓他人研究自己的大腦，他甚至接受過腦部掃瞄。後來，他決定不要保存他身上最好的部分，完全是因爲他一想到人們可能會崇拜他的大腦，好像中古時代崇拜天主教的聖骨，就覺得受不了。然而，那天晚上，哈維在解剖室準備動刀時，心知人類只有這麼一次機會，來搶救數百年來最偉大的科學思想家的灰質。雖說，用偷竊這個字眼可能太過嚴厲，但到了次日早晨八點鐘——在未經愛因斯坦最近血親的同意下，而且也違背愛因斯坦確認過的火化願望——哈維，該怎麼說呢，解放了這位物理學家的大腦，然後將沒有腦的遺體交還家屬。

失望之情馬上就產生了。愛因斯坦的大腦，重量只有四十三盎司，屬於正常偏低。而且在哈維開始測量之前，風聲就已經傳開了，一切正如愛因斯坦生前所擔憂的。第二天早晨，哈維的兒子在學校聽到大家討論愛因斯坦過世的消息，脫口說出：「我爸爸拿到了他的大腦！」一天之後，全國的報紙在頭版訃聞中，都刊登了哈維的計畫。哈維最後終於說服愛因斯坦家人（他們想必原本也很惱怒），同意進行後續研究。於是，哈維先用卡尺測量它，再用三十五釐米黑白相機拍照存檔，之後將愛因斯坦的大腦鋸成像太妃糖大小的二百四十塊標本，然後每一塊都塗上火棉膠（celloidin）。很快地，哈維就將這些小塊標本裝在美乃滋的罐子裡，郵寄給一些神經科學家，他滿懷信心，認爲經由這些研究所產生的科學洞見，一定可以證明，他的小過失値得原諒。

這當然不是頭一遭名人的解剖出現如此陰森的轉折。一八二七年，醫生偷偷把貝多芬的耳骨

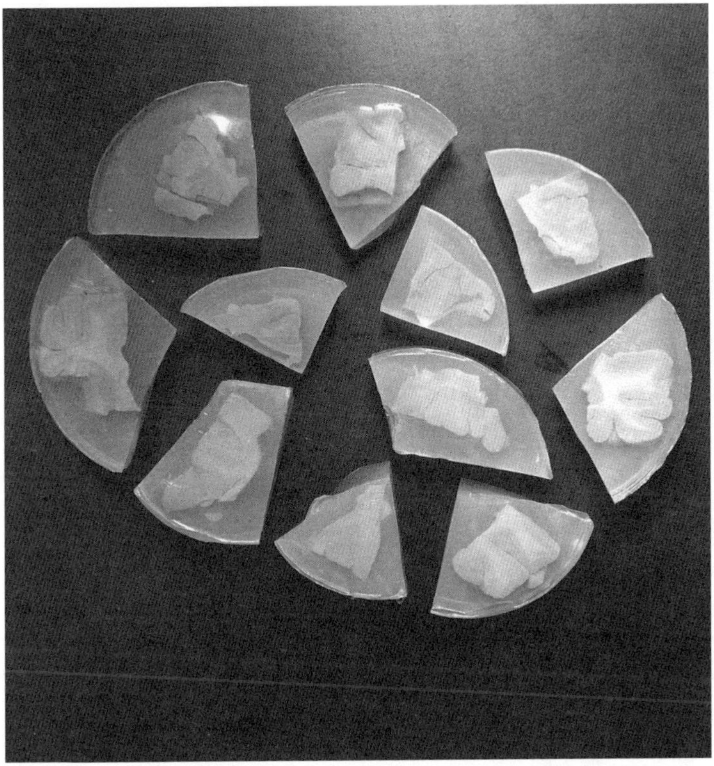

在愛因斯坦於一九五五年去世後，他的大腦被切成許多小塊，每塊都塗上火棉膠。（圖片來源：Getty Images）

保存起來，想要研究他的耳聾，但是一名護理員不小心把它弄出了缺口。蘇聯甚至成立了一個研究所，部分目的在於研究列寧的大腦，以判定革命家之所以能成爲革命家的原因（史達林和柴可夫斯基的腦袋也被認爲值得保留）。同樣地，墨索里尼的屍體雖然被暴民損毀得很厲害，但美國還是在二次大戰後，設法弄到了他一半的大腦，來判定獨裁者之所以會成爲獨裁者的原因。同年，美國軍方也從日本驗屍官那兒，拿到了四千份人體部位，以便研究核子輻射的損傷。這些搶來的標本，包括心臟、肝臟以及大腦厚片，甚至還有脫離頭顱的眼珠，醫生將它們裝進罐子，儲存在華盛頓特區能防止輻射的地下室，每年費用六萬美元，由納稅人買單（美國於一九七三年將它們遣返回國）。

還有更噁心的案例，巴克蘭的老饕聲望在此達到巔峰，——這個傳說來源不明，可能是假的，但當時的人相信確有其事——話說他的一名友人打開一個銀製鼻煙壺，展示一顆脫了水的路易十四的心臟。「我吃過很多怪東西，但還沒嘗過國王的心，」巴克蘭若有所思地說。在大家都還沒想到出手制止前，巴克蘭已經一口將它吞下肚了。另外，有史以來最下流的一個遺體部位遭竊案例，發生在居維葉的贊助者拿破崙身上。一八二一年，一名心懷不軌的醫生在解剖拿破崙遺體時，將他的陰莖切下來，然後由一名壞神父偷運到歐洲。一個世紀之後，在一九二七年，這個寶貝被送到紐約市販售，有人參觀後，說它看起來好像「一段飽受虐待的鹿皮鞋帶」。那時它已經萎縮成一．五英寸，但是一名紐澤西州泌尿科醫生還是花了二千九百美元，將它買下來。在結束這個詭異得令人發毛的故事之前，不能不提的是，還有另一位紐澤西州的醫生也在一九五五年很無恥地偷走了愛因斯坦的眼珠。後來麥可．傑克森開出百萬美元價碼，想買下它們，但是這名醫生拒絕了——部分原因在於，他愈來愈喜歡凝視它們。至於愛因斯坦遺體的其他部位，各位要有心理準備（對不起）。它被火化了，而且也沒人知道他的家屬將骨灰撒在哪兒③。

愛因斯坦事件最令人氣餒的，也許要算是科學家做出來的那些無足輕重的結果。在四十年間，神經科學家只發表了三篇有關愛因斯坦大腦的論文，因爲大部分都沒有發現任何不尋常之處。哈維不斷地懇求科學家再研究一下，但是經過最初毫無結果的嘗試之後，那些大腦切片大都被閒置了。哈維用粗棉布將每個切片裹起來，浸泡在兩個裝有福馬林的廣口玻璃罐裡。這兩個玻璃罐被放在一個標示爲「Costa Cider」的硬紙箱裡，塞在紅色的啤酒保冷箱後面。後來哈維丟了差事，在他搬到堪薩斯州另謀高就時（他和有藥癮的作家布洛斯〔William S. Burroughs〕成了鄰居），愛因斯坦的腦子就坐在汽車前座上。

不過，在過去這十五年間，哈維的堅持總算有點道理了，雖說只有一點點。有幾篇論文很謹愼地指出，愛因斯坦的腦袋確實有個不尋常的特性，無論是微觀還是巨觀。這些發現，加上許多有關腦部發育的遺傳學研究，或許可以提供一些洞見，讓我們了解，究竟是什麼因素造成人腦與動物腦的差異，以及促使愛因斯坦又比一般人更勝一籌？

首先，原本的觀察重點是整個大腦的體積，現在改成腦內某些部位的大小。和其他動物相比，靈長類具有格外強健的神經元軸（稱做軸突），也因此，訊息在神經元間傳遞的速度也比較快。更重要的是，大腦皮質（大腦最外層組織）的厚度，它促使我們思想、做夢以及各種轟轟烈烈的追求。科學家知道，某些基因對於生長出厚的皮質層非常重要，部分是因爲，當這些基因有缺失時，所造成的後果非常悽慘明顯：這些人最後只有一顆原始的小腦袋。在這類型基因當中，有一個叫做 aspm。與其他哺乳動物相比，靈長類的 aspm 多出一段 DNA，而這段 DNA 的密碼，能製造額外的胺基酸串，以增大皮質（這些胺基酸串通常始於異白胺酸和麩胺酸。在生化學家爲二十種蛋白質胺基酸都分配了英文字母縮寫後，麩胺酸爲 Q（因爲 G 已經被其他胺基酸搶先用了），異白胺酸則爲 I——意思是說，很巧合地，我們大概正是因爲這串名爲「IQ domain」的 DNA，而智能大增）。

除了增加大腦皮質的體積之外，aspm 基因還能幫助指揮一個能夠「增加皮質神經元密度」的流程，後者是另一個與智能息息相關的特性。這種神經元密度的增加，發生在我們人生的初期，當時我們還擁有許多幹細胞，這些還沒有定性的細胞，能選擇變成任何一種細胞。在最原始的腦部，當幹細胞開始分裂時，它們要不是製造更多的幹細胞，不然就是安定下來，找份工作，變成成熟的神經元細胞。製造神經元，當然很好，但是每當一枚神經元形成之際，它就不會再製造新的幹細胞了（而那些幹細胞將來可以成爲額外的神經元）。於是，想要有一顆大腦袋，需要先打造出基本的幹細胞數量。而這樣做的關鍵，就在於幹細胞的分裂一定要均勻：如果幹細胞的內容物質能夠均勻地分到兩個子細胞中，它們就都能變成另一個幹細胞。要是分裂得不均勻，神經元就會過早形成。

要均勻地分裂，aspm 基因會導引染色體上的紡錘體，而且是用很整潔、對稱的方式，將它們拉開。如果 aspm 沒能做到這一點，細胞分裂就不會均勻，神經元會過早形成，於是這個孩子的正常腦袋就沒了。當然，aspm 並非唯一與腦袋大小有關的基因：細胞分裂需要許多基因進行繁複的協調，也需要調控基因來發號施令，指揮一切。但是，只要 aspm 能正常點火，一定可以讓皮質裡充滿了神經元④——或者說，如果它點火失敗，就會損及神經元的製造。

愛因斯坦的皮質有幾項不尋常之處。有一項研究發現，和一般老年人相比，他的神經元數目以及平均大小，是一樣的。然而，愛因斯坦大腦皮質裡有一個部位比較薄——前額葉皮質，讓他可以擁有更高的神經元密度。緊密相連的神經元，可能有助於讓腦袋更快速地處理資訊——想想看，前額葉皮質具備「統合全腦的思想，並協助解決多級問題」的功能，這項發現眞是引人遐思呀。

更進一步的研究，是檢視愛因斯坦皮質上的皺褶與腦溝。和大腦容積一樣，有一個迷思認爲，大腦皺褶愈多，就愈有力。但是一般而言，皺褶確實表示較高的功能。譬如說，比較小、也比較笨的猴子，腦皮層的皺褶也比較少。有趣的是，人類新生兒也是如此。這表示，在我們從新生兒長到成年人期間，我們每個人都會重新經歷一次數百萬年來的人類演化過程。另外，科學家還知道缺乏腦褶是極具毀滅性的。一種叫做「平腦症」（smooth brain）的遺傳疾病，會造成嬰兒嚴重智障，前提是，假使他們能夠活著呱呱墜地的話。不像一般腦袋充滿皺褶，平腦症病人的腦袋出奇地光滑，剖開來看，也沒有顯出皺巴巴的腦結構，反而像是一片肝臟。

愛因斯坦皮質頂葉上，具有不尋常的皺褶與隆起，這個區域能幫助數學推理和影像處理。這確實很吻合愛因斯坦曾經宣稱的，他大部分是藉由圖像來思考物理學：譬如說，他想出相對論，部分是藉由想像自己騎乘在光線上會發生什麼事。此外，頂葉也會將輸入的聲音、光線以及其他感官，整合到大腦的其他思考中。愛因斯坦曾經宣稱，抽象概念要在他心中具有意義，「唯有透過與感官經驗的連結」，而他家人也記得，每當他有什麼物理問題想不出來，就會跑去拉小提琴。通常在一個小時後，他便會宣布，「我明白了！」然後回去工作。聽覺輸入似乎能喚起他的思維。然而最顯著的特色可能是：愛因斯坦頂葉的皺褶與隆起特別厚，比正常人多百分之十五。而且，我們這些大多數智力不怎麼樣的人，除了右腦頂葉的皺褶較薄，左腦頂葉皺褶通常更薄，反觀愛因斯坦，兩邊都一樣厚。

最後一項特色是，愛因斯坦似乎缺少了一部分的中腦，頂葉島蓋（parietal operculum）；至少它的發育不夠完整。這個部位能幫忙製造語言，愛因斯坦缺少它，或許能解釋爲何他直到兩歲才開口說話，而且直到七歲，每一句大聲說出口的句子，事先都得在心裡默默演練一次。但這或許也有好處。這個區域通常有一道裂縫，或是一道小溝，而我們的思緒會因爲需要繞遠路而被弄散。缺乏這道溝，或許意味著，愛因斯坦在處理某些資訊時，能夠更快速，因爲他能讓左右兩個半腦直接接觸。

這些都很令人興奮。但它會不會只是空談？愛因斯坦害怕自己的大腦會變成像聖物似地，但是我們是否做了一樣的傻事，倒退回顱相學了呢？現在，愛因斯坦的腦袋已經腐壞，有如剁碎的肝臟（甚至連顏色都像），因此科學家主要只能藉由老照片來研究它，這顯然不夠精確。而且坦白說，所有關於愛因斯坦腦部不尋常特徵的研究，哈維都是共同作者，所以他偷走的器官如果能提供科學新知，他當然也能從中得到好處。此外，就像居維葉腫大的腦，愛因斯坦的腦部特徵可能也只是個人特色，與天才無關；只有一個樣本，實在很難說得準。更棘手的是，我們也不知道，究竟是不尋常的神經特徵（例如厚皺褶）造成愛因斯坦的天才，還是他的天才使得他能「鍛鍊」並打造出那樣的腦袋部位。某些存疑的神經科學家注意到，從小便開始拉小提琴（愛因斯坦在六歲開始練琴），能造成與愛因斯坦一樣的腦部變化。

如果你期待能挖出哈維的大腦切片，抽取愛因斯坦的DNA，那就不用想了。一九九八年，哈維和一名作家開著租來的別克轎車，去加州拜訪愛因斯坦的孫女伊芙琳（Evelyn Einstein）。雖說祖父的腦袋讓她覺得毛毛的，但是她願意接待這兩位訪客，是有原因的。她很窮，而且據說她並不聰明，連保住工作都困難——不太像愛因斯坦家的人。事實上，伊芙琳也總是跟別人說，她是愛因斯坦的兒子漢斯（Hans Einstein）的養女。但是伊芙琳還是懂一點數學，當她聽到謠傳，愛因斯坦在妻子過世後，曾與諸多女性友人親密交往，伊芙琳這才想到自己有可能是愛因斯坦的私生女。所謂的「領養」，恐怕只是一場騙局。於是，伊芙琳想要來一場親子鑑定，但是結果發現，防腐過程已經毀壞了腦部的DNA。愛因斯坦DNA的其他來源，可能還存在——例如鬍鬚刷上的毛髮，煙斗上的唾液，或是小提琴上的汗水——但是到目前爲止，我們對於五萬年前過世的尼安德塔人的基因，了解程度還勝過死於一九五五年的愛因斯坦的基因。

但是若說愛因斯坦的天才還是個謎，科學家對於人類高於其他靈長類的尋常智慧，卻相當了解。有些DNA能藉由迂迴的方式，來強化人類智力。在幾百萬年前，人類有一種兩個字（齦基對）的框移突變，能讓某個基因失去活性，該基因原本可以增大我們的下顎肌肉。這個突變，很可能讓我們擁有較薄、較纖細的頭骨，進而釋出更多空間來裝盛擴張的大腦。另一項讓人吃驚的是，apoE 基因（所謂的食肉基因）也有助於提升智能，因爲它能協助處理膽固醇。大腦想要正常運轉，需要將軸突包上髓鞘，作用就好比電線裹上橡膠絕緣體，避免訊號短路或點火失敗。膽固醇是髓鞘的主要成分，而某種特定的 apoE 基因更擅長分派腦部所需之膽固醇。另外，apoE 基因似乎也能增加大腦的可塑性。

有些基因會直接導致腦部結構改變。lrrtm1 基因能協助決定哪一群神經元負責語言、情緒以及其他心理素質，進而協助人腦發展出通常不對稱的左、右半腦專長。某些形式的 lrrtm1 甚至能逆轉部分的左、右半腦——增加你變成左撇子的機會，是目前已知唯一與這項特徵有關的基因。其他DNA改變大腦結構的方式則近乎滑稽：某些能遺傳的突變，會讓噴嚏反射與其他古老的反射交錯，令人在看到太陽、吃太飽或是性高潮後，就會不由自主地打噴嚏——曾經有人一連打了四十三個噴嚏。科學家最近還在黑猩猩體內，測到一段含三千一百八十一個鹼基對的大腦「垃圾ＤＮＡ」，它在人體內已經被刪除了。這段ＤＮＡ有助於終止「神經元的失控生長」，而神經元失控生長，顯然會導致較大的腦袋，但在同時也有腦瘤的風險。不過，人類冒險將這段ＤＮＡ刪去，顯然也得到回報，我們的腦袋容量果然大增。這項發現證明，我們變得更像人類，未必是因爲獲得某段ＤＮＡ，有時候反而是因爲失去某段ＤＮＡ（或說至少讓我們變得更不像猴子：尼安德塔人也沒有這段ＤＮＡ）。

ＤＮＡ在一個族群中的傳播方式與速度，能揭示哪些基因能促進智能。二〇〇五年，科學家報告說，有兩個突變的大腦基因似乎在我們的祖先群中散播得很快，分別是三萬七千年前的小腦症基因（microcephalin），以及六千年前的 aspm 基因。科學家能藉由哥倫比亞大學果蠅室開發出來的技術，定出它們散播的時間。當年摩根發現，某些版本的基因之所以會成串地遺傳下去，只是因爲它們在染色體上的位置剛好很接近。舉例來說，假設有三個基因的Ａ、Ｂ、Ｄ版本通常都會一起出現；或是小寫字體的ａ、ｂ、ｄ版本經常在一起。然而，隨著時間演進，由於染色體一再互換，會將這群基因打亂，產生像是ａ、Ｂ、Ｄ這樣的混合體，或是Ａ、ｂ、Ｄ混合體。經過夠多的世代之後，所有組合方式都會出現。

但是假設在某個時間點，Ｂ突變成B_0，而B_0讓人的腦袋威力大增。於是，在那個時間點，B_0就會在一個族群中迅速擴張，因爲帶有B_0基因的人，思考能力勝過他人（如果該族群的人口掉得很低，這種擴張會更容易，因爲新基因的競爭者較少。所以瓶頸不見得都是壞事！）。請注意，當B_0基因橫掃整個族群時，在最先突變的那個人的染色體上，原本剛好坐在B_0身邊的A/a和D/d版本基因，也會跟著橫掃該族群，純粹只是因爲這個過程的時間太短，互換作用還來不及將它們拆開。換句話說，這些基因可以跟著優勢基因雞犬升天，此一過程被稱做遺傳上的搭便車。科學家在aspm以及小腦症基因身上看到特別強烈的搭便車現象，這表示它們擴張的速度特別快，而且它們所提供的優勢可能也特別強。

除了促進腦力的特定基因之外，DNA的調節作用或許也能解釋許多有關人類大腦的事。人類與猴子的DNA最明顯的差異之一，在於我們的腦細胞剪接DNA的頻率，遠較牠們高，亦即將同一串字，基於各種不同效用來進行剪接和編輯。事實上，神經元混合得如此厲害，有些科學家開始認爲，它們已經推翻了生物學的一項中心教條：我們體內所有細胞都具有相同的DNA。不論是基於什麼原因，我們的神經元准許移動式DNA片段（也就是隨機插入染色體的「跳躍基因」），進行更多的自由活動。如此一來，將會改變神經元裡的DNA樣式，進而改變它們的運作方式。正如一位神經科學家的觀察，「既然改變單一神經元的點火模式，就能對行爲造成顯著的影響……那麼，很有可能，某些人體內的某些細胞中的某些（移動式DNA），對於人類腦袋的最終結構與功能，也會造成顯著（若非深遠）的影響。」再次地，結果可能證明，類似病毒的粒子對於我們人類非常重要。

如果你懷疑，我們藉由研究簡約如DNA者，就能解釋像天才這般難以言傳的事物，許多科學家都會站在你那邊。而且每隔一陣子，就會蹦出一個像奇才皮克（Kim Peek）的案例——這樣的例子，等於當面訕笑我們不了解DNA與大腦構造如何影響智力，對此，就連最熱心的神經科學家，也要尋求烈酒的安慰，甚至認真考慮是否乾脆改行當公務員算了。

皮克是土生土長的鹽湖城居民，堪稱標準的超級奇才（megasavant），也就是一般人口中（很不禮貌但滿正確的）所謂的「白癡奇才」（idiot savant）的增強版。皮克不像其他白癡奇才，只懂得有限的空洞技巧，像是畫出完美的圓形，或是按照順序列出所有神聖羅馬帝國的皇帝，他還在以下各領域具備百科全書般的豐富知識，像是地理、歌劇、美國歷史、莎士比亞、古典音樂、聖經——基本上，等於整套西方文明。更嚇人的是，皮克對於他從十八個月大開始背誦的九千本書中的每一個句子，擁有宛如谷歌般的記憶能力（每背完一本書，他就會把它上下顛倒地放回書架，表示該書已經被他打倒了）。不過，皮克也知道一大堆無用的資訊，像是全美國的郵遞區號系統，這或許可以稍稍紓解你的不安全感。而且，他還把電影《雨人》（*Rain Man*）給背起來了，這部電影的靈感其實就來自他。另外，他對摩門教義的了解更是巨細靡遺⑤。

猶他州的醫生在一九八八年開始掃瞄皮克的大腦，希望能多少測量到一點兒有關皮克的才華。二〇〇五年，美國太空總署不知用什麼理由，也參了一腳，幫皮克的腦袋管線做了完整的磁振造影和斷層攝影檢查。掃瞄結果顯示，皮克缺乏連接右腦與左腦的組織（事實上，皮克的父親記得，他在嬰兒時期，兩隻眼睛能各自看往不同方向，可能就是因爲左右兩個半腦沒有連接的關係）。焦點放在總體概念的左腦，似乎也有些畸形——和正常腦相比，腫塊比較多，而且也被擠得比較扁。但是除了這些小地方，科學家對皮克的腦袋還是所知有限。到最後，即使是美國太空總署等級的技術，也只能揭露他腦裡的異常特性，亦即是皮克腦袋的**毛病**。如果你想知道，皮克爲什麼不會扣自己的衣服扣子，或是他爲何從來不記得銀餐具擺在哪裡（雖說他已經在父親家裡住了幾十年），這些就是你要的資料。至於他的才能的基礎爲何，美國太空總署也沒轍，只能聳肩以對。

但是醫生們還知道，皮克患有一種罕見的遺傳疾病，FG 症候群（FG syndrome）。這種病患體內有一個病變基因，無法開啓一串負責讓神經元發育妥當的DNA（神經元是非常挑剔的）。而且和大部分這類奇才一樣，這些問題的影響大都集中在皮克的左腦，原因可能在於，整體導向的左腦在子宮內需要更多的時間來發育。因此，一個病變基因就有更多的時間來傷害左腦。但是因爲一項奇怪的轉折，一向發號施令的左腦受傷後，反而能哄勸擅長細節的右腦，發揮它的才能。事實上，大部分奇才的天賦——藝術模仿、完美的音樂反芻、日期計算能力——全都集中在比較不容易受傷的右腦。可悲的是，要不是霸道的左腦受損，受壓抑的右腦才能可能眞的永無出頭天的一日。

遺傳學家研究尼安德塔人的基因組，也得出類似的發現。科學家目前正在發掘，尼安德塔人與人類的DNA中，是否有搭便車的證據，以便找出有哪些DNA是在人類與尼安德塔人分手之後，才在人類群中迅速擴張，進而協助區分我們與尼安德塔人。到目前爲止，他們發現了兩百個區域，每個區域大都起碼含有幾個基因。在人類與尼安德塔人的這些差異當中，有些與骨頭發育或新陳代謝有關，乍聽起之下眞是索然無味。但是科學家也找到了少數幾個與認知有關的基因。不過，聽起來有點矛盾的是，擁有這些基因的某些變異體——不但得不到諾貝爾獎或麥克阿瑟獎助金——反而會增加唐氏症、自閉症、精神分裂症以及其他精神疾病的風險。看來，愈是複雜的頭腦也愈是脆弱；如果說，這些基因提升了我們的智力，它們也同樣引進了風險。

擁有錯誤的DNA的腦袋雖然很脆弱，但是在其他情況下，彈性卻可能高得出奇。一九八〇年代，一名英格蘭神經科學家幫一名轉給他檢查的年輕人做腦部掃瞄，這名年輕人的頭大得極其詭異。掃瞄結果發現，頭骨內除了腦脊髓液（大都是鹽水），其他內容物很少。這個年輕人的大腦皮質，基本上就是一個水球，一個厚約一公釐的囊袋圍繞著一個內容物會到處潑濺的腔室。科學家揣測，他的大腦重約五盎司。然而這個年輕人的智商有一二六，而且在大學裡是數學優等生。神經科學家甚至沒有假裝知道，這些所謂的高功能水腦症（hydrocephalics）怎麼能夠過正常的生活，但是有一位醫生在研究過另一位很有名的水腦症患者——一個有兩名小孩的法國公務員——之後，他懷疑，患者的腦部萎縮是緩慢漸進形成的，而腦袋的可塑性夠強，所以能夠趕在完全失去各項重要功能之前，重新分配它們。

腦袋像居維葉一樣的皮克，智商只有八十七。為什麼這般低？可能是因為他太陶醉於細節，沒有辦法處理無形的概念。譬如說，科學家注意到，他無法理解一般的俗語——隱喻的跳躍，對他來說太遠了。有一次，皮克的父親要他在餐廳裡把聲音放低一點，沒想到，皮克馬上滑下椅子，盡量讓自己的咽喉接近地面（他似乎能了解雙關語就理論上很有趣，或許是因為它們多半涉及意義和單字的數學代換。有一次，有人問他林肯的蓋茨堡演說〔Gettysburg Address，但address也有住址的意思〕，皮克的答覆是：「227 NW前街，威爾的房子。但是他只住了一晚——他在第二天發表演講」）。皮克對其他抽象事物也很頭痛，而且基本上對於家事一竅不通，像小孩般倚賴父親照顧。但是，就他的其他才能來說，八十七這個數值實在低得太不公平了，絕對沒有眞正捕捉到他⑥。

皮克在二〇〇九年聖誕節前後，心臟病發作過世，他的屍體被埋葬了。所以他那神奇的腦袋並沒有像愛因斯坦那樣，雖死猶生。他的腦部掃瞄資料還在，但是它們到目前爲止好像還是在嘲笑我們，點出我們根本不夠了解人類心智的塑造——是什麼造成皮克與愛因斯坦的差異，或者，是什麼讓人類的尋常智慧與猴子的聰慧有所差異。想深入了解人類智慧，我們需要了解建立與設計神經元網絡的DNA，因爲有這些網絡，我們才能思考，才能有所謂「啊哈，我想通了」的頓悟。但是，我們也同樣需要了解有一些環境的影響（就像愛因斯坦拉小提琴），能督促我們的DNA齊步往前走，讓我們的大腦袋充分發揮潛能。愛因斯坦之所以能成爲愛因斯坦，當然是因爲他有天分，但絕不只是因爲他有天分。

培育出愛因斯坦以及我們這些尋常才能者的環境，並非碰巧形成的。和其他動物不一樣，人類會打造與設計我們的周邊環境：因爲我們有文化。雖說，加大腦袋的DNA，是創造文化的必要條件，但是還不夠充分。人類早在吃腐屍和採集食物的階段，就已經擁有一顆大腦袋了（可能比現在還要大），但是要創造出智慧的文化，還需要讓消化熟食的基因，以及適應久坐生活形態的基因，廣爲流傳。其中最重要的或許在於，我們也需要行爲相關基因，像是幫助我們容忍陌生人的基因、增加我們服從紀律的基因、讓我們能推遲滿足感的基因，以及打造以世代來計算的事物的基因。整體而言，基因會塑造我們能擁有什麼樣的文化，但是文化也會反過來塑造我們的DNA。而且，要了解文化最偉大的成就——藝術、科學、政治——需要先了解DNA與文化如何交會，然後一同演化。

12 基因的藝術

我們的DNA有多深的藝術天分？

藝術、音樂、詩歌、繪畫，再沒有更細膩的方式，能表達神經的才華，而且正如愛因斯坦或是皮克的天才，遺傳學能解釋某些預料之外的藝術項目。過去這一百五十年來，遺傳學與視覺藝術甚至有好幾條平行發展的軌跡。要不是歐洲的化學家在一八〇〇年代，發明出鮮豔的新式染料與色素，畫家塞尚和馬諦斯不可能發展出他們那般吸引人的色彩風格。同時，那些染料與色素也讓科學家首次能夠研究染色體，因爲他們終於可以將染色體染上不同於細胞內其他物質的色彩。事實上，染色體的英文名字就是源自希臘文的 chrōma（顏色），而某些能讓染色體著色的技術——例如將它們變成剛果紅色，襯托在閃爍的綠色背景中——想必連塞尚和馬諦斯都免不了要羨慕。此外，當時新發明的攝影術的副產品銀染色（silver staining），也首次提供其他細胞構造的清晰圖像，而攝影術本身，更是讓科學家得以用曠時攝影來研究分裂的細胞，觀察染色體如何分開。

另外，像立體派以及達達主義這類型的運動——更別提來自攝影的競爭——令許多藝術家在二十世紀初，拋棄了寫實主義，開始實驗新的藝術形式。然後，在一九三〇年代，攝影家史泰欽

（Edward Steichen）搭著細胞染色概念的便車，對遺傳工程發動了一趟早期的突襲，引進了所謂的「生物藝術」（bio-art）。史泰欽原本就很熱中園藝，某年春天，他（基於不明原因）開始將飛燕草種子浸泡在他的痛風藥劑中。如此一來，這些紫花裡的染色體數目增加了一倍，雖說某些種子只能生產「發育不良、得熱病的廢物」，但其他種子卻生產出侏羅紀體積的花朵，花莖高達八英尺。一九三六年，史泰欽在紐約市現代藝術博物館展覽了五百株飛燕草，贏得來自十七州報紙的瘋狂佳評：「巨大的花序……豔麗的深藍色，」還有一位評論家寫道，「前所未見的紫紅色……驚人的黑眼睛。」紫紅色與藍色也許令人驚訝，但是，身爲崇拜自然的泛神論者，史泰欽堅稱，眞正的藝術，在於控制飛燕草的發育，這點倒是與麥克林托克相呼應。這些藝術觀點與某些批評家不同調，但史泰欽還是堅持，「一件事物若能達成它的目的——如果發揮功效——它就是美麗的。」

到了一九五〇年代，對於形式與功能的執著，將藝術家推向抽象主義。ＤＮＡ的研究碰巧就緊跟在那之後。華森與克里克投注在創作研究ＤＮＡ實體模型的時間，不輸任何雕刻家，他們細細雕琢各式各樣的ＤＮＡ實體大模型，從錫製到紙板製作的都有。這對仁兄最後選定雙螺旋狀，部分是因爲它的簡樸之美，令他們陶醉。華森曾經回憶，每當他看到一座螺旋梯，就更相信ＤＮＡ看起來一定同樣優雅。克里克向身爲藝術家的老婆奧德蕾（Odile）求助，請她幫忙在他們著名的第一篇ＤＮＡ論文空白處，畫上別致的雙螺旋。後來克里克回憶，有一天晚上華森喝醉酒，色迷迷地盯著他們那纖細玲瓏的模型，嘴裡喃喃自語，「它多美啊，你瞧，它多美。」克里克附和道，「它當然美。」

但是，和他們所猜測的鹼基Ａ、Ｃ、Ｇ、Ｔ的形狀一樣，他們所猜測的ＤＮＡ整體形狀，當時也建立在一個不太穩固的基礎上。一九五〇年代，生物學家根據細胞分裂的速度，計算出雙螺旋必須以每秒一百五十圈的極快速度解開纏繞，才有辦法跟得上。更煩人的是，有幾名數學家引用結理論，來辯論DNA的兩股雙螺旋要打開纏繞——這是複製的第一步——在拓樸學上是辦不到的。因爲這兩股不相連的螺旋無法從側面拉開——它們太過糾結，也太過纏繞了。於是，在一九七六年，幾名科學家開始提倡另一種「變形拉鍊」結構的DNA模型。在這種新結構，並不是一個修長光滑的右旋螺旋體，而是右旋與左旋兩個半螺旋體，輪流盤繞整個DNA的長度，如此一來，就可以將它們很利落地拆開。華森與克里克在回應有關雙螺旋的批評時，偶爾會討論到DNA的其他可能形狀，但是他們（尤其是克里克）幾乎每次都馬上表示不贊成。克里克往往會提出很充分的技術性理由，來支持自己的反對意見，但是有一次他很明白地加上一句，「再說，這些模型都太醜了。」最後證明，數學家是對的：細胞不可能就那樣單純地解開雙螺旋體。相反地，它們是利用特殊蛋白質來剪開DNA，將它的纏繞搖鬆，事後再把它們焊接回去。不論雙螺旋有多優雅，它的複製方式有夠笨拙①。

到了一九八〇年代，科學家已經發展出先進的基因工程工具，而藝術家也開始接觸科學家，想合作進行「遺傳藝術」（genetic art）。坦白說，你對廢話的容忍度必須相當高，才可能把某些人所宣稱的遺傳藝術當成一回事：對不起了，生物藝術家戈色特（George Gessert），難道「觀賞植物、寵物、競賽動物以及改變意識的藥用植物」，當眞能組成「一種廣闊、尚未被承認的遺傳民間藝術嗎？」有些變態的東西——像是在黑兔子體內加裝水母基因，好讓它散發出綠光——也被創作出來，連藝術家自己都承認，這主要是爲了刺激人們。但是在這堆油腔滑調當中，某些遺傳藝術卻真能把煽動者的角色扮演得很好；就像最好的科幻小說，能正面挑戰我們對科學的既定想法。有一幅很著名的作品，單單由一人的精子DNA所構成，鑲在一個鋼鐵框裡，創作它的藝術家宣稱，這幅「畫像」是「（倫敦國家）肖像美術館裡最寫實的肖像」——畢竟，它揭露了捐精者赤裸裸的DNA。這看起來或許太過簡約；然而，該畫像的「主題」，確實領導了可能堪稱英國有史以來最簡約的生物學計畫：人類基因組計畫（Human Genome Project）。此外，藝術家還從聖經《創世紀》裡摘錄了一段人類主宰自然的內容，將它們編成一般細菌的A-C-G-T序列密碼——要是細菌非常精確地複製它們的DNA，這些字存活的時間，將能比聖經多出幾百萬年。從古希臘開始，渴望塑造出「活生生」藝術品的比馬龍（Pygmalion）衝動，就驅使著藝術家，而且隨著生物科技的進步，這種衝動只會愈來愈強。

科學家本身甚至也會屈服於這種誘惑，想要把DNA變成藝術。在研究染色體如何在三度空間裡扭動時，科學家發明了一種技術，用螢光染料幫它們「著色」——將黯淡的染色體形象，轉變成極誇張的燦爛色澤，連野獸派畫家看了都要臉紅。另外，科學家還用DNA本身來打造橋梁、雪花、「奈米保溫瓶」、俗氣的笑臉、類似拳擊機器人的東西，以及世界各大洲的麥卡托投影地圖。另外，有一種會移動的「DNA行走者」（DNA walkers），它們會像彈簧玩具般，翻著筋斗下樓梯，還有「DNA盒子」，你可以用一支DNA「鑰匙」來打開它們的盒蓋。科學家和藝術家把這些新奇的結構，統稱爲「DNA摺紙」（DNA origami）。

要創造一件DNA摺紙作品，操作者可能先要從電腦螢幕上的一塊虛擬積木著手。但是，這塊積木不像大理石那樣實心，而是由一堆管子堆疊而成，就好像綁成方形的一捆吸管。這時，要「雕刻成」任何物體——譬如，一尊貝多芬的胸像——他們先得用數位來開鑿表面，將管子的小片段除去，直到剩下的管子和管子片段的形狀都適合爲止。接下來，他們會用長長的單股DNA穿過每一條管子（這個穿線動作是虛擬的，但是電腦會採用一個眞正的病毒的DNA單股）。最後，來回穿梭的DNA股線，終於足以將貝多芬臉部及頭髮的所有輪廓都連結起來。這時，科學藝術家再以數位方式，將所有管子去除，只留下由摺疊的DNA所形成的胸像藍圖。

要做出一個眞正的胸像，科學藝術家得檢查折疊的DNA股。尤其是，他們會尋找一些短序列，一些「在未摺疊的線形DNA上，位置距離遙遠，但是在摺疊的結構中，位置靠近」的短序列——舉例來說，假如他們找到了序列AAAA和CCCC，彼此非常靠近。現在關鍵的步驟來了，當他們要另外建造一段眞正的DNA片段，TTTTGGGG，其前半段可以和其中一段互補，後半段則是和另一段互補。他們利用市售的設備與化學物品，一個鹼基、一個鹼基地建造出這段互補序列，然後將它和一條很長的、沒有纏繞的病毒DNA混在一起。在某個時間點，TTTT片段終會撞上AAAA的長鏈，並且鎖在一起，然後在分子的推擠當中，另一段GGGG最後也會碰到並鎖住CCCC，在那裡，將長條的DNA鏈釘在一起。如果某個獨特的釘針，每隔一個交會點就會出現一次，該雕像基本上就會很像它自己，因爲每個釘針都會將病毒DNA的遠端部分拉到該有的位置。總的說來，設計一幅肖像與準備DNA材料，大約需要一個星期。然後，科學藝術家將釘針與病毒DNA混合，在攝氏六度的溫度下，培養一小時，之後在室溫中冷卻一個星期。得到的結果是：十億個貝多芬的微胸像。

除了你能把DNA做成藝術品之外，這兩者還具有更深層的交會。即使在人類史上最悲慘的社會裡，人們還是會撥出時間來雕刻、繪畫及吟唱，這個事實強烈暗示了，演化已經把這些衝動植入我們的基因。就算是動物，也展現出藝術上的欲望。黑猩猩學會畫畫之後，常常會跳過進食時間，繼續在畫布上塗塗抹抹，如果科學家把牠們的畫筆和調色盤拿走，牠們有時候還會發脾氣呢。（十字形、四射的陽光以及圈圈，最常出現在牠們的作品中，而且黑猩猩最喜歡大膽的、米羅〔Joan Miró〕風格的線條）。有些猴子還對音樂有強烈偏好，就像爵士樂迷那般堅持②，鳥類也是一樣。而且在舞蹈方面，鳥類和其他一些動物遠較一般人類內行得多，因爲許多動物都是藉由舞蹈來溝通或求偶。

但還是一樣，目前仍不清楚要如何把這樣的衝動安裝到一個分子裡。難道說「藝術的DNA」能夠製造出「音樂的RNA」？或是「詩意的蛋白質」？不只如此，人類還發展出不同於動物藝術的藝術品質。對猴子來說，懂得欣賞有力的線條以及對稱性，或許能幫助牠們在野外做出更好的工具，如此而已。但是人類爲藝術注入了更深刻的象徵意義。洞穴牆上畫的那些麋鹿，不只是麋鹿，它們是**我們明天即將狩獵到的麋鹿**，又或者它們是**麋鹿之神**。基於這個原因，許多科學家懷疑，象徵性藝術源自語言，因爲語言能教我們將「抽象符號」（例如圖片和文字）與「真實物體」聯想在一起。而且，既然語言具有基因根源，解開語言技巧的DNA，或許也能闡明藝術的起源。

或許。和藝術一樣，許多動物的身體內建了原始語言的技巧，像是鳥兒的顫音與尖聲。針對人類雙胞胎的研究顯示，我們日常生活裡的語法、發音、拼字、聽力——差不多是所有項目——

當中，約有一半的差異，可以追溯回DNA（語言障礙甚至顯示出更強的遺傳關聯）。問題是，當科學家試圖將語言技術或是缺陷，連上DNA時，總是會陷入基因叢林之中。就拿讀寫障礙（dyslexia）來說，它起碼和六個基因有關，而每一個基因的影響比重都不清楚。更令人困惑的是，類似的基因突變，在不同的人身上，會製造出不同的影響。於是，科學家發現自己陷入和當年果蠅專家摩根相同的處境。他們曉得「語言的」基因和調控DNA是存在的；但是沒有人知道，那些DNA如何增強我們的口才——它們是藉由增加神經元的數目？或是因爲能更有效率地包覆腦神經細胞？還是在神經傳導物質層面動了手腳？

情況如此混沌，因此也就不難理解，最近剛發現一個據傳可能是語言的主控基因時，激起的興奮之情有多高漲了。一九九〇年，語言學家在研究過倫敦一戶人家（基於隱私，姑且稱之爲KE）三個世代之後，推論出應該有一個語言主控基因存在。KE家有半數人口都患有一組奇怪的語言功能失常，是典型的單基因顯性遺傳模式。患者無法協調嘴唇、下顎與舌頭，大部分的字都會口吃，講電話尤其不清楚。另外，要求他們仿效一系列簡單的面部表情，像是張大嘴，吐舌頭，並發出「哇」的聲音，也很困難。但是有些科學家指稱，KE家人的問題不只是運動神經的技巧，它也影響到文法。他們大都知道book的複數爲books，但是他們似乎是死記下這個事實。如果給他們一個編造出來的假單字，例如zoop或是wug，他們就想不出複數應該怎樣變化；即便已經接受好幾年的語言治療，他們仍舊沒辦法看出book/books與zoop/zoops之間的關聯。而且他們也不會做時式的填空測驗題，會寫出像bringed這種字。語言功能失常的KE家人，智商頗低——平均八十六，反觀語言功能未受影響的KE家人，平均智商有一〇四。但是，這種語言的不順暢，很可能不是單純的認知缺陷：有幾位語言功能失常的ＫＥ家人，其非語文智商高過平均水準，而且在接受測驗時，他們也能看出爭論裡的邏輯錯誤。此外，有些科學家發現，他們對反身代名詞也很理解（像是"he washed him"與"he washed himself"），對文法動詞的語態以及所有格，也是一樣。

科學家想不通的是，單單一個基因就能造成這麼多不同的症狀，因此，在一九九六年，他們準備要找出這個基因，解開它的密碼。就在他們把該基因的位置範圍縮小到七號染色體上的五十個基因，然後仔細地逐一研究這些基因時，他們有了一項突破。這時出現了另一名受害者，代號為ＣＳ，此人與ＫＥ家族無血緣關係。這名男孩具有同樣的智力和下顎問題，而且醫生看出他有一個移位突變：兩條染色體的手臂上有一個類似費城易位的移位突變，該突變打斷了第七號染色體上的foxp2基因。

和維生素Ａ一樣，foxp2基因所製造的蛋白質，會夾住其他基因，將它們開啓。而且也和維生素Ａ一樣，foxp2的勢力範圍很長，它能和好幾百個基因互動，引導胚胎的下顎、腸道、肺臟、心臟、特別是腦部的發育。所有哺乳動物都有foxp2基因，而且儘管經過幾十億年的集體演化，所有版本的foxp2看起來還是差不多；與老鼠相比，人類的這個基因只累積出三個胺基酸的差異（這個基因在鳴禽類看起來極爲相似，尤其是在牠們學習新歌時，該基因會特別活躍）。有趣的是，人類自從與黑猩猩分手之後，產生了兩個胺基酸變化，這些變化使得foxp2能夠和許多新基因互動。更有趣的是，當科學家創造出具有人類foxp2基因的老鼠時，這些老鼠在某個腦部區域，具有不同的神經元構造，在人類的該區域負責處理語言，而這些老鼠則會用比較低沉的男中音叫聲，和同伴溝通。

相反地，KE家族的患者腦袋裡協助製造語言的區域，不但發育不良，而且神經元密度也偏低。科學家已經將這些缺陷的源頭追溯到單一的A取代G的突變。這個置換突變只改動了foxp2所有的七百一十五個胺基酸中的一個，但卻足以妨礙該蛋白質與DNA結合。很不幸，這個突變發生的位置，不在人類與黑猩猩突變的基因範圍內，所以無法解釋語言的演化與生成。而且不論如何，科學家到現在仍然面對KE家族糾結的因與果關係：是因為神經方面的缺陷，造成他們臉部的不靈光，還是因為他們臉部活動的不靈光，打擊到他們練習語言的興致，進而導致大腦萎縮？但不管怎樣，foxp2不可能是唯一的語言基因；因為在KE家族裡，即便是病情最嚴重的成員，也不至於完全缺乏語言能力；他們的語言流暢程度，與任何猿猴類相比，必須以十的次方倍來計算（有時候，他們似乎比測驗他們的科學家更有創意。譬如說，當科學家提出下列這道問題：「他每天步行八英里。昨天他＿＿」，一位語言功能失常的KE家族成員並沒有回答說「步行八英里」，而是喃喃念道，「休息一天」）。整體說來，雖然foxp2揭露出語言和符號思維的部分遺傳基礎，但是就目前為止，有關該基因的一切，仍然含糊得令人受不了。

關於foxp2，沒想到就連科學家都同意的一件事——人類的foxp2版本是獨一無二的——都證明出是錯的。人類在幾十萬年前與其他人屬動物分開，但是古生物遺傳學家最近在尼安德塔人身上，發現人類版本的foxp2基因。這可能並不代表什麼。但是它也可能代表，尼安德塔人同樣具有語言所需的良好運動神經技巧，或是認知條件。也可能兩者兼具：良好的運動神經技巧，可能讓他們更常使用語言，而他們使用得愈是頻繁，可能就更有話要說。

能確定的一點是，由於 foxp2 的發現，關於尼安德塔人的藝術的辯論，又變得更有必要了。在尼安德塔人居住過的洞穴裡，考古學家發現了由熊的腿骨做成的笛子，以及染上色澤（紅色、黃色）並穿了孔（可以串成項鍊）的牡蠣殼。但是，要知道這些小飾品對尼安德塔人有何意義，科學家只能自求多福了。不過還是一樣，尼安德塔人可能只是仿效人類，有樣學樣，並沒有賦予這些小玩具任何特殊意義。又或者，因爲人類經常住在尼安德塔人的遺址，把自己的舊笛子和貝殼與尼安德塔人的垃圾堆放在一起，使得年代攪混了。事實上，沒有人知道尼安德塔人的發音到底有多清楚，或是他們有多喜歡附庸風雅。

所以說，除非科學家再交到一次好運——發現另一個帶有不同DNA缺陷的KE家族，或是發現尼安德塔人具有更多意料之外的基因——否則語言和符號藝術的起源，仍然是一個謎。在這同時，我們只能安分地追蹤，DNA如何增加或攪亂現代藝術家的作品。

DNA對音樂家，就像它們對運動員一樣，一點點的DNA就可以決定新進音樂家能否成就他們的才華與野心。一些研究發現，有一個關鍵的音樂特性——絕對音準，和KE家族語言缺陷一樣，都是以顯性方式來遺傳，因爲擁有絕對音準的人會將這項特徵傳給半數子女。其他研究也發現影響比較小、也比較微妙的絕對音準相關基因，而且這個DNA必須配合環境暗示（像是音樂課程），才能善用此一天分。除了耳朵，身體特徵也能讓一位音樂家更爲傑出或是註定無法成材。音樂家拉赫曼尼諾夫（Sergei Rachmaninoff）巨大的手掌——可能是罹患遺傳疾病馬凡氏症（Marfan syndrome）的結果——張開來可達十二英寸，在鋼琴上可跨越一．五個八度音，讓他可以寫出一些自己能夠彈奏、但是手掌較小的鋼琴家會撕裂韌帶的曲子。反觀另一隻手，舒曼（Robert Schumann）的鋼琴演奏家生涯之所以垮台，就是因爲肌張力不全症（dystonia）——由於缺乏肌肉，導致右手中指會不自主地彎曲或抽動。許多有這種症狀的人，都具有一種遺傳易感性（genetic susceptibility），舒曼的補救措施是撰寫起碼一首完全不必動用那根指頭的作品。但是他始終沒有放鬆，依然辛勤地練琴，甚至還設計了一個急就章的架子，來拉撐那根指頭，雖說有可能反而惡化了這種症狀。

不過，就漫長、光輝的殘病音樂家歷史而言，再沒有誰的ＤＮＡ，能比十九世紀小提琴大師帕格尼尼的ＤＮＡ，更具有亦敵亦友的矛盾情結。歌劇作曲家羅希尼不喜歡承認自己會哭，但是在他坦承哭過的三次當中③，有一次就是當他聆聽帕格尼尼的演奏時。當時羅希尼哭得稀哩嘩啦，但他可不是唯一被這名義大利奇才迷住的人。帕格尼尼留了一頭深色長髮，登台演奏時，總是一襲黑色燕尾服和黑長褲，使得他那蒼白、冒汗的臉龐，彷彿幽靈般飄浮在舞台上。而且他在演奏時，臀部會以奇怪的角度歪向一邊，有時候，拉奏得太瘋狂，他的手肘甚至會以近乎不可能的方式交叉。有些行家覺得他的演奏會好像在演戲，他們指控他在表演前故意磨損琴弦，好讓它們在演奏中途忽然戲劇性地斷裂。但是沒有人否認他的表演才華：教宗利奧十二冊封他爲金馬刺爵士（Knight of the Golden Spur），皇家鑄造廠也把他的形象鑄造在錢幣上。眾多批評家頌讚他是有史以來最偉大的小提琴家，而結果也證明，他幾乎是古典樂壇上唯一不符合「只有作曲家能名留青史」這條規則的例外。

帕格尼尼在演奏會上很少彈奏古典名曲，他寧願演奏自己作的曲子，那些曲子多半會凸顯他手指快速移動的靈巧度（一向喜歡譁衆取寵的他，也常常會納入一些沒有什麼水準的樂段，像是用他的小提琴來模仿驢子和公雞叫聲）。自一七九〇年代，還是青少年時，他就勤奮地練習音樂；但是他也深諳人類心理學，因此對於某些關於他的天分從何而來的怪異傳說，他也有意縱容。流言指出，一名天使在帕格尼尼出生時宣布，再沒有人能把小提琴拉得如他這般甜美。六年之後，上天的眷顧似乎讓他死而復生，宛如聖經裡拉撒路的故事。當時他因為僵硬症陷入昏迷，他的爸媽準備將他埋葬——他們甚至已經幫他包上裹屍布——沒想到，不知怎的，他突然在裹屍布下方抽動了一下，這才救了他，免得被活埋。然而儘管有這些奇蹟，人們還是更常將帕格尼尼的天分，歸因於招魂術，聲稱他和撒旦簽訂契約，用他不朽的靈魂換取無恥的音樂天賦（帕格尼尼對於這些流言，火上加油，他還在墓地舉辦演奏會，而且幫演奏會取一些怪名字，像是「魔鬼的笑聲」或是「女巫之舞」，彷彿他有這方面的親身經歷）。另外還有一些人指稱，他是因為刺殺一名友人，被判刑八年，在地牢監禁期間，練就出高妙的琴藝，反正閒著也是閒著，不如拉拉小提琴。冷靜型的人則對這些有關巫術和邪惡的傳言，斥為胡說。他們很有耐心地解釋說，帕格尼尼僱用了一名郎中，將限制他手部運動的韌帶切斷了。就是這麼回事。

不論聽起來有多荒唐，最後這項解釋最接近答案。因為帕格尼尼除了熱情魅力以及有能力吃苦練習之外，確實還擁有一雙柔軟度高得不尋常的手。他能將手指伸展得極開，他的皮膚簡直就像是快要被扯開似地。他的指關節彈性也同樣高得可怕：他的拇指能從手背後方伸展碰觸到同一隻手的小指頭（你不妨試試看），而且他的中指關節還能往側邊移動，好像一只小小的節拍器。因為這樣，帕格尼尼能快速完成其他小提琴家不敢挑戰的複雜的即興重複樂段與琶音，連續奏出許多高低音符——有人宣稱他每分鐘能奏出一千個音符。他能輕鬆地同時彈奏二或三個音符，而且他把某些罕見技巧鍛鍊得爐火純青，例如左手撥奏，就是他利用自身的彈性來完成的撥琴技巧。一般而言，拉弓的右手負責撥奏，於是，在每個樂段，小提琴家只能在拉琴與撥琴之間，選擇一樣來做。但是擅長左手撥奏的帕格尼尼，卻不必選擇。他靈巧的手指能夠一邊拉奏某個音符，一邊撥奏下一個音符，彷彿有兩把小提琴同時演出。

除了彈性之外，他的手指還出奇地強壯，尤其是大拇指。有一天晚上，帕格尼尼的偉大對手萊賓斯坦（Karol Lipiński）在帕多瓦觀賞他的演出，會後他到帕格尼尼的房間去參加一場晚宴，順便與帕格尼尼及其他友人閒聊。萊賓斯坦發現餐桌上的食物少得令人失望，主要就是一些雞蛋和麵包而已，不符帕格尼尼的地位（帕格尼尼甚至連那些食物都懶得吃，只吃了一些水果）。然而，在喝了些酒以及隨性彈奏吉他和喇叭之後，萊賓斯坦發現自己的目光簡直離不開帕格尼尼的雙手。他甚至抓住大師「那小巧骨感的手指」，把它們翻過來瞧。「怎麼可能，」萊賓斯坦讚嘆道，「這般細小的手指，卻能完成需要超強力道的動作？」帕格尼尼答覆道，「哦，我的手指可比你想的強壯多了。」一邊說著，他一邊撿起桌上一只厚厚的水晶碟子，將它懸空在桌面上，手指放在它的下方，拇指在上方。朋友們都靠攏過來，哈哈大笑——他們全都見識過這一招。在萊賓斯坦困惑的瞪視下，帕格尼尼的拇指微微地彎曲了一下，動作輕得幾乎看不出來，但是——卡拉一聲——碟子被捏成兩半。不願意被比下去，萊賓斯坦也抓起一只盤子，試圖用拇指將它壓碎，但是差得遠了。帕格尼尼的朋友們也同樣無法辦到。「那些碟子全都完好如初，」萊賓斯坦回憶。「而帕格尼尼則惡毒地大笑」他們的徒勞無功。像這樣的力道與靈敏兼具的組合，似乎太不公平了，而那些對帕格尼尼最是了解的人，例如他的私人醫生貝納堤（Francesco Bennati），則明確地將他的成就歸功於那雙奇妙的有如狼蛛般的手。

當然，和愛因斯坦的小提琴訓練一樣，很難釐清孰是因，孰是果。帕格尼尼從小就體弱多病，容易咳嗽和感染呼吸道疾病，但他還是在七歲就開始密集的小提琴訓練。所以，有可能他只是因爲練習而將手指拉鬆了。不過，若把其他症狀也納入考量，則顯示帕格尼尼罹患了一種遺傳疾病，叫做埃勒斯—當洛二氏綜合症（Ehlers-Danlos syndrome，簡稱 EDS）。這種疾病的患者無法製造太多膠原蛋白，而膠原蛋白能賦予韌帶與肌腱某種程度的僵硬，並且能讓骨骼堅強。如果膠原蛋白比較少，好處是能具有馬戲班要求的柔軟度。帕格尼尼和許多ＥＤＳ患者一樣，能將所有關節往後扳得很厲害（也因此他在台上才會扭曲成那樣）。但是膠原蛋白的作用，不只是防範我們觸摸到腳趾：長期缺乏它，會導致肌肉疲勞、肺臟脆弱、大腸躁鬱症、視力不良以及透明且容易受損的皮膚。現代研究已經證明，音樂家罹患ＥＤＳ以及其他韌帶鬆脫症候群（hypermobility syndromes）的比率較高（舞蹈家也是），這種病，雖然剛開始能令他們佔盡優勢，日後卻容易發展出膝蓋無力以及背痛，尤其是像帕格尼尼這種必須站著表演的人。

在一八一〇年之後，不斷地巡迴演奏也令帕格尼尼感到疲憊，雖說當時他才三十出頭，他的身體已經開始受不了了。即使他愈來愈富裕，一八一八年，一名那不勒斯房東還是把他趕了出去，因爲他深信，像帕格尼尼那般瘦弱多病的人，絕對患有結核病。他開始取消活動，無法表演，到了一八二〇年代，他得暫停整年的巡迴演出，以便讓身體復元。帕格尼尼當時不可能知道是ＥＤＳ造成他的痛苦；直到一九〇一年，才有醫生首次正式描述這種症候群。但是，無知只

普遍被視爲有史以來最偉大的小提琴家，帕格尼尼的天賦有很大一部分來自一種遺傳疾病，這種病使得他的雙手彈性大得可怕。請注意圖中他那伸展角度怪異的大拇指。（圖片來源：the Library of Congress）

會讓他更爲不顧一切，於是他四處尋訪江湖郎中和醫生。他曾被診斷患有梅毒和肺結核，以及天知道還有什麼其他的疾病，醫生們開給他強烈的以水銀爲主的通便藥丸，摧殘他已經夠脆弱的身體。他的持續性咳嗽益發嚴重，最後完全發不出聲音來。他必須戴著淺藍色的眼鏡，以保護疼痛的視網膜，而且他的左側睪丸曾經腫脹得「有如一顆小南瓜」，他低泣道。又因爲長期服用水銀，損毀了他的牙齦，他必須用細繩將搖搖欲墜的牙齒綁起來，才能進食。

帕格尼尼終於在一八四

○年過世，想追究他過世的原因，就好像在追究羅馬帝國爲什麼會滅亡一樣——原因隨你挑。濫用水銀藥物，可能對他造成最大的傷害，但是貝納提醫生對於眞正的原因，追溯到更早以前，他早在帕格尼尼成爲藥罐子之前就認識他了，而且是唯一不曾因爲欺詐而被帕格尼尼忿怒開除的醫生。在檢驗過帕格尼尼之後，貝納提否決了結核病與梅毒的診斷。相反地，他注意到，「幾乎所有（帕格尼尼）的晚期病痛，都可以追溯到他極端敏感的皮膚。」貝納提覺得，帕格尼尼像紙般脆弱的皮膚，令他格外容易著涼、冒汗以及發燒，加重了他虛弱的病情。貝納提還描述道，帕格尼尼的喉嚨、肺臟以及大腸——都是會被EDS影響的部位——極端容易受到刺激。我們當然要小心，不要對這份於一八三○年代做的診斷報告太過穿鑿附會，但是貝納提顯然將帕格尼尼的虛弱，追溯回某種天生的原因。而且按照現代的知識，帕格尼尼在生理上的才華與生理上的折磨，很可能來自相同的遺傳根源。

即便過世後，帕格尼尼的厄運依然不減。他在尼斯臨終前，拒絕領聖餐和告解，認爲這些儀式會加速他的死亡。最後他還是死了，可是因爲他跳過了聖餐，而且是在復活節季，因此教會拒絕安葬他（結果，他的家人只好將他的遺體運來運去，長達好幾個月，十分屈辱。它先是被安放在某位友人的床上，在衛生官員出面之前，放了六十天。然後他的遺體又被轉往一處廢棄的痲瘋病院，不料，一名惡劣的看守員私下向旅客收取屍體參觀費，接下來，他的遺體被安置到一家橄欖油製造廠的一個水泥槽裡。最後，他的家人終於偷偷將他的遺骨運回熱內亞，埋葬在一處私人花園中，讓他在那裡長眠了三十六年，直到教會終於原諒他，准許他下葬爲止④）。

帕格尼尼在死後被逐出教會，徒然惹來更多猜疑，認爲教會長老們對他心懷怨恨。他確實沒有將龐大遺產分給教會一丁點，而且關於出賣靈魂的浮士德傳說，對他更是不利。但是教會也掌握了太多理由，可以驅逐這位小提琴家。帕格尼尼非常好賭，在某次表演前，他甚至拿自己的小提琴當籌碼（那次他輸了）。更糟的是，他喜歡和女人飲酒作樂，他招惹過的少女、打雜女傭或是名門貴婦，遍及全歐，顯露出他對通姦的胃口眞是大得出奇。他最大膽的愛情戰利品之一，當屬他將拿破崙的兩名姊妹給弄上手，然後再加以拋棄。「我長得其醜無比，」有一次他這樣誇口，「可是，我只要拉拉我的小提琴，女人就全都拜倒在我腳下。」這話，教會聽了可不太喜歡。

然而，帕格尼尼超級活躍的性生活，還是凸顯了一個遺傳學與藝術的論點。鑑於DNA幾乎無所不在，它們很可能也幫某些藝術衝動編了密碼——但原因何在？爲什麼我們應該對藝術產生如此強烈的反應？有一個理論是，我們的腦袋渴求社會互動和社會肯定，分享故事、歌曲和影像，有助於鞏固人際關係。就這個觀點來看，藝術能培育出社會凝聚力。但還是一樣，我們熱愛藝術，也可能只是巧合。我們的腦部迴路在遠古的環境中，演化出對某些景象、聲音與情感的偏好，而藝術可能只是利用這些迴路，傳送濃縮劑量的景象、聲音與情感。就這個觀點來看，藝術和音樂對人腦的操縱，和巧克力對我們舌頭的操縱，並沒有兩樣。

然而，許多科學家透過一種叫做性擇（sexual selection，是天擇的表兄）的機制，來解釋我們對藝術的慾求。在性擇裡，最常交配的動物，不見得是因爲牠們最具有生存優勢；牠們只是比較漂亮，比較性感。性感，在大多數動物代表的是強壯、勻稱或是裝飾華麗——想想看，雄鹿的角和孔雀的尾巴。但是，歌唱或跳舞也能吸引他人注意自己強健的體魄。至於繪畫和機智的詩歌，則凸顯了個人在心智上的本領和機靈——這些才能，對於靈長類社會的結盟與地位，甚爲關鍵。

換句話說，藝術顯示了性感的心智健康。

那麼，如果說馬諦斯或莫札特那樣的才華，只是爲了交配，似乎太費心了，你說的沒錯；但是缺乏節制的浪費，正是性擇的註冊商標。想像一下，孔雀的尾巴是怎麼演化出來的。在好久以前，閃閃發亮的羽毛，令某些孔雀更富吸引力。但是，很快地，巨大而亮麗的尾巴就變得很普通了，因爲這些特徵的基因已經在下一代蔓延開來。於是，只有具備更大、更亮麗的羽毛的雄孔雀，才能贏得注目。但還是一樣，等到這些世代過去後，大家都追上來了。於是，想贏得青睞，便需要更爲賣弄——直到情況終於失控。同樣地，寫出完美的十四行詩，或是從大理石（或ＤＮＡ）雕刻出完美的圖形，對於我們這種會思考的猿類來說，可能就相當於四英尺的長羽毛、具有十四個尖點的鹿角，以及狒狒火紅的臀部⑤。

當然，帕格尼尼的才華將他送上歐洲社會的巔峰，他的ＤＮＡ卻沒能讓他成爲頂尖的種馬材料：他的身心都殘弱不堪。這凸顯出，人類的性慾太容易偏離「將好基因傳到下一代」的功利要求。性吸引力本身，自有它的功效與權力，而且文化也能推翻我們最深刻的性本能與厭惡，使得某些遺傳禁忌，例如亂倫，都能顯出魅力來。事實上，它們的魅力如此之大，在某些情況下，這些變態甚至能影響並豐富我們最偉大的藝術。

對於亨利・土魯斯—羅特列克（Henri de Toulouse-Lautrec）來說，這位畫家兼紅磨坊的記錄者，他的藝術與遺傳血統，似乎有如雙螺旋般緊密交纏。羅特列克的家族可以回溯到查理曼大帝，而且許多羅特列克伯爵都曾統治過法國南部，是當地實質上的國王。雖然他們的傲氣足以挑戰教宗的權力——不同的教宗曾驅逐羅特列克家族不下十次——但是他們的血統也曾製造出虔誠的雷蒙四世（Raymond IV），他爲了彰顯上帝的榮耀，在第一次十字軍東征時，曾率領十萬人掠奪君士坦丁堡和耶路撒冷。到了一八六四年，亨利出生時，他們的家族已經喪失政治勢力，但依然掌握龐大的地產，而他們的生活也逐漸安頓成一首不斷打獵、釣魚和飲酒作樂的男爵賦格曲。

爲了確保家產的完整，土魯斯－羅特列克族人經常彼此通婚。但是這些近親聯姻，卻讓有害的隱性基因有機會爬出它們的洞穴。世上每一個人體內都帶有一些惡性的突變，而我們之所以還能存活，只是因爲每個基因都具有雙套版本，讓那隻好基因得以彌補壞基因（對於大部分基因來說，只要產能製造率達到一半，甚至更低，身體就可以運作了。Foxp2蛋白質則是一個例外）。隨機挑兩個不同的人，卻具有同一個基因的有害突變，機率非常低，但是具有類似DNA的親戚，卻很可能將兩套同樣的缺陷，傳給他們的子女。亨利的父母親是表兄妹；他的祖母和外祖母是親姊妹。

亨利在六個月大的時候，體重只有十磅，而且據說他頭頂上的囟門直到四歲都還沒閉合。他的頭骨看起來也很腫，而且短胖的四肢與身軀接合的角度也很奇怪。即便已經進入青少年時期，他走路有時候還是得拿手杖，但這仍無法防止他摔倒，而且是兩度把兩隻大腿骨都摔斷了，始終沒有完全痊癒。對於他的病情，現代的醫生意見分歧，但他們都同意：羅特列克深受某種遺傳疾病之苦，造成他的骨頭容易脆裂，也令他的下肢發育不良（雖然他通常把身高登記爲四呎十一吋，但有人估計，他成年後的身高矮到只有四呎六吋——兒童般的腿上，撐著一具成年人的身軀）。而且他也不是家中唯一的受害者。羅特列克的兄弟在嬰兒期就過世了，他那些發育不良的堂表兄弟姊妹（同樣是近親聯姻的產物），不但骨骼畸形，還有癲癇症⑥。

而且坦白說，和其他近親繁殖的歐洲貴族相比，例如十七世紀倒楣的西班牙哈布斯堡王朝（Hapsburg dynasty），土魯斯—羅特列克家族已經算是好的了。哈布斯堡和史上許多統治者一樣，將亂倫視爲血統的「純正」，而他們只和確定同樣具有哈布斯堡血統的人結合。哈布斯堡家族曾經登上歐洲許多國家的寶座，但是伊比利亞那個分支似乎尤其熱中親上加親——在西班牙的哈布斯堡家族，每五人就有四人與家族成員結親。當時，在最邊遠落後的西班牙村莊，通常有百分之二十的鄉下嬰兒會死亡。但是在哈布斯堡家族，那個數値卻是百分之三十，在他們陰森森的大廈裡，絕對充滿了小產和死產，而且，另外百分之二十的孩子活不過十歲。至於不幸活下來的人，通常飽受——可以從皇家畫像中看出端倪——哈布斯堡唇（Hapsburg lip）之苦，這種畸形的突下巴，令他們看起來好像猴子⑦。而且這些受詛咒的嘴唇，一代比一代糟，在西班牙最後一任哈布斯堡國王身上，達到最高潮，他就是可憐的查理二世。

查理二世的母親是他父親的姪女，而他的嬸嬸同時也是他的外祖母。這樣的亂倫在他的先人身上一再重複，使得查理二世近親繁殖的程度，比起兄弟姊妹直接亂倫所生的孩子，還要再稍微高一點。最後的結果，無論就哪一方面來看，都是醜陋的。他的下巴因爲太過畸形，害他連咀嚼都有困難，他的舌頭是這麼地大，害他話都說不清楚。這位頭腦魯鈍的君王，直到八歲才會走路，而且過世的時候雖然還不滿四十歲，卻已經是個老糊塗，滿腦子幻覺，經常抽筋。但是他們還沒學夠教訓，哈布斯堡王朝的顧問竟然又幫他弄來一位表親嫁給他，準備幫他延續香火。眞是老天垂憐，查理二世經常過早地自慰，結果稍後不舉，因此一直沒能生出孩子，該王朝也從此告終。查理和其他的哈布斯堡國王們，都曾經聘請當代世上最偉大的藝術家，幫忙記錄他們的宮廷生活，但是就連提香（Titian）、魯本斯（Peter P. Rubens）和維拉斯奎茲（Diego Velázquez），都無法掩飾他們那惡名昭彰的嘴唇，以及哈布斯堡家族在全歐的衰敗。但是儘管如此，在那個醫學記錄含糊不清的年代，呈現他們醜陋容貌的美麗畫作，仍然是我們的一項寶貴工具，讓我們可以去追蹤基因的腐朽與退化。

土魯斯—羅特列克雖然也有自己的遺傳包袱，但是他至少逃過了像哈布斯堡家族那樣的心智殘疾。事實上，他的機智甚至讓他大受歡迎呢——他童年時期的玩伴都很注意他彎曲的雙腿，大家常常揹著他一起轉換陣地，好讓他可以繼續跟大家一塊玩耍。（後來他父母幫他買了一輛超大的三輪車）。但是孩子的爹卻無法原諒他的殘疾。他父親阿方斯（Alphonse Toulouse-Lautrec）身材魁梧，相貌英俊，患有躁鬱症，對於土魯斯—羅特列克家族的歷史，懷抱著浪漫的憧憬，勝過任何人。他常常身穿鎖子甲，模仿祖先雷蒙四世的裝扮，有一次他還對著某個大主教哀嘆道，「啊，閣下！那樣的日子已經過去了，土魯斯—羅特列克家的爵爺們已不能任憑高興，隨意抓個修道士來雞姦，完事後，再把他給吊死。」他之所以願意生小孩，只是因爲他想要打獵的伴兒，當事實擺在眼前，亨利永遠都不可能帶著槍與他併肩跋涉鄉野，他就把亨利排除在遺囑之外了。

不能打獵的土魯斯—羅特列克，愛上了另一項家族傳統，那就是藝術。他有好多叔伯輩都是傑出的業餘畫家，但是亨利的興趣更爲濃厚。打從嬰兒時期，他就老是在塗鴉和素描。三歲大的時候，有一次他去參加喪禮，還不會簽名的他，在賓客名冊上用墨水畫了一隻公牛。青少年時候，他在摔斷腿的養傷期間，開始非常認眞地畫畫。十五歲時，他與母親（同樣受到父親冷落）

畫家亨利・土魯斯—羅特列克是表兄妹通婚後的產物，天生就有一種遺傳疾病，妨礙了他的生長，但也微妙地塑造了他的藝術天分。他經常會用不尋常的角度來素描或畫畫。（圖片來源：Henri Toulouse-Lautrec）

搬到巴黎，好讓土魯斯—羅特列克能拿到一張學士文憑。然而，當這位剛剛發育的大男孩發覺自己位在歐陸的藝術首都時，他荒廢了學業，交上一堆嗜飲苦艾酒的波希米亞畫家。他的父母先前曾鼓勵他的藝術野心，如今他們的寵溺變質爲反對，反對他放蕩的新生活。其他家族成員也非常氣憤。一名極端保守的長輩，將亨利留在老家的年輕時代的作品全都翻了出來，一把火燒光光，就好像十五世紀薩佛納羅拉（Girolamo Savonarola）的虛榮之火。

但是土魯斯—羅特列克沉浸在巴黎的藝術場景之中，然後在一八八〇年代，他的DNA開始塑造了他的藝術。他的遺傳疾病令他醜得絲毫不具吸引力，無論是身體還是臉蛋——一口爛牙，腫大的鼻子，而且老是嘴唇開開地流口水。爲了要讓自己對女人更有一點吸引力，他掛上漂亮的鬍子來遮住臉，而且也和帕格尼尼一樣，他鼓勵一些關於自己的謠言（據說他贏得「三角架」的綽號，因爲他有兩條矮胖的腿，以及，嗯，你們曉得吧，兩腿之間「那根很長的東西」）。但儘管如此，這個長相滑稽的侏儒還是迫切地想贏得美人芳心，他開始流連巴黎破落的酒吧和妓院，有時候一連幾天不見蹤影。於是乎，在充滿高貴處所的巴黎，這名貴族卻是在這些地方找尋他的靈感。他結識了許多青樓女子和下流社會人士，儘管這些人出身卑微，羅特列克卻花了很多時間幫他們畫像，而他的作品，就算沾染上些許滑稽或色情意味，卻能還給他們尊嚴。他在這些破爛的臥房和內室裡，看到了人性，甚至是高貴，而他也不像其他印象派前輩們，他宣布再也不去畫什麼夕陽、池塘、密林之類的室外風景。「大自然背棄了我」，他解釋，所以他也要棄絕大自然，做爲回敬，他寧願手中握一杯雞尾酒，欣賞壞女人在他面前搔首弄姿。

他的DNA很可能也影響了他所從事的藝術類型。天生兩條短胖手臂，以及兩隻被他自嘲爲「肥爪」（grosses pattes）的手，要他長時間握著筆畫畫並不容易。這很可能是他決定花那麼多時間來製作海報與印刷品的原因，這些媒介對他來說，比較容易。而且他也畫了很多素描。三角架在妓院裡不見得都能「伸展」，於是，亨利趁著休息的時候，畫了好幾千張清淡活潑的圖畫，描繪衆女子在親密時刻或是在沉思時的情景。不只如此，他在這些素描以及比較正式的紅磨坊畫像中，經常採取一種很不尋常的視角——從低處往上觀察主題人物（所謂「鼻孔視角」〔nostril view〕），或是把主題人物的腳排除到畫面之外（他痛恨畫別人的腿，因爲這是他的大缺陷），或是用仰角讓畫面傾斜，那種角度，對於身體較佳但藝術感較弱的人，可能永遠都不會感受到。有一名模特兒曾經對他說，「你眞是一個畸形天才。」他回應道，「那當然。」

不幸的是，紅磨坊的誘惑——自由性愛，徹夜不眠，尤其會「扼殺小鸚鵡」（這是土魯斯—羅特列克對於自己「喝酒喝到茫」的婉轉用語）——終於在一八九〇年代，將他孱弱的身子給掏空了。他母親設法把他送去療養院，但是治療始終不成功（部分原因是他特製了一根中空的手杖，裡頭藏著苦艾酒，可以不時地偷飲）。一九〇一年，在舊疾復發之後，土魯斯—羅特列克腦中風發作，幾天後死於腎衰竭，得年三十六歲。就他家族出產畫家的輝煌歷史來看，他體內很可能擁有藝術才華的基因；同樣地，他們家的衆伯爵們也傳給他那發育不良的骨骼，而且鑑於他們家族同樣輝煌的飲酒狂歷史，他們恐怕也把導致酗酒的基因傳給了他。就像帕格尼尼一樣，如果說，土魯斯—羅特列克的ＤＮＡ讓他成爲藝術家，那麼最後害死他的，也是他的ＤＮＡ。

PART IV

DNA 先知

遺傳學對歷史、現在和未來的影響

13 有時候，歷史就是序文

對於史上英雄人物，基因能（或不能）告訴我們什麼？

他們全都是過去式了，所以啦，眞搞不懂我們爲什麼還在這裡瞎起鬨。但是，只要碰到蕭邦（囊腫纖維化？）、杜斯妥也夫斯基（癲癇？）、愛．倫坡（狂犬病？）、珍．奧斯丁（成人水痘？）、穿刺王弗拉德（紫質症？）或梵谷（半本《精神疾病診斷與統計手冊》裡的毛病？），我們就是忍不住要去診斷這些名人的死因。儘管記錄很有限，我們還是堅持要揣測。就連小說裡的人物，有時也會獲得沒有根據的醫學報告。醫生們信心十足地診斷說，小氣財神史谷基患有強迫症，大偵探福爾摩斯患有自閉症，《星際大戰》裡的反派黑武士達斯．維德則患有邊緣型人格障礙。

我們會有這種衝動，部分當然來自對英雄的癡迷，而且看看他們如何戰勝重大的威脅，也很能鼓舞人心。此外，大家私底下也免不了有點沾沾自喜：看哪，我們解開了前人參不透的謎團。最重要的是，一位醫生在二〇一〇年的《美國醫學協會期刊》上聲稱，「這種回溯診斷（retrospective diagnoses）最令人愉悅之處，莫過於永遠有爭論的空間，而且既然沒有絕對的證據，新理論和新的說法也有它們的空間。」那些說法往往都是推斷——利用神秘的疾病，來解釋曠世傑作或戰爭的根源，與事實不符。血友病眞的拖垮了帝俄？是痛風導致美國革命？蟲咬促成了達爾文的理論？然而，儘管我們的遺傳學知識與日俱增，讓人更想搜羅古代的證據，但在實際上，遺傳學反而經常平添更多醫學和道德上的困惑。

基於種種原因——例如文化上的迷戀、剛好有現成的木乃伊、一堆晦澀不明的死因——醫學史專家特別喜歡窺探古埃及和他們的法老王，例如阿蒙霍普特四世（Amenhotep IV）。阿蒙霍普特曾經被稱做是摩西、伊底帕斯和耶穌基督的合體，而他的異教信仰，最後雖然毀了他的王朝，同時卻也讓他不朽，只是方式有點迂迴。在他統治的第四年，大約西元前一三〇〇年代中期，阿蒙霍普特自己改名為阿肯那頓（Akhenaten，意思為「太陽神阿頓之子」）。這是他摒除祖先豐富的多神教的第一步，改為崇拜比較完全的一神教。很快地，阿肯那頓就建起一個新的「太陽城」，以敬拜太陽神阿頓，同時也將埃及原本夜間進行的宗教祭祀，改在阿頓最旺的下午時分。阿肯那頓還宣稱，他突然間發現自己正是阿頓失散多年的親生子。當民間開始對這些改變傳出怨言時，阿肯那頓就下令他那群兇惡的禁衛軍，將他聲稱的父王以外所有神祇的圖像加以搗毀，不論該圖像是位於公共紀念碑上，還是貧窮人家的陶器瓦罐上。阿肯那頓甚至成為文法上的納粹，他把象形文字「眾神」，從所有公開談話中清除得乾乾淨淨。

阿肯那頓十七年的統治期間，在藝術方面，同樣可以見證他朝向異教的變化。來自阿肯那頓時期的壁畫與浮雕，鳥、魚、獵物和花卉全都首次顯示出真實感。阿肯那頓的後宮藝術家在描繪他的皇室時——包括他最著名的太太娜芙蒂蒂（Nefertiti），以及他的繼承人圖坦卡門（Tutankhamen）——場景也是平凡地出奇，例如進餐或是相擁親吻等等。然而，即便畫面裡這些細節非常正確，皇室成員的身體卻顯得怪異，甚至畸形。更神秘的是，畫面中出現的僕人或其他地位較低的人物，長相仍然很正常。在那之前，法老王通常都被畫成彷彿北非的阿多尼斯（Adonises，譯註：希臘神話中的美男子），平直的肩膀，舞者的體格。阿肯那頓卻不是；夾在其他極端寫實的人物中，他、圖坦卡門、娜芙蒂蒂以及其他貴族，看起來完全不搭調。

考古學家對這些皇家藝術的描述，聽起來簡直像是在狂歡節上招攬顧客的人，他們保證「你會被這些令人厭惡的形體縮影嚇倒」。另外也有人稱阿肯那頓爲一個「人形螳螂」。這些怪異特徵，可以寫上好幾頁：杏仁狀的頭，粗短的軀幹，蜘蛛般細長的手臂，像雞一樣的細瘦雙腿（加上後彎的膝蓋），翹起的大屁股，厚嘴唇，凹陷的胸，下垂的大肚皮等等。在許多圖畫中，阿肯那頓具有胸部，而且在唯一已知他的裸體雕像中，他的胯下像肯尼娃娃一樣，沒有兩性特徵。簡單地說，這些作品在藝術史上，完全與「大衛像」或是「米羅的維納斯」背道而馳。

就像哈布斯堡的畫像，埃及古物學家也將這些畫作視爲證據，證明法老家族裡有遺傳畸形。還有一些其他證據也吻合這個想法。阿肯那頓的另一個兄弟，在童年時期就死於一場神秘的疾病，有幾位學者相信，阿肯那頓在少年時期沒有參與宮廷典禮是因爲生理殘疾。而且在他的兒子圖坦卡門的墳墓中，考古學家發現了一百三十支手杖，其中許多支都有磨損的痕跡。醫生們忍不住幫這些法老王回溯診斷出各種疾病，像是馬凡氏症以及象皮病。但是，這些診斷不論多麼具有暗示性，都嚴重缺乏扎實的證據。

接著遺傳學登場。埃及政府一向不願意讓遺傳學家碰觸他們最寶貝的木乃伊。在組織或骨頭上鑽孔，無法避免地會對這些木乃伊造成部分損傷，再說，考古遺傳學剛開始也不夠穩定，有很多問題，像是污染或是結果不確定。直到二〇〇七年，埃及政府才大發慈悲，准許科學家抽取五

埃及法老王阿肯那頓（左）要他的宮廷藝術家把他和他的家人描繪成外貌怪異、近乎異形的人物，惹得許多現代醫生跑去回溯診斷他是否罹患遺傳疾病。（圖片來源：Andreas Praefcke）

代木乃伊的ＤＮＡ，包括圖坦卡門與阿肯那頓。這些遺傳研究加上嚴謹的斷層攝影掃瞄屍身，協助解決了該世代在藝術與政治上的一些難解之謎。

首先，研究結果顯示，阿肯那頓或他的家人並沒有重大缺陷，這一點暗示了，這個埃及皇族長得就像正常人一樣。意思是，阿肯那頓的畫像——它們看起來一點都不正常——可能並不逼眞。它們只是宣傳品。阿肯那頓顯然認定自己身爲太陽神不朽的兒子，地位應該要比平民百姓高出許多，因此他的公眾形象必須擁有一種新式的身體。阿肯那頓在畫像中的某些奇異特徵（腫大的肚皮，像豬一樣的腰臀）令人想起生育之神，所以他可能也想表現，自己彷彿是一個能孕育生產埃及的福祉的子宮。

不過，這些木乃伊還是具有一些輕微的畸形，像是畸形腳和兔唇。而且缺陷一代比一代多。圖坦卡門身爲第四代，傳到了兩隻畸形腳以及一個兔唇。和土魯斯—羅特列克一樣，他也是年紀輕輕就摔斷了股骨，而且他腳上的骨頭因天生血液供給不良而死亡。科學家在檢查過圖坦卡門的基因後，終於明白他爲何會受這麼多苦。某些特定的「口吃」ＤＮＡ（重複的鹼基片段）會從親代傳給子代，成爲追蹤血緣的線索。對圖坦卡門來說，不幸的是，他的父母具有相同的口吃ＤＮＡ——因爲他的媽媽和爸爸具有相同的父母。娜芙蒂蒂或許是阿肯那頓最著名的妃子，但是論及生育子嗣這等大事，阿肯那頓還是選擇了一位親姊妹。

這樣的亂倫很可能也賠上了圖坦卡門的免疫系統，並終結了這個王朝。一名史學家注意到，阿肯那頓對於任何埃及以外的事務，「興趣之缺乏，已經到了病態的程度」，而外國敵人當時正樂得打劫埃及的邊界地區，威脅埃及的國家安全。這些問題在阿肯那頓過世後依然存在，年僅九歲的圖坦卡門即位，後者宣布放棄父親的異教信仰，回復古埃及的多神教，希望能轉運。結果並沒有。科學家在研究圖坦卡門的木乃伊時，發現他的骨頭裡面有許多瘧疾的ＤＮＡ。瘧疾在當時並不罕見；類似的檢驗顯示，圖坦卡門的祖父母也都得過瘧疾，起碼兩次，而他們雙雙活到五十多歲。不過，科學家指出，圖坦卡門的瘧疾感染，「對於一個（由於亂倫基因的關係）已經不能再承受更多重擔的身軀，增添了太多壓力。」他十九歲就過世了。事實上，圖坦卡門陵墓內牆上的一些奇怪的棕色污點，透露了他是突然過世的線索。經過DNA以及化學分析，顯示這些污點的來源是生物：圖坦卡門的過世是這麼地突然，他的陵墓內室的壁畫都還沒來得及乾燥，因此它們在隨從封棺之後，沾上了黴菌。更慘的是，圖坦卡門又給下一代增添了更多的遺傳缺陷，因爲他娶了同父異母的姊妹做妻子。已知他們有兩個孩子，分別死於五個月大以及七個月大，最後變成兩具可悲的小木乃伊，和圖坦卡門躺在同一座陵墓中，成爲金面罩和手杖以外，令人毛骨悚然的陪葬品。

埃及的權貴從來不曾遺忘這家人的罪過，當圖坦卡門沒有留下子嗣就過世後，一名將領便抓住機會，奪走王位。結果他也還沒留下子嗣就死了，但另一位將軍拉美西斯（Ramses）取而代之。拉美西斯和隨後的繼承者，將法老王年鑑中與阿肯那頓、圖坦卡門以及娜芙蒂蒂有關的事跡，大部分都刪光了，消滅他們痕跡的決心之堅定，就像阿肯那頓當年消滅衆神的痕跡時一樣。最後，拉美西斯和其繼任者甚至在圖坦卡門的陵墓上方，加蓋新的建築物，做爲終極的侮辱。事實上，他們將這座陵墓隱藏得之完美，就連盜墓者都很難找到。結果，經過這麼多個世紀，圖坦卡門的陪葬物大都還保持完整——而這些寶藏，遲早會令他與他的異教的亂倫家族，再度博得某種方式的不朽。

當然，所有精心推理的回溯診斷——圖坦卡門、土魯斯—羅特列克、帕格尼尼、巨人歌利亞（絕對是巨人症，錯不了）——都有一些好玩的東西。其中最糟糕的回溯診斷，大概要算是一九六二年開始的一些事件，當時一名醫生發表了一篇有關紫質症（porphyria）的論文，這是一種紅血球疾病。

紫質症會導致有毒副產品愈堆愈多，結果有可能（視類型而定）損壞皮膚、長出不恰當的體毛，或是造成神經短路而誘發精神病。這名醫生認爲，這些症狀聽起來非常類似狼人，於是他提出一個想法：廣爲流傳的狼人故事很可能具有醫學基礎。一九八二年，一名加拿大生化學家想出一個更妙的點子。他注意到紫質症的其他症狀——曬太陽會起水泡，突出的牙齒，血紅的尿液——然後開始公開演說，暗示這種病似乎更可能激發出吸血鬼傳說。當別人要求他進一步解釋時，他卻拒絕爲此寫一篇科學論文，反而去參加美國全國性的脫口秀節目。就在萬聖節那天。於是，觀衆們聽他解說，由於曬太陽會起水泡的關係，「吸血鬼」紫質症患者會在半夜時分出來漫遊，而且可能會發現飲用血液後，症狀獲得改善，因爲能補充喪失的血液成分。至於著名的「吸血鬼之咬」又是怎麼回事呢？他辯稱，由於紫質基因會在家族內流傳，但通常會因爲壓力或驚嚇而觸發攻擊性。當你的兄弟或姊妹咬你一口，然後吸你的血，那當然稱得上是「壓力大的情況」嘍。

這個節目吸引了很多人的注意，過沒多久，便有許多擔心得要命的紫質症病患詢問醫生，他們是否會突變成嗜血的吸血鬼（幾年後，一名發狂的維吉尼亞男人甚至把罹患紫質症的朋友給刺死，並加以分屍，說是爲了自保）。這些意外實在是不幸中的不幸，因爲該理論一丁點價值都沒有。不說別的，我們認爲最典型的吸血鬼特徵，例如夜間活動等等，都不是民俗吸血鬼傳說裡的常態（我們現在所有關於吸血鬼的知識，大都是由斯多克〔Bram Stoker〕在十九世紀晚期創造出來的隱喻），而且裡頭所謂的科學事實也兜不攏。飲血根本不能舒緩症狀，因爲能舒緩紫質症症狀的血液成分，無法通過消化過程。再者就遺傳而言，雖說許多紫質症病人確實容易被太陽曬傷，但是眞正會起嚴重水泡，讓人聯想到超自然邪惡的曬傷，只限於紫質症突變種類中的一種。到目前爲止，有記載的這種突變案例只有幾百個，數量太少，不足以解釋過去幾百年來廣爲流傳的吸血鬼歇斯底里症（東歐地區有些村莊，每週都要耕作一下他們的墓園，以便搜尋吸血鬼）。總的說來，紫質症事例的荒腔走板，與其說解釋了民俗怪物的來源，不如說解釋了現代人有多好騙——人們有多麼願意相信粉飾著科學外表的事物。

另一個更受歡迎（但也被反駁得更厲害）的紫質症相關歷史案件，發生在英王喬治三世統治期間。喬治並不會被太陽曬傷，但是他的尿液色澤確實很像淡紅色的葡萄酒，再加上其他幾項紫質症特徵，例如便秘以及眼白泛黃。另外，他還會不時地發作瘋病。有一次他神情肅穆地與一根老橡樹枝握手，自認他終於和普魯士國王見面了；另外他還有一個事例，也被公認與吸血鬼有關，那次他抱怨沒辦法看見鏡中的自己。的確，喬治王的症狀不完全吻合紫質症，而且他的精神病發作的嚴重程度，對紫質症患者而言，也太不尋常了。但是他的基因可能眞帶有複雜的因子：在一五〇〇到一九〇〇年間，遺傳性的瘋病在歐洲皇室之間（而且他們大都爲喬治王的親戚），堪稱爲一種風土病。不論原因爲何，喬治第一次發病，大約是在一七六五年初，可把國會給嚇壞了，於是通過一條法案，明訂若是國王完全發瘋之後，應由何人接掌權力。喬治王很生氣，開除了首相。但是就在那年春天的一團混亂中，印花稅通過了，而這項稅法開始侵蝕美國殖民地與喬治王的關係。而且在新首相即位後，備受奚落的舊首相決心要把剩餘的權力拿來懲罰殖民地，這是他最偏愛的嗜好。另一位具有影響力的政治家皮特（William Pitt），一向希望能將美國留在大英帝國內，可以想見，他應該會削弱這樣的復仇行動。但是，皮特患有另一種具有高度遺傳性的疾病——痛風（誘發的原因，可能是太過豐盛的飲食，或是喝了太多廉價的、含鉛的葡萄牙葡萄酒）。由於臥床休息的關係，皮特錯過了一七六五年幾場關鍵的政策辯論，事後，瘋狂的喬治王政府終於將美國殖民地給逼過頭了。

嶄新的美國甩掉了王朝的血統，避開了讓歐洲君王發狂的遺傳性瘋病。當然，美國的總統們也有自己的毛病。約翰．甘迺迪天生體弱多病——他念幼稚園期間，因爲生病而缺課三分之二——而且在上小學時，就被（錯誤地）診斷出，罹患肝病及白血病。在他剛成年時，醫生每兩個月就會在他的大腿上切一刀，注入荷爾蒙藥劑，而且據說他們家在全國各地的保險箱裡，總是存放著緊急藥物，以備萬一。這是很必要的。甘迺迪在當上總統以前，經常健康衰竭並接受臨終儀式。史學家現在知道甘迺迪有愛迪生氏症（Addison's disease），這種病會損害腎上腺，造成體內的可體松枯竭。愛迪生氏症的其中一個副作用是古銅色的肌膚，這對甘迺迪來說，十分管用，剛好讓他擁有一身爽朗健美的膚色，很適合上電視。

但是整體來說，它還是一種滿嚴重的疾病，而且他在一九六〇年選總統時的競爭對手——先是同屬民主黨的詹森，然後是共和黨的尼克森——雖然不知道他害什麼病，但照樣到處散播謠言，說他活不過總統第一任期。在回應這些謠言時，甘迺迪陣營的主事者很聰明地運用一些文字聲明，來誤導社會大衆。醫生最初在一八〇〇年代發現愛迪生氏症時，以爲它是結核病的一種副作用，而這也成爲所謂的「傳統的」愛迪生氏症。所以，甘迺迪陣營的人可以面不改色地說，他「現在和以前都不曾罹患一種傳統上被稱爲愛迪生氏症的病症，也就是腎上腺因結核病而受損」。

事實上，愛迪生氏症大部分的病例都是天生的；他們所遭受的自體免疫攻擊，是由MHC基因所統合的。不只如此，甘迺迪大概至少有一個容易罹患愛迪生氏症的基因，因爲他的妹妹尤妮絲（Eunice Kennedy）也有這種病。但是，除非把甘迺迪挖出來，否則將沒有辦法釐清，基因導致他罹病的成分有多高（如果眞有的話）。

關於林肯總統的遺傳，科學家就更傷腦筋了，因爲他們甚至不能確定他是否有生病。他可能有病的第一個徵兆，出現在一九五九年，當時有一名醫生診斷出，一個七歲大的男孩具有馬凡氏症。在小男孩的族譜中回溯這種疾病時，這名醫生赫然發現，在八代之前，有一位莫迪凱·林肯二世（Mordecai Lincoln Jr.）是林肯總統的高祖父。雖說這個發現具有暗示性——林肯瘦削的身材以及細長的四肢，看起來正是典型的馬凡氏症患者，而且它是一種顯性遺傳疾病，所以會在家族裡傳遞下去——但是沒法眞正證明什麼，因爲這個小男孩也有可能從其他任何一名祖先，接收到這個顯性基因突變。

突變的馬凡基因會製造有缺陷的原纖結構蛋白（fibrillin），這種蛋白質主要是提供身體軟組織的結構性支援。譬如說，原纖結構蛋白能幫助形成眼睛，因此馬凡氏症患者通常視力很差（這也解釋了，爲何有些現代醫生診斷阿肯那頓患有馬凡氏症；他可能很自然地偏愛太陽神，勝過那群瞇著眼睛在夜間活動的埃及衆神）。更重要的是，原纖結構蛋白會將血管束緊：馬凡氏症患者往往在年紀很輕的時候，就因大動脈磨損破裂而過世。事實上，在長達一百年期間，檢查血管和其他軟組織，是唯一能診斷出馬凡氏症的方法。也因此，在缺乏林肯軟組織的情況下，一九五九年以及在那之後的醫生，只能審查舊照片與醫學記錄，然後爲了一些模糊不清的第二症狀，在那裡爭辯。

檢驗林肯的DNA，這個念頭，大約始於一九九〇年。死於暴力的林肯，留下許多可以抽取DNA的材料，像是頭骨碎片、染血的枕套和袖口等等。就連從他頭骨裡找到的手槍子彈，都可能帶有少許DNA。於是，一九九一年，九名專家齊聚一堂，辯論進行這種檢驗的可能性與道德性。就在大家吵成一團之際，一名來自伊利諾州的國會議員跳出來，要求專家們判斷，林肯本人會不會贊成這個計畫，以及其他一些事項。這個要求很難達成。不只是因為林肯早在米歇爾發現DNA之前，就已經過世，而且林肯在私底下也不曾（完全沒有理由嘛）表達過任何與死後醫學研究有關的看法。再說，基因檢驗需要將許多寶貴的物品打成爛泥——而且即使這樣做，科學家可能還是沒法得出扎實的答案。事實上，林肯委員會愈討論，愈是不安，因為他們漸漸發覺進行診斷有多麼複雜。陸續揭曉的研究顯示，馬凡氏症可能由許多不同的原纖結構蛋白突變所引發，因此，遺傳學家將必須搜尋許多很長的DNA片段，以便進行診斷——這樣做，比起只需搜尋某個單一定點的突變，困難許多。再說，就算他們沒有找到已知的這些突變，林肯還是有可能經由某個未知的突變而罹患馬凡氏症。這一場原本很認眞的科學冒險，突然之間顯得很不牢靠，尤其是在傳出一些誇張的謠言之後，大家就更沒信心了，該謠言指稱，某位諾貝爾獎得主想要將「貨眞價實的」林肯DNA弄到手，並將它複製埋藏在琥珀首飾中。委員會最後終於將檢驗林肯DNA的想法作廢，直到現在，它依然是停滯狀態。

雖說最後沒有結果，研究林肯DNA的這一場努力，還是提供了一些準則，讓我們判斷是否值得進行回溯遺傳學計畫。其中最重要的科學考量，在於當前的技術水準以及科學家是否應該先按捺住（即便令人難熬），留給後世去研究。更重要的是，雖說科學家對於活人，顯然需要先證明自己有能力可靠地診斷出某種遺傳疾病，才能採取行動，但就林肯的例子，他們卻在還無法確定之前，就開始往前衝了。而且，以一九九一年的技術水準來看，根本難以避免讓那些保存良好的物品（像是染血的袖口和枕頭套）產生DNA污染（就這個原因，一名專家建議，不妨先利用國家博物館裡，衆多南北戰爭時期無名截肢者的骨頭，來進行練習）。

至於道德層面的顧慮，部分科學家辯稱，歷史學家早已侵犯人們的日記與醫療紀錄，回溯遺傳學只不過是把這張執照加以延伸而已。但是這項比喻不完全站得住腳，因爲遺傳學可能會揭露連當事人都不知道的缺陷。如果他們早就死了，那也不算太可怕，但是他們還在人間的後代，卻可能並不願意被人揭露出來。再者，若說侵犯某人的隱私是無法避免的，那麼該研究至少應該試圖回答重要的或是未曾解開的問題。遺傳學家可以輕易地進行檢驗，以判斷林肯的耳垢是溼的還是乾的，但是，這樣做並不能讓我們更了解林肯的爲人。診斷他是否患有馬凡氏症，倒是有可能增進我們對他的了解。大部分馬凡氏患者都會因爲大動脈撕裂而早夭；所以，五十六歲就被暗殺的林肯①，或許早已註定無法活過第二任期。又或者，如果檢驗排除馬凡氏症，它們有可能會指向其他方向。林肯在擔任總統的最後一個月期間，健康明顯惡化；《芝加哥論壇報》還曾經在一八六五年三月，發表一篇社論，籲請他不論有沒有戰事，都要多休息，以免因壓力和過勞而累死。但那或許並不是壓力。他有可能早就患有另一種類似馬凡氏症的疾病。而且由於部分這類疾病會導致顯著的疼痛，甚至是癌症，林肯有可能早就已經感知到，自己會死在任內（就像小羅斯福總統一樣）。這或許也能提供我們一個新的角度，來思考林肯爲什麼要在一八六四年更換副總統，以及他準備要在戰後善待南方聯盟。此外，遺傳檢驗還能揭露，經常沉思的林肯，是否有憂鬱的傾向，這是一個現在很流行的理論，但缺乏證據。

類似的問題也適用於其他總統。如果把甘迺迪總統的愛迪生氏症納入考量，或許不管怎樣，他的輝煌年代都是會早夭的（反過來看，甘迺迪要是沒有感覺到死神的迫近，或許也不會給自己這麼多壓力，要這麼快速地在政壇崛起）。至於哲斐遜總統的家族遺傳學，則凸顯出他對奴隸的看法存在奇妙的矛盾。

一八〇二年，一些低俗小報開始暗示，哲斐遜和一名女奴「情婦」生了幾個私生子。當哲斐遜在巴黎擔任美國公使的時候，注意到服侍他的海明斯（Sally Hemings）（她可能是哲斐遜先妻的同父異母姊妹；哲斐遜的岳父有一名奴隸情婦）。哲斐遜在返回美國蒙地賽羅之前，曾非法將她納為情人。哲斐遜在報界的敵人嘲諷她是「非洲的維納斯」，而麻州州議會也曾在一八〇五年公開辯論哲斐遜的操守問題，包括他與海明斯的外遇。但是即便是友好的旁觀者，也記得海明斯的兒子簡直就是哲斐遜的分身，只不過膚色較深。在某一場晚宴上，一名賓客碰巧瞧見海明斯的一個兒子出現在哲斐遜肩後，兩人相貌之神似，令他大吃一驚。透過日記以及其他文獻，史學家後來認定，在海明斯的每一次生產之前九個月，哲斐遜都住在蒙地賽羅。而且哲斐遜也在那些孩子滿二十一歲時，還給他們自由身，這是他對其他奴隸不曾施給的恩惠。離開維吉尼亞州之後，其中一名被解放的孩子麥迪遜（Madison）向報紙誇口，說他知道哲斐遜就是他父親，而另一個男孩艾斯頓（Eston）甚至把姓氏改成哲斐遜，部分是因為他長得實在太像華盛頓特區的哲斐遜總統雕像。

不過，哲斐遜始終否認他是任何奴隸子女的父親，而且很多現代人也不相信這項指控；有人反指是當時住在附近的堂表兄弟或其他親戚惹的禍。於是在一九〇〇年代末，科學家當眞幫哲斐遜接上了基因測謊器。由於Y染色體無法與其他染色體進行互換和重組，男性會將完整的Y染色體，傳給每一個兒子。哲斐遜沒有公開承認的兒子，但是某些擁有和他相同Y染色體的男性親屬，例如他的伯父菲爾德（Field Jefferson），有男性後裔。菲爾德的兒子也生了兒子，而且後者也有自己的兒子，因此，哲斐遜家的Y染色體得以傳遞給現在還活著的幾名男性。幸運的是，艾斯頓身後的每一代也都有男性後裔，於是，科學家在一九九九年追蹤到兩家人的男性後裔。他們的Y染色體完全吻合。當然，這只能證明**有一位**姓哲斐遜的男士，是海明斯的子女的父親，但並不能證實那人就是傑佛遜總統。不過，考量其他種種歷史證據，哲斐遜沒有善盡父職的指控，很可能是成立的。

當然啦，不可否認，揣測哲斐遜的私生活是很令人心癢——他們在巴黎燃起愛苗，他在悶熱的華盛頓特區，渴望著海明斯——但是，這場外遇同時也彰顯出哲斐遜的性格。他應該是在一八〇八年讓海明斯懷了艾斯頓，那是在他初次受到這類指控的六年之後——這一點顯示，他要不是極端傲慢，就是眞心愛戀海明斯。然而，和許多他瞧不起的英國王族一樣，他爲了名聲，不承認自己的私生子。更令人不舒服的是，哲斐遜曾公開反對黑人與白人結婚，甚至起草法令，規定黑白混種婚姻不合法，以迎合大衆對雜婚以及種族不純淨的恐懼。對於這位可能是美國最有哲思的總統，此舉未免太虛僞了。

自從有哲斐遜的案例之後，Y染色體檢驗在歷史遺傳學上就愈來愈重要了。這項技術確實有一個缺點，父系的Y染色體只能把某人的範圍縮小：你只能確定是他衆多世代祖先裡的其中一位（母系的粒線體DNA也有類似的限制）。然而，即便有這項警告，Y染色體還是能揭露非常多的資訊。譬如說，檢驗Y染色體的結果顯示，人類史上最會播種的猛男，可能不是大情聖卡薩諾瓦或是所羅門王，而是成吉思汗，他是現今一千六百萬名男性的祖先：全球每兩百名男性，就有一人攜帶這根由他的睪丸所決定的染色體。每當蒙古征服一個地區，他們就會盡量讓衆多當地女子懷他們的孩子，以鞏固當地人與新領主之間的關係（「他們不打仗的時候，都在忙些什麼，再清楚不過了。」某個歷史學家這樣評論）。顯然可汗本人在這方面更是一肩扛起最大的責任，於是乎，現在的中亞地區到處都是他的子孫。

考古學家也曾研究Y（以及其他）染色體，來分析猶太人的歷史。舊約聖經記錄猶太人曾經一分爲二，成爲猶太王國和以色列王國，這兩個獨立的國家可能會發展出不同的遺傳標記（genetic markers），因爲人們通常喜歡與自己人結親。在猶太人流離四散了幾千年之後，許多史學家終於放棄，不再試圖追蹤這兩個王國的子民最後流落何方。但是，在現代的阿什肯納茲猶太人（Ashkenazi Jews）、塞法迪猶太人（Sephardic Jews）以及東方猶太人（Oriental Jews）身上，充滿了獨特的遺傳標誌（包括疾病），使得遺傳學家得以追蹤古代族譜，進而判斷聖經上最初的分支大都還存在。另外，學者們也追蹤猶太教士階級的遺傳源頭。在猶太教裡，據說Cohanim全都是亞倫（摩西的哥哥）的直系後裔，他們在祭祀典禮上具有特殊的角色。這份榮耀是從Cohanim父親，傳給Cohanim兒子，模式和Y染色體完全一樣。後來證明，世界各地的Cohanim確實都擁有極爲類似的Y染色體，顯示他們來自單一父系血統。更進一步研究證明，這個「Y染色體亞倫」大約就存活在摩西的年代，確認了猶太傳統的眞實性（至少在這個案例是如此。另一支相關但不同的猶太團體 Levites，宗教上的特權也是以父傳子方式繼承。但是全世界的 Levites 很少具有相同的Y，所以，要不是猶太傳統的故事失眞，就是 Levite 的老婆們背著丈夫偷人②）。

不只如此，研究猶太人 DNA 還能幫忙確認一度在非洲倫巴部落裡流傳的神聖故事。倫巴族人始終堅稱他們有猶太人血統——在非常久遠以前，一個名叫 Buba 的人，帶領他們出了以色列，在南非定居下來，直到今天他們還是不屑於吃豬肉，他們幫男嬰進行割禮，頭戴類似猶太人的圓頂小帽，用四周環繞著大衛之星的大象紋章來裝飾他們的家。聽在考古學家耳中，Buba 傳說太誇張了，他們解釋說，這些「黑皮膚的希伯來人」其實是文化傳播，而非眞人的移民。但是倫巴人的 DNA 卻認可了他們的猶太根源：倫巴全體男性的百分之十，以及倫巴最古老虔誠的家族（也就是教士階級）裡的半數男性，都具有那根彷彿註冊商標的 Cohanim Y 染色體。

不過，研究 DNA 雖然有助於回答某些問題，我們還是不能單靠檢驗某個名人的後代子孫的 DNA，來判斷那個名人是否罹患某種遺傳疾病。因爲就算科學家找到一個代表某症候群的遺傳信號，也不能保證這些後裔是從那位名人祖先那兒傳到這個缺陷 DNA。由於這個事實，加上大部分管理人都不願把古人的遺骨挖出來做檢驗，使得許多醫學史專家仍在使用傳統的遺傳分析法——標出疾病在族譜裡的蹤跡，並將一堆症狀拼湊起來，做出診斷。在所有被這樣分析的名人當中，最吸引人、也最令人傷腦筋的，應該要算是達爾文了，一來是他的病痛的性質難以捉摸，再來也可能是因爲他娶了一名近親爲妻，而把病傳給了子女——可能是天擇實際執行的一樁令人心碎的案例。

達爾文在十六歲時註冊進入愛丁堡的醫學院，但是兩年後開始上外科課程時，他就退學了。達爾文在自傳裡，只簡單地帶過當時令他難受的場景，但他還是描述了親眼看到醫生幫一名男孩動手術的情景，在那個還沒有麻醉藥的年代，可以想像小男孩一邊扭動一邊尖叫的模樣。這一刻，不但改變了、而且也預測了達爾文的一生。改變，是因爲它讓達爾文相信，自己不適合從醫，應另謀出路。預測，是因爲這場手術令達爾文腸胃翻騰，是他此後一生健康情況欠佳的徵兆。

自從登上英國海軍艦艇小獵犬號（HMS Beagle），他的健康就開始走下坡。一八三一年，達爾文沒有接受出航前的體檢，他擔心過不了關，等到眞正出海後，果然證明他永遠都是一個蹩腳的水手，老是在暈船。他的胃，往往連續幾餐都只能忍受葡萄乾，而他也寫了一堆悲慘的信回家，請醫生爸爸指點迷津。在小獵犬號中途停留期間，達爾文的確證明了他的身體很好，他曾在南美洲步行三十英里，採集到大量標本。但是當他在一八三六年返回英格蘭，並結婚生子之後，他卻變成了一個道地的病弱者，老是氣喘噓噓地，連他都對自己感到厭惡。

要確切捕捉到達爾文平日受到的限制、動不動就反胃以及身心失調，恐怕需要有阿肯那頓最出色的宮廷畫家的天分才行。他受的苦可多了，包括長瘡，突然昏倒，心臟顫動，手指發麻，失眠，偏頭痛，頭暈，溼疹，以及眼前浮現「炙熱的輪輻和烏雲」。其中最古怪的病徵是，耳中先聽到一陣鈴聲，在那之後——有如閃電之後雷聲大作——他總是會排放出極爲可怕的臭屁。但是最糟糕的是，達爾文還會嘔吐。他不只在早餐過後嘔吐，在午餐過後，晚餐過後，早午餐過後，下午茶過後——時時刻刻——都要嘔吐，而且是嘔到吐不出東西爲止。他最多曾經一小時嘔吐二十次，有一回甚至一連嘔了二十七天都沒有間斷。而且他只要一動腦，總是會讓腸胃情況更加惡化，就連達爾文本人，這位有史以來在知識上最多產的生物學家，都無法解釋這是怎麼回事。「到底是哪種思緒會與消化烤牛肉扯上關係，」他有一次嘆道，「我眞是說不上來。」

這些病痛打亂了達爾文的一切。爲了呼吸比較健康的空氣，他搬到距離倫敦十六英里的唐恩小築（Down House）去居住，他的腸胃毛病則讓他不敢去別人家作客，擔心會弄髒主人家的廁所。後來他甚至編出一堆東拉西扯的、讓人難以信服的藉口，阻止朋友來拜訪他：「我有一種很奇怪的健康毛病，」他曾經這樣寫信給某人，「害得我沒有辦法太過興奮，因爲那總是會讓我突然病倒，而我不覺得我能忍受得了與你交談，因爲和你談話實在是太愉快了。」但是這種隔絕狀態也未能讓他好轉。達爾文從來就沒法寫東西超過二十分鐘而不覺得身上某處開始作痛，如此累積起來，他等於因爲各種疼痛而少工作了好幾年。最後他甚至在書房裡安置了一個臨時廁所，爲顧及隱私，就擺在一扇半是屏風、半是牆的後面——甚至連他蓄那把著名的大鬍子，主要都是爲了讓臉上的溼疹好過一點。

不過，話說回來，達爾文的病痛自有它的妙處。這麼一來，他就不必出外演講或是上課，而且還可以支使他的鬥牛犬赫胥黎，代他出征，與韋伯福主教一干人等吵成一團，他自己則安心地躺在家裡，仔細釐清他的研究。能夠連續幾個月都不受干擾地待在家中，也讓達爾文得以和各方人士保持通信聯絡，透過這樣的魚雁往返，他收集到許多寶貴的演化證據。他派遣許多沒有警覺心的博物學家，去進行一些荒謬的差事，譬如說，計算鴿子尾巴上的羽毛數量，或是搜尋在眼睛附近長有棕褐色斑點的灰狗。這些要求，看起來或許怪得離譜，但是它們往往都能揭露一些中間的演化形式，總之，它們讓達爾文能夠確定，演化眞的發生過。因此，就某個觀點來看，最後他能寫出《物種原始》，身爲體弱多病的人，其重要性可能不輸給拜訪加拉巴哥群島。

可以想見，達爾文恐怕很難看出偏頭痛與乾嘔爲他帶來的好處，而他也花了好多年尋找紓解病痛的方法。週期表上一大堆元素，都曾經以各種藥方的形式，被達爾文吞下肚。他試過鴉片，吸過檸檬，喝過「處方」啤酒。他也嘗試早期的電療法——一條靠電池充電的「通電腰帶」在他的腹部震動。其中最奇異的療法，叫做「水療」（water cure），是由他在醫學院時的一位老同學所經營的。加里醫生（Dr. James Manby Gully）在求學的時候，原本沒有想要開業行醫，但是他家在牙買加經營的咖啡種植生意後來垮了，主要是因爲牙買加奴隸在一八三四年爭取到自由，這麼一來，加里別無選擇，只能擔任專職醫生。一八四〇年代，他在英格蘭西部的馬爾文（Malvern）開了一間度假中心，很快就變成時髦的維多利亞時代的礦泉浴場；狄更斯、但尼生以及南丁格爾，都曾來此地接受治療。達爾文也在一八四九年，帶著家人與僕役，移師馬爾文。

基本上，所謂水療，就是盡可能讓病人全天候保溼。每天清晨五點，公雞一啼叫，僕人就會用一條溼床單將達爾文裹起來，然後把他浸泡在幾桶冷水裡。接下來是團體散步，途中會在各個水井或是礦泉邊小憩，以補充水分。回到小屋之後，他們會讓病人吃點餅乾，再來就是喝更多的水，等到早餐結束後，馬爾文的主要活動方才正式展開，那就是洗澡。他們認爲，洗澡可以將血液帶離體內紅腫發炎的器官，流向皮膚，讓通體舒暢。在兩次洗澡之間，病患也可能來一趟清爽的冷水灌腸，或是在腹部綁一條號稱「海神束腰」的敷布。洗澡這個活動通常會進行到晚餐，而晚餐的食物，千篇一律是燉煮的羊肉、魚肉，以及顯然少不了的，冒著泡泡的、當地特產的礦泉水。於是，漫長的一天就以達爾文倒頭大睡（在一張乾燥的床上），做爲句點。

竟然眞的有用。在水療所待了四個月之後，達爾文感覺身體狀況好極了，自從下了小獵犬號，就沒有這麼舒服過，他一天能步行七英里。回到唐恩小築後，他繼續以比較放鬆的方式，進行水療，還蓋了一座發汗小屋，供他每天早晨使用，之後再一頭跳進一只盛滿冷水的大水槽（六百四十加侖），水溫只有攝氏四度。但是，當達爾文的工作負荷愈來愈重，壓力終於讓他吃不消，而水療也跟著失效了。他的舊疾復發，而且也不再期望找出自己如此體弱多病的原因。

現代醫生的表現也沒有高明到哪裡去。一長串多少有些可能的回溯診斷名單，包括中耳受損，鴿子過敏症，「潛伏型」肝炎，狼瘡，猝睡症，廣場恐慌症，慢性疲勞症候群，以及腎上腺腫瘤（最後那一項，或許能解釋達爾文晚年具有一身和甘迺迪相彷的古銅色皮膚，雖說他是個體弱多病的英國士紳，成天待在室內）。有一個比較具說服力的診斷是查加斯氏症（Chagas' disease），這種病會引起類似感冒的症狀。達爾文可能是經由南美洲的接吻蟲（kissing bug）而罹患此症，因爲他在小獵犬號上，養了一隻接吻蟲做爲寵物（他很喜歡看牠吸自己的手指，然後像壁蝨一樣膨脹起來）。但是查加斯氏症並不吻合達爾文的所有症狀。情況有可能是：查加斯氏症只是削弱了達爾文的消化道，使得他比較容易被潛在的基因缺陷所傷。事實上，其他看起來半似有理的診斷，像是「週期嘔吐症」以及嚴重的「乳糖不耐症」③，都具有很強的遺傳成分。此外，達爾文家裡很多人都體弱多病，他的母親蘇珊娜死於不明原因的腹部疾病，當時達爾文只有八歲。

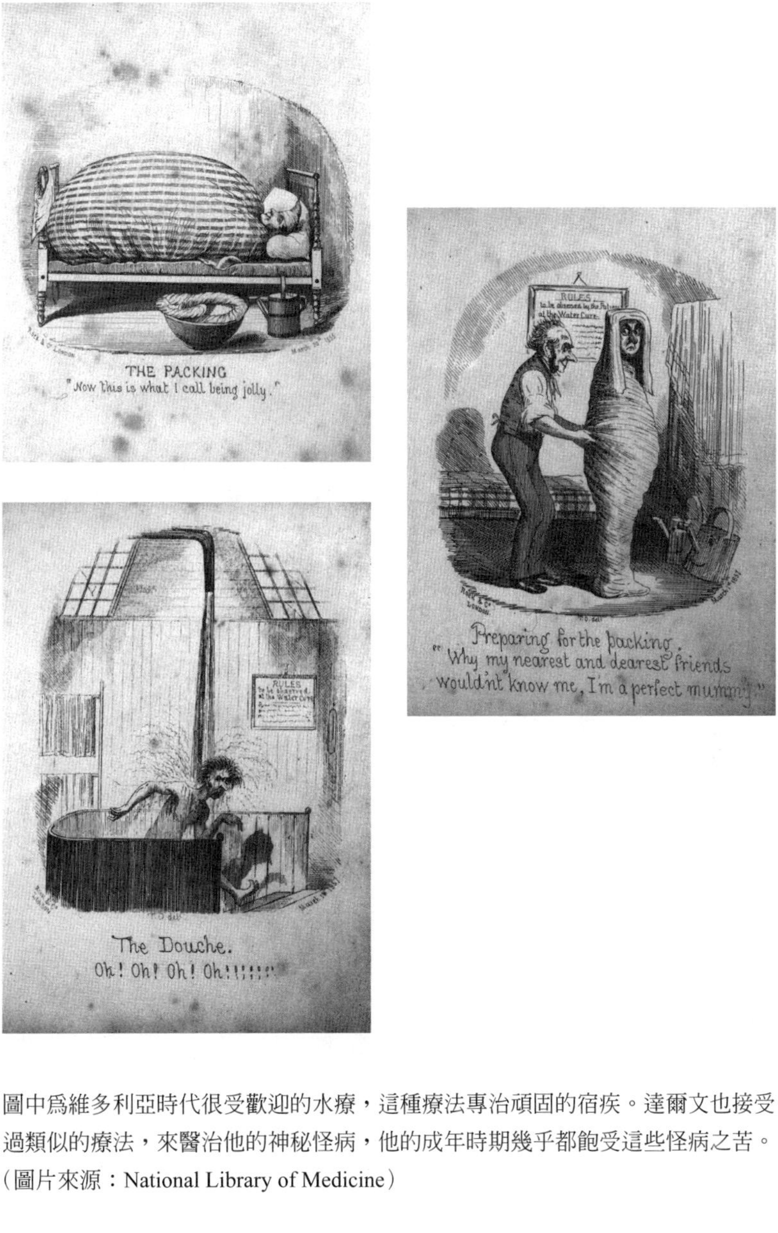

圖中爲維多利亞時代很受歡迎的水療，這種療法專治頑固的宿疾。達爾文也接受過類似的療法，來醫治他的神秘怪病，他的成年時期幾乎都飽受這些怪病之苦。（圖片來源：National Library of Medicine）

這些遺傳方面的憂慮，在達爾文有了子女之後，變得更令人痛苦了。在維多利亞時代，大約百分之十有錢有閒的人都喜歡親上加親，達爾文也不例外，娶了表妹愛瑪·威基伍德（Emma Wedgwood）爲妻（他的外公就是她的祖父，陶瓷專家約西亞·威基伍德〔Josiah Wedgwood〕）。達爾文的十名子女，大都身體欠佳。他有三個孩子成年後證明無法生育，另外有三名子女年紀輕輕就死了，這樣的夭折率，大約是當時一般英格蘭兒童夭折率的兩倍。他的兒子查爾斯·沃林（Charles Waring）活了十九個月；女兒瑪麗·艾蓮娜（Mary Eleanor）更是只活了二十三天。當他最鍾愛的孩子安·伊莉莎白（Ann Elizabeth）病倒時，達爾文趕緊把她帶到加里醫生那兒接受水療。但伊莉莎白還是死了，年僅十歲，這次打擊，徹底澆熄了達爾文僅存的一絲宗教信仰。

雖說對上帝心懷怨懟，但是達爾文對於子女的病弱，最責備的其實是他自己。雖說堂表兄弟姊妹結婚所生下的子女，大部分都算健康（超過百分之九十多），但是他們確實也有比較高的天生缺陷和健康問題，而這方面的數據，在某些運氣較差的家族，可能會更高。達爾文比同時代的人更早懷疑這方面的危險。譬如說，他拿植物來進行近親交配試驗，不只是爲了證明他的遺傳及天擇理論，同時也希望能更了解自己家族裡的病痛。達爾文曾經向國會提出請願，希望能在一八七一年進行的全國人口普查中，加入一條有關親屬通婚和健康的問題。雖然這項請願沒有通過，但是這個想法持續發酵，由達爾文的子女們繼承了他的憂慮。他的兒子喬治（George）曾經建議，希望英格蘭能明令禁止堂表兄弟姊妹通婚，而且他的（沒有生育的）兒子李奧納德（Leonard），負責統籌一九一二年召開的第一屆國際優生學大會（First International Congress of Eugenics），說來諷刺，該會議的宗旨在於繁殖更健康的人類。

科學家可能會因爲一份DNA樣本，而找出達爾文的病痛。但是和林肯不一樣，達爾文死於心臟病發作，沒有留下任何染血的枕頭套。而且到目前爲止，西敏寺還是拒絕讓人採集達爾文骨頭中的DNA樣本，部分原因是，科學家究竟想拿他的樣本來做哪些檢驗，醫生和遺傳學家的看法還不一致。讓情況更複雜的是，某些醫生結論說，達爾文的病痛瀕臨一種嚴重的憂鬱症，或是源自其他我們還無法輕易確定的原因。事實上，我們對達爾文的DNA的關注，甚至有可能誤導人，因爲那是我們這個時代的產物。大家不要忘記，在佛洛伊德學說當紅之際，許多科學家都把達爾文的病痛看成是戀母情結的掙扎：他們的說法是，由於沒有辦法推翻他的親生父親（一名強而有力的男士），達爾文只好「在自然史領域，殺死天上的父神」，一位醫生煽情地說道。對這類思想而言，達爾文所受的苦難，「顯然是」因爲壓抑這種弒父的罪惡感所產生的。

或許在將來有一天，像我們現在這樣忙著在DNA序列中，探索達爾文的病痛根源，也會顯得古怪又可笑。但不管怎樣，這樣的探索遺漏了另一個關於達爾文和其他人的更深入的觀點——即使病痛纏身，他們依舊不屈不撓。我們喜歡把DNA視爲世俗的靈魂，是我們的化學精髓。然而，就算將某人的DNA完全翻譯出來，能揭露的資訊，也只有這麼多。

14 三十億個小碎片

為什麼人類的基因數不比其他物種多？

人類基因組計畫（HGP）耗費數十年，斥資數十億美元，企圖定出人類所有的基因序列，無論就規模、範圍，以及野心來看，它被稱爲生物學的曼哈頓計畫，都是當之無愧的。但是，在它剛開始的時候，卻少有人預料到它在道德上的不確定性，竟然也會和曼哈頓計畫一樣多。你只要請生物學界的朋友概略性地描述該計畫，就能大略掌握到他們的價值觀了。你的友人是否欽佩該計畫的官方科學家，讚揚他們無私而且堅定，或是輕視他們，認爲他們是阻礙發展的官僚？你的友人是否讚賞挑戰政府的私人機構，覺得它們是英勇的反叛者，或是譴責它們貪婪地自我擴張？你的友人是否認爲這個計畫很成功，或是不斷地批評該計畫有多令人失望？和所有複雜的史詩級作品一樣，人類基因組計畫幾乎可以從任何角度來解讀。

人類基因組計畫的由來，可以回溯到一九七〇年代，當時已經是諾貝爾獎得主的英國生物學家聖格（Frederick Sanger），發明了一種幫DNA定序列的方法——也就是記錄其中的A、C、G、T鹼基的順序，然後（希望能進一步）判斷DNA到底在做什麼。簡單地說，聖格的方法牽涉三個步驟：將待檢驗的DNA加熱，直到雙股分開；把每一股裂解成小片段；利用單獨的A、

C、G、T鹼基，來打造互補的小片段。不過，聖格很聰明地先在每一種鹼基上，撒上特定的放射性物質，隨後這些物質會併入互補的小片段。由於聖格知道如何判斷任何一個點上的A、C、G、T鹼基是否具有放射性，因此他也能推論出，在那個點上的是哪個鹼基，然後把它記錄下來[1]。

聖格必須逐一地判讀這些鹼基，過程非常繁瑣累人。但儘管如此，他還是定出了第一個生物基因組的序列，一種叫做φ-X174的病毒，其基因組共含有五千四百個鹼基，十一個基因（這項研究在一九八〇年幫聖格贏得第二座諾貝爾獎——對於這位曾經承認「要不是我爸媽很有錢」，自己不可能進得了劍橋大學的仁兄，應該算是滿不錯的了）。一九八六年，加州兩位生物學家將聖格的方法予以自動化。但是他們沒有採納舊法所用的放射性物質，而是改用螢光版的A、C、G、T鹼基，它們在某種雷射的彈撥下，會發出不同的顏色——堪稱上了綜藝彩色的DNA。

不過說也奇怪，美國政府機構最主要的生物學研究贊助單位——國家衛生院，對於DNA定序列研究，竟然毫無興趣。國家衛生院想知道，**有誰會想要這麼辛苦地去做這份包括三十億個字的不成形的數據**？其他部門態度可沒有這麼地輕蔑。能源部認爲，它們已經在研究放射性對DNA的損害，而DNA定序列可以視爲該計畫的延伸，而且該部門也很能體會這項研究將來的轉型潛力。於是，美國能源部在一九八七年四月，提出全世界第一個人類基因組計畫，預計爲期七年，經費十億美元，總部設在洛斯阿拉莫斯（Los Alamos），和當年曼哈頓計畫的總部一樣，只不過這次設在城內的另一端。好玩的是，一聽到這個B字（billion，十億美元），國家衛生院官員馬上就認定，DNA定序研究是很有意義的。所以他們也趕在一九八八年九月，設立了一個與能源部抗衡的定序機構，想去分食那塊預算大餅。經過一場科學政變，華森成爲該機構的主管。

到了一九八〇年代，華森已經博得「生物學界的卡利古拉（Caligula，譯註：羅馬帝國暴君）」的名聲，正如某位科學史專家所說，「華森彷彿持有任意發言的執照，可以想到什麼就說什麼，而且大家還得把他的話當一回事。很不幸地，他確實這麼做了，而且態度隨便又粗魯。」然而，不論華森個人有多令人反感，在知識上，他還是很受同僚尊敬，而這對於他的新差事至關重要，因爲沒有幾個大牌生物學家對基因定序像他那樣熱中。有些生物學家很不喜歡人類基因組計畫這種化約做法，認爲這種做法有可能將人類的地位降級成爲點點滴滴的數據。其他生物學家則擔心，該計畫會吸乾所有研究預算，但是卻連續幾十年吐不出一點成果，變成典型的浪費公帑的計畫。另外還有些人只是單純覺得這類研究很無聊，就算有機器相助還是一樣無聊。（有一名科學家曾經開玩笑說，只有被定罪的重刑犯適合執行定序列工作——『〔每人〕二十兆個鹼基（mega-bases。譯註：是DNA的長度單位，等於一百萬個核苷酸），』他建議，「有的是時間做到正確。」）最重要的是，科學家擔憂會喪失自主權。一個如此廣泛的大計畫，一定得靠中央協調，而生物學家痛恨變成「被契約束縛的奴僕」，「聽命令執行研究的小嘍囉」。人類基因組計畫的一名早期贊助者哀嘆說，「在美國科學界裡，有很多人連是否有可能成就偉大志業都沒考慮，就去支持一些小型的平庸計畫。」

華森儘管粗魯，但是他設法平息了同僚們的擔憂，另外還幫忙國家衛生院，從能源部手中搶到該計畫的主控權。他到處遊說，發表政見，關於定序列的急迫性，並強調人類基因組計畫要定的序列，不只限於人類DNA，也包括老鼠DNA，因此所有遺傳學家都能受惠，他還建議，首先要做的就是製作人類染色體地圖，將每個基因在染色體上的位置定出來（就像一九一一年史特蒂文特定出果蠅染色體上的基因位置）。有了基因地圖，華森認為，任何科學家都可以找到他（或她）心愛的基因，然後馬上開始研究它們，不必再拖十五年，等待國家衛生院預定的定序期限結束。關於最後這項建議，華森也是為了國會，國會裡那群善變又無知的議員，要是不讓他們看到下個禮拜的成果，恐怕就會把經費給砍了。為了更進一步說服國會，人類基因組計畫的擁護者幾乎都承諾，只要國會肯買單，人類基因組計畫將能讓人類免於大部分的病痛（而且不只是疾病喔；有人暗示，飢餓、貧窮及罪惡都可能會減低）。另外，華森還引進其他國家的科學家，提高定序計畫的國際聲望，很快地，人類基因組計畫就敲鑼打鼓地上路了。

不過，華森終究是華森，本性難移。在擔任人類基因組計畫主持人第三年時，他發現國家衛生院打算對旗下某位神經科學家所發現的基因，申請專利權。這個申請基因專利的想法，令大多數科學家作嘔，他們認為專利權限制將會干擾基礎研究。更糟的是，國家衛生院還承認，他們想要申請專利的基因，只不過剛定出位置而已；他們對於這些基因的作用，其實一無所知。即便是支持ＤＮＡ專利權的科學家（例如生物科技的主管），聽到這樣的自白，也都嚇壞了。他們擔心國家衛生院會開創一個很恐怖的先例，變相鼓勵大家盡快發現基因。他們預料會出現一場「基因組爭奪戰」，商業界在定出序列後，會匆忙地將所有他們找到的基因全部申請專利，往後不論何時、何人、基於什麼目的要用到那些基因，都必須繳交使用費。

華森宣稱，事前沒有人徵詢過他這方面的意見，他被氣得腦充血，不過他生氣也有道理：申請基因專利，有違人類基因組計畫先前的「基於公衆利益」的主張，當然也會再度挑起科學家的疑慮。然而，他並沒有平靜且專業地表達他的顧慮，這位生物學界的卡利古拉，痛斥他在國家衛生院的頂頭上司，而且在她背後對記者說，該政策既低能又具有毀滅性。一場權力鬥爭於焉展開，而華森的上司證明了，她才是更高明的官僚鬥士：華森指稱，她私下對於他持有科技公司股票一事，大吵大鬧，認爲有利益衝突，而且不斷地試圖封他的嘴。「她那種搞法，我是不可能待下去的。」華森怒氣沖天。他很快就離職了。

不過，他還是先捅了幾個馬蜂窩才走。前面提到的國家衛生院內那位神經科學家，是藉由一種自動化流程，發現那些基因的，該流程以電腦和機器人爲主，人類的貢獻很少。華森並不贊成這種流程，因爲它只能找出百分之九十的人類基因，無法找出全套。不只如此，一向對優雅執迷不已的華森，嘲弄該流程缺乏風格與技巧。在美國參議院的一場聽證會上，他更是把這種流程貶低爲「猴子都做得來」。國家衛生院裡那隻被點名的「猴子」——凡特（J. Craig Venter）先生，聽了當然不會太高興。事實上，凡特會這麼快就聲名大噪（或說聲名狼藉），成爲國際上的科學大反派，部分原因就是因爲華森的關係。不過，凡特發現自己還滿適合這個角色的。而且在華森離開後，大門忽然爲凡特敞開，而他，或許是唯一評價更爲兩極化的現存科學家，他甚至有辦法讓人感覺更惡劣。

凡特童年期第一次闖下的大禍，是騎單車溜進機場跑道和飛機競速（那個機場沒有圍籬），還把追他的警察給甩掉了。在舊金山附近念初中時，凡特開始杯葛拼字測驗，上了高中後，他的女友的父親有一次拿槍指著凡特的頭，因爲這小子的Y染色體過於活躍。稍後，凡特更是爲了抗議校方開除他最喜歡的老師——這個老師碰巧給他打了個不及格的大Ｆ成績②——而靜坐抗議，害學校因此關閉了兩天。

雖然成績遠低於及格底線，凡特還是自我催眠，相信自己終將闖出一番天下，但是除了這個幻想之外，他缺乏眞正的企圖。一九六七年八月，凡特二十一歲時，進入美軍設在越南的一所野戰外科醫院，擔任醫務兵。到了第二年，他已經親眼目睹了幾百個與他年齡相彷的年輕人就這樣死去，有時候甚至是在他拚命搶救時，死在他手裡。看到這麼多年輕生命白白浪費掉，令他厭惡不已，加上沒有特別的生存目標，凡特決定要自我了斷，他投入泛著藍綠色的南海，準備一直游泳，游到淹死爲止。然而，當他游了一英里之後，一群海蛇浮出水面，繞著他打轉。一條鯊魚也開始用頭骨來頂撞他，測試他容不容易獵殺。這時，凡特才彷彿大夢初醒，他還記得當時心想，**我這是在幹嘛**？於是他連忙轉身爬回岸上。

越南經驗激起了凡特對醫學研究的興趣，一九七五年他取得生理學博士學位，又過了幾年，他進入美國國家衛生院。除了其他研究之外，他希望能找出我們腦袋細胞所使用到的所有基因，但是他對單調冗長的人工尋找基因方法感到絕望。這時救星出現了，他聽說有同事採用一種方法，可快速辨識信使ＲＮＡ，也就是細胞用來製造蛋白質的工具。凡特察覺到，信使ＲＮＡ資訊可以揭露相關的基因序列，因爲他能將ＲＮＡ反轉錄成ＤＮＡ。藉由自動化技術，他很快地就把偵測每個基因所需的價錢，從五萬美元砍到二十美元，而且不到幾年工夫，他就發現了二千七百個新基因，眞是多得出奇。

這些基因，正是國家衛生院企圖申請專利的基因，而這場鬧得沸沸揚揚的爭執，也幫凡特的職業生涯確立了一個模式。他會對某個偉大計畫感到心癢，卻受不了進展太慢，而自個兒找出捷徑。其他科學家則會譴責他的研究形同作弊；有人曾經比喻凡特發現基因的流程，好比希拉里爵士（Sir Edmund Hillary）在攀登聖母峰的中途，改搭一架直升機。之後，凡特會惹得仇家大為光火。但是他的傲慢與粗魯，通常也會讓他與盟友反目。由於這些原因，凡特的名聲在一九九〇年代每下愈況：一名諾貝爾獎得主有一次用開玩笑的方式自我介紹，他先上下打量凡特，接著說，「我以為你頭上應該有長角。」凡特變成了遺傳學界的帕格尼尼。

不管是不是魔鬼，凡特做得出結果。但是令國家衛生院惱怒的是，他在一九九二年辭職了，轉而投入一家少見的混合型組織。這家組織擁有一個非營利部門，叫做基因組研究所（the Institute for Genomic Research, TIGR），致力於純科學研究。但是它另外還有一個極端看重營利的部門——對科學家來說，是個不祥的徵兆——由一家醫療產品公司所支持，致力於從他們的研究中，謀取最大利益，憑藉的方式就是申請基因專利權。這家公司靠著發給凡特一大批股票，讓他一夕暴富，然後又從國家衛生院挖走三十個人，使得TIGR部門人才濟濟。果然一如它的叛變行徑，TIGR一安頓好，接下來幾年便忙著改善「全基因組散彈槍定序法」（whole-genome shotgun sequencing），是老式的聖格定序法的激進版本。

國家衛生院定序集團準備把頭幾年和最初的十億美元經費，用來繪製每一根染色體的細部地圖。這個步驟完成之後，科學家便會將每根染色體分成許多片段，然後將各片段交由不同實驗室。每家實驗室會複製該片段，再對它們進行「散彈槍」處理——利用強烈的聲波或是其他方式，把該片段拆成許多微小但互相重疊的碎片，每個碎片長度約合一千個鹼基。接下來，科學家將為每個碎片定序列，研究它們如何重疊，然後把它們拼成一個連續的長序列。正如觀察者所指出的，這個過程類似把一本小說拆成篇章，再把每個篇章拆解成句子。他們將每個句子都影印好幾份，然後將這些複本隨機剪成一堆名詞——譬如「快樂的家庭都」，「都是一樣的；每一個不快樂的」，「每一個不快樂的家庭的原因」，以及「的原因各不相同」。接著，科學家再根據這些重疊的部分，來重組每個句子。最後，染色體地圖就會像一本書的索引，告訴他們每一段文句坐落在什麼位置。

凡特小組很愛用散彈槍方式，但是他們決定要跳過慢慢繪製地圖的部分。他們沒有把各個染色體分成篇章和句子，而是想馬上就把整本書轟成一堆重疊的小碎片。之後他們只要借重一排排的電腦，就可以立即把所有東西攪拌在一起。定序集團也考慮過這種全基因組的散彈槍做法，但是後來覺得太過草率，容易留下空隙，把片段放錯位置。然而，凡特卻宣稱，短期內，速度應該勝過精確；科學家現在需要的是數據，他辯稱，任何數據都勝過需要十五年才拿到的完美數據。而且凡特的運氣也夠好，他在一九九〇年代開始做這些研究，當時正趕上電腦科技爆炸的潮流，沒耐性幾乎成為一種美德。

但只是幾乎——其他科學家可沒這麼激動。幾名很有耐心的遺傳學家，從一九八〇年代就開始率先幫一個活生生的動物的基因組來定序列，他們選的是一種細菌（聖格只幫病毒定序列，而病毒稱不上是完全活生生的；比起來，細菌的基因組也大得多）一九九四年，當凡特小組開始做另一種細菌，處理流行性感冒嗜血桿菌（Haemophilus influenzae）所具有的兩百萬個鹼基時，這些科學家正慢吞吞地往前爬，好像烏龜似地，逐漸接近他們的基因組定序終點線。在研究中途，凡特向國家衛生院申請經費贊助該計畫；幾個月後，他收到一封粉紅色的回絕函，不願給他錢，因爲他聲稱將採用的技術是「不可能的」。凡特哈哈大笑；他的基因組已經完成百分之九十了。而且，就在兔子贏得賽跑後沒多久：基因組研究所在一舉超越衆家遲鈍的敵手後，便發表了他們的第一個基因組序列，距離他們的起跑時間只有一年。幾個月後，基因組研究所又完成了第二個細菌的序列，這次是生殖道黴漿菌（Mycoplasma genitalium）。一向自大的凡特，不只對於贏得雙料冠軍（而且沒有用到國家衛生院半毛錢）沾沾自喜，他甚至印了特製T恤，來慶祝第二次勝利，上面的字樣是「我愛我的生殖道細菌」（I ♥ MY GENITALIUM）。

不論有多眼紅和羨慕，人類基因組計畫的科學家還是忍不住懷疑（滿合理的），適用於細菌DNA的做法，也適用於遠較細菌複雜的人類嗎。政府支持的定序集團希望拼組出一個「混合的」基因組——由好幾個不同男女的基因組混雜在一起，可以平均彼此的差異，可以幫每一條染色體界定出一個柏拉圖式的理想型。定序集團覺得，唯有小心的、一個句子接一個句子的做法，才能將人類基因組裡那些令人眼花撩亂的重複、迴文以及倒置，整理妥當，然後做出那個理想型。但是微處理器和定序儀的速度不斷加快，凡特認爲，如果他的小組有辦法收集到足夠數據，讓電腦去做工，他們有可能打敗定序集團。要論功勞，凡特並未發明把序列拼湊在一起的電腦演算法。但是，他有那份自信（或說厚臉皮——看你喜歡用什麼字眼），不去理會那群大有來頭的批評者，依然勇往直前。

沒錯。他可眞是勇往直前哪。一九九八年五月，凡特宣布他與別人共同成立了一家新公司，此舉多少是爲了摧毀對手國際定序集團。特別是，他計畫要在三年內，完成人類基因組的序列——將比定序集團早四年完工——而且只需要該集團預算三十億美元的十分之一（凡特小組拼湊計畫的速度是這麼地快，他們的新公司甚至連名字都還沒取；後來它叫做賽雷拉〔（Celera〕）。爲了趕進度，賽雷拉的母公司將提供數百台價值三十萬美元的最先進的定序儀，這種機器（雖說猴子可能也會操作）確實讓凡特定序列的能力大增，超過全世界其他人的總合。此外，賽雷拉也將打造全球最大的非軍事用途超級電腦，來幫他們處理數據。雖然凡特的研究可能讓定序集團顯得多餘，他最後甚至補上一刀，暗示定序集團的領導者還是可以找到一些有意義的研究來做做，例如幫老鼠定序列。

凡特的挑戰，令公營的定序集團甚是沮喪。華森將凡特比喻成希特勒入侵波蘭，而人類基因組計畫的大部分科學家則擔心，他們會落得（和波蘭）一樣的下場。雖然他們比較早起跑，但是被凡特追上甚至超越，似乎也不是不可能。爲了安撫科學家對獨立的要求，定序集團把定序列研究外包給多所美國大學，並和德國、日本、英國多家實驗室結盟。由於整個計畫變得這麼分散，甚至連一些內部人士都認爲，人類基因組的衛星計畫將無法如期完成：到了一九九八年，也就是人類基因組計畫十五年中的第八年，衆小組定出的序列總共只有百分之四的人類DNA。美國科學家尤其膽戰心驚。就在五年前，美國國會才把德州的巨型粒子加速器，美國超級超導對撞機（Superconductiong Super Collider）計畫給終結掉了，因爲該計畫一再延宕，預算膨脹了幾十億美元。人類基因組計畫似乎同樣脆弱。

然而，人類基因組計畫的幾位關鍵科學家卻拒絕退縮。華森辭職後，柯林斯（Francis Collins）接掌定序集團，儘管有些科學家反對。柯林斯原本在密西根大學做基礎遺傳學研究；他發現了與囊腫纖維化以及亨丁頓舞蹈症有關的ＤＮＡ，而且他也是林肯ＤＮＡ計畫的諮詢顧問。另外，他還是一名狂熱的基督徒，有人認爲他「在意識形態上，很不健全」（接到定序集團的工作邀約之後，一天下午，柯林斯待在一間教堂裡，尋求耶穌基督的指引。耶穌說放手去做吧）。更無濟於事的是，和浮誇愛現的凡特比起來，柯林斯一副寒酸相，他曾經被描述爲：留著「一頭自家剪的髮型，以及一把（辛普森家族裡）像法蘭德斯一樣的鬍子」。而且，柯林斯從來不曾展現任何政治才華。然而，就在凡特宣布他的計畫後不久，柯林斯有一次在搭機時，突然發現自己與凡特的某位老闆同機，也就是賽雷拉背後那家求錢若渴的母公司的高階人士之一。於是，在三萬英尺的高空上，柯林斯殷勤地與這名大老闆攀談，等到飛機著陸時，柯林斯已經花言巧語地哄騙對方答應提供同款的新式定序儀，給政府機構的實驗室。這眞把凡特氣壞了。接著，爲了讓國會安心，柯林斯宣稱，定序集團將會進行一些必要的變更，以便提早兩年完成整個基因組的序列。此外，他們還要在二〇〇一年公布一份「草稿」。這些聽起來都很棒，但實際上，新的時程表迫使柯林斯取消諸多速度較慢的衛星計畫，讓它們無緣參與這趟歷史性的大計畫（有一名被砍掉的科學家就抱怨說，連方向都還沒搞清楚，「就被國家衛生院上了潤滑劑」）。

在定序集團中，英國版本的柯林斯，是身材粗壯、留著鬍子的薩爾斯頓（John Sulston），這位劍橋人曾協助定出第一個動物基因組的序列——一隻蟲子的基因組（薩爾斯頓也是倫敦那幅據稱是寫實肖像的精子ＤＮＡ的主人）。在他的職業生涯中，大部分時候他都是一隻實驗室老鼠——對政治漠不關心，最快樂的事莫過於窩在室內搞他的儀器。但是在一九九〇年代中，提供他ＤＮＡ定序儀的公司開始干擾他的實驗，不讓薩爾斯頓取得最原始的數據檔案，除非他購買一把昂貴的鑰匙，並且辯稱該公司有權分析薩爾斯頓的數據，而且未來有可能做為商業用途。薩爾斯頓以行動回應：駭進對方的電腦，取得定序儀的軟體，重寫一套程式碼（code），然後把該公司甩掉。從那時候起，他開始提防商業利益，而且變成了絕對論者，主張科學家需要自由地交換DNA數據。當薩爾斯頓在英格蘭聖格研究所裡，主持定序集團旗下的一個經費數百萬美元的實驗室時，他的觀點也變得深具影響力。賽雷拉的母公司剛好就是與他爭執數據的那家公司，在薩爾斯頓看來，賽雷拉本身就是財神的化身，一定會把DNA當成人質，向科學家索討過高的研究許可費用。聽到凡特的宣布，薩爾斯頓馬上就在一場研討會上，發表了一場慷慨激昂的演說，激勵科學家同仁。講到最激動之處，他宣布他的研究所打算把經費增加一倍，來對抗凡特。他的大軍聽了，不禁歡聲雷動，大力頓足。

序幕就這樣揭開了：凡特槓上定序集團。這是一場激烈的科學競爭，但也是一場很奇特的競爭。攸關勝負的因素，比較少取決於洞見、推理、手藝——這些都是優良科研的傳統標準——更多是取決於誰的馬力比較大，速度比較快。精神上的韌性也很重要，正如某位科學家指出，基因組競賽具有「戰爭裡所有的心理因素」。這裡頭有軍備競賽。每一隊都投下數千萬美元來提升自己的定序馬力。這裡頭有爾虞我詐。有一次，兩名定序集團的科學家，幫某家雜誌評論賽雷拉公司所使用的一種新型定序儀。他們很堅定地給了一個好壞參半的評價——但在同時，他們的老闆都偷偷地協商，要購買幾十台那種機器來自用。這裡頭也有恫嚇威脅。某些第三方科學家接獲警告，指稱如果他們與凡特合作，他們的職業生涯就會完蛋，而凡特也宣稱，定序集團試圖阻撓他們發表研究論文。這裡頭還有盟友之間的緊張關係。凡特和他的經理人就發生過不知多少次的爭執，在定序集團內部的某次會議上，也曾出現一名德國科學家歇斯底里地指責一位日本同僚的錯誤。這裡頭當然更少不了宣傳。凡特與賽雷拉每做出一點東西，就要得意地大聲歡呼，但是每當他們這樣做，柯林斯就會不屑地說他們是「《瘋狂》（*Mad*）雜誌基因組」，或者薩爾斯頓會出現在電視上，辯稱賽雷拉又再耍了一次「老千」。這裡頭甚至有人討論到彈藥。在員工接到反科技的盧德派分子（Luddites）的死亡威脅後，賽雷拉公司趕緊將園區周圍的樹木砍了，以防止狙擊手藏匿其中，而聯邦調查局也警告凡特，爲保險起見，掃瞄他的郵件，以防郵包炸彈客把他當做目標。

當然啦，這樣的惡性競爭讓社會看得大樂，吸引了所有的注意力。但在同時，眞正的科學價值也開始浮現。在不斷的批評聲中，賽雷拉再次覺得自己必須證明全基因組的散彈槍定序方式行得通。因此，它把對人類基因組的抱負暫時擱置，在一九九九年開始，與加州柏克萊分校裡一支由國家衛生院贊助的小組合作，幫果蠅的基因組定序列，而果蠅基因組共含有一億兩千萬個鹼基。令很多人驚訝的是，他們做出了一個絕佳的成品：在賽雷拉做完之後的一場會議中，果蠅科學家全體起立致敬，爲凡特鼓掌。等到兩隊人馬的人類基因組研究都開始升溫後，速度也變得飛快。雙方當然還是有爭執。當賽雷拉宣稱它已超越十億個鹼基，定序集團立刻反駁這項說法，因爲賽雷拉（爲了保障商業利益）沒有發表數據供科學家檢驗。一個月後，定序集團自己也誇口說超越了十億個鹼基；再過四個月後，定序集團更是洋洋得意地宣稱超越了兩億個鹼基。但是這些嘮叨並未減損眞正的重點：單單幾個月內，科學家定出的ＤＮＡ序列，已經遠超過先前二十年的總量。在凡特任職國家衛生院期間，遺傳學家曾痛責他不停地做出一堆遺傳資訊，但卻不了解它們的功能何在。如今，所有人都下海玩起凡特的遊戲來：一場定序列的閃電戰。

當科學家開始分析所有序列數據時，雖說只是初步分析，另一個寶貴的洞見卻產生了。首先，人類的DNA當中，含有許多看起來像是微生物的DNA，眞是一個令人驚駭的可能性。再來，我們的基因數量似乎不太夠。在人類基因組計畫開始之前，大部分科學家根據人類的複雜度，估計人體應該擁有十萬個基因。私底下，凡特記得還有幾個人的估計值高達三十萬。但是隨著定序集團和賽雷拉開始搜索人類基因組，基因估計值也跟著下修到九萬，然後是七萬，然後是五萬——而且一路往下降。在定序研究初期，一百六十五名科學家設立了一個一千兩百美元的彩池，來猜測人類基因總數，彩金由最接近正確值的人贏得。通常在類似猜泡泡糖數量的比賽中，衆人的估計值都會呈鐘形曲線分布，以正確值爲中心。但是人類基因數的打賭卻不同：隨著時間一天天過去，愈低的數值，看起來愈是聰明的猜測。

不過，還好，每當科學快要變成人類基因組計畫的主軸時，就會跑出一些刺激的新聞，轉移衆人的注意力。譬如說，在二〇〇〇年初，彷彿青天霹靂，柯林頓總統突然宣布，人類基因組屬於全世界所有人類，因此他呼籲全世界（包括私人研究機構）的科學家，立刻與人分享序列資訊。另外，也有耳語傳言，美國政府將會取消基因專利，嚇得定序公司的投資人四處竄逃。賽雷拉受到重傷，短短幾週內，股票市值便蒸發了六十億美元——其中三億美元來自凡特的荷包。面對種種挫敗，爲了安慰自己，凡特這次想要弄一片愛因斯坦的腦子，看看有沒有人會想要定出它的DNA序列③，但是計畫沒有成功。

這時，竟然還有人期待賽雷拉與定序集團能攜手合作，幾乎令人有點感動了。對於和凡特停火的說法，薩爾斯頓在一九九九年才要大家別提了，但過沒多久，其他一些科學家又跑去找凡特和柯林斯，希望安排他們和解。協商的腳步進展得很快，但政府這邊的科學家，對於賽雷拉的商業利益態度，依然謹慎，而且對該公司不肯立即發表數據，也很惱怒。在談判過程裡，凡特還是不改他的老脾氣；集團裡的一個科學家甚至當他面爆粗口，至於背後用粗話罵他的人，更是不計其數。《紐約客》雜誌上有一篇簡介凡特的文章，一開頭就引用了某位匿名的資深科學家的一句話：「凡特是個混蛋。」結果，合作發表論文的計畫胎死腹中，一點都不令人意外。

被這些爭執嚇到，再加上選舉將近，柯林頓總統終於出面，說服柯林斯與凡特，共同出席二〇〇〇年六月白宮的一場記者會。兩位對手宣布，人類基因組定序競賽結束，雙方打成平手。這場大和解是很專斷的，而且就其徘徊不去的恨意來說，大部分也是虛假的。但是，在那個夏日，柯林斯與凡特並沒有惡言相向，而是帶著真誠的笑容。是啊，有何不可？距離科學家找到第一個人類基因，還不到一世紀，距離華森和克里克闡明雙螺旋結構，還不到五十年。如今，在千禧年，人類基因組定序列的前途看起來更爲光明。它甚至改變了生物科學的性質。幾乎有三千名科學家投入兩篇宣布做出人類基因組粗略草圖的論文。柯林斯有一句宣言很出名，「大政府時代結束了。」大生物學時代開始了。

這兩篇描繪人類基因組草圖的論文，出現在二〇〇一年初，就歷史角度而言，應該要感謝它們之前協商的聯合發表破了局。如果變成一篇論文，兩組人馬勢必得假裝同意對方，反觀這兩篇論文鬥得你死我活，反而更能凸顯各自獨特的手法——並揭穿各種早已被當成常識的誤傳。

賽雷拉在它自己的論文中，承認曾經偷用定序集團的數據，來幫忙建立部分的序列——這一點，無疑地會損及凡特在江湖上的口碑。不只如此，定序集團科學家還抗議說，要是沒有定序集團做出的地圖，來導引拼湊散彈槍定序法隨機打散的片段，賽雷拉根本沒有辦法完工（凡特小組很生氣地發文反駁）。而薩爾斯頓也質疑亞當．斯密式的論調：所謂競爭能激發效率，並強迫雙方冒險創新。他辯稱，事實恰恰相反，賽雷拉把精力從定序轉移到愚蠢的公關宣傳上——而競速發表的結果，只會造成「假的」草圖而已。

當然，不論多粗略，科學家都很喜歡這份草圖，而且要不是有凡特正面向他們挑戰，定序集團也不會把自己逼得這麼緊，這麼快地發表一份草圖。此外，定序集團雖然總是擺出一副他們才是成年人的模樣——他們是不計較將研究快速升級的一方，他們只在乎正確性——大部分科學家拿著兩份草圖逐一比對時，都宣稱賽雷拉做得比較好。有人說，要論品質的優良度以及病毒污染的輕微度，賽雷拉的序列比定序集團好兩倍。而且定序集團也（默默地）用行動證明了，它們對凡特的批評其實是假的，因爲它們把那套全基因組散彈槍定序的方式學了來，套用在日後的定序計畫中，例如老鼠基因組的定序研究。

然而，到了這個時候，凡特卻離開了，不會再去煩定序集團了。經過無數次經營管理上的爭執，賽雷拉終於在二〇〇二年一月把凡特給開除了（譬如說，凡特拒絕將他團隊所發現的大部分基因申請專利；幕後的他，其實是一個頗爲冷漠又偏執的資本主義者）。等到凡特離開後，賽雷拉也失去了定序列研究的動能，於是定序集團在二〇〇三年初單獨完成一份完整的人類基因組序列④，大聲地宣稱他們獲得最後的勝利。

然而，經過幾年腎上腺素高漲的競爭後，凡特就像一個過氣的足球明星，沒有辦法甘於寂寞。二〇〇二年中，原本集中在「定序集團正在進行的定序努力」的大衆注意力，又被他的爆料給轉移了：賽雷拉的混合基因組，事實上百分之六十都來自凡特本人的精子ＤＮＡ；他就是那位主要的「無名氏」捐贈者。之後，面對隨著爆料而來的各方批評——「虛榮」、「自我中心」以及「低級」——凡特依然不爲所動，他決定要來分析自己的純ＤＮＡ，完全不攙雜其他捐贈者的ＤＮＡ。爲了達成這個目標，他成立了一個新機構，叫做「先進基因組學研究中心」（the Center for the Advancement of Genomics，簡稱ＴＣＡＧ，有趣吧），打算用一億美元和四年的時間，來測定他（而且只有他一個人）的基因組序列。

這原本應該是第一份完整的個人基因組序列——和人類基因組計畫裡的理想型人類基因組序列不同，這是第一份包括母親與父親的遺傳貢獻，以及令個人顯得如此獨特的所有突變。但是，由於凡特小組花了四整年時間，一個鹼基一個鹼基地，細細推敲他的基因組，一組敵對科學家決定要參加這場競賽，要先幫另一個人的基因組定序列——此人不是別人，正是凡特的死對頭華森。諷刺的是，第二個小組——號稱吉姆計畫（Project Jim）——受到凡特的影響，試圖用更新、更便宜、更卑鄙的定序方法來奪取勝利，在四個月內，他們就把華森的整個基因組都拆開了，而且經費也相當節制，大約兩百萬美元。不過，凡特就是凡特，拒絕認輸，於是這場第二波的基因組競賽再度打成平手：二〇〇七年夏天，兩組人馬分別在網站上發表他們的序列，前後差距只有幾天。吉姆計畫採用的快速機器，令全世界爲之驚豔，但凡特的序列再一次證明，它們更爲正確，而且對大部分研究來說，也更爲有用。

（爲達目的不擇手段的做法，到現在都還沒有停止。凡特依舊活躍於研究領域，目前正在藉由「一個基因一個基因地刪減微生物DNA」的方式，企圖判定生物生存不可或缺的最少的基因組爲何。另外，公布個人基因組序列的做法，不論看起來多低俗，卻可能在諾貝爾獎的競爭中，爲凡特贏得優勢——根據科學家私下謠傳，凡特非常渴望得到諾貝爾獎。諾貝爾獎最多可由三人平分，但是凡特、柯林斯、薩爾斯頓、華森以及其他幾個人，全都有資格得到一座諾貝爾獎。瑞典諾貝爾獎委員會必須不在乎凡特在禮儀上的欠缺，才會頒獎給他，但是它若眞的因凡特長期在研究上的傑出表現，讓他獨得一座諾貝爾獎，那麼凡特將可以宣稱，自己最後還是贏了這場基因組戰爭⑤。）

那麼，這場人類基因組計畫的競爭，在科學上，究竟又讓我們得到了什麼收穫呢？那要看你問的對象是誰了。

大部分研究人類基因組的遺傳學家，目的都在於治療疾病，他們認定人類基因組計畫一定會揭露，應該瞄準哪些基因，才能治療心臟病、糖尿病以及其他經常困擾大衆的疾病。事實上，美國國會肯投入三十億美元，主要就是因爲這項大家都沒有明說的承諾。但是，正如凡特和其他人所指出的，自二〇〇〇年以來，還沒有出現任何以基因爲基礎的療法；事實上，就連看起來快要出現的基因療法，也沒個影子。搞得柯林斯也不得不承認（雖說是非常圓滑地承認），新發現的步調太慢了，令人氣餒。結果證明，許多常見疾病的相關突變基因都有不只好幾個，而且想要設計出一種藥物能同時針對幾種以上的基因，也近乎不可能。更糟的是，科學家不見得每次都能區分何者是有影響的突變，何者爲無害的突變。在某些案例，科學家甚至完全找不出應該針對哪些突變。他們根據遺傳模式，知道某些常見的疾病一定具有重大的遺傳因素——然而，當科學家開始搜尋病患的基因時，能找到的共通基因缺陷，如果有的話，也是少得可憐。「罪魁禍首DNA」就是找不到。

造成這些挫敗的原因，可能有好幾個。或許眞正的疾病罪魁禍首藏在基因以外的非密碼DNA中，而科學家對那些區域的了解很有限。或許，同樣的突變在不同的人身上，會引起不同的疾病，因爲它們會和別的基因產生互動。或許，對某些人來說，具有兩套某些基因會是一個關鍵。或許，在定序列的過程中，將染色體拆解成小碎片的同時，也摧毀了染色體結構以及構造變異方面的資料，而那些資料原本可以告訴科學家，哪些基因會一起作用，以及如何作用。然而，最可怕的一點——因爲它凸顯出我們在根本上的無知——或許在於下面這種想法：我們所謂常見的、單一「疾病」，根本不是眞的。當醫生在許多不同的人身上，看到類似症狀時——譬如波動的血糖、關節痛、高膽固醇等等——很自然地就會假定病因也類似。但是，控制血糖或膽固醇，需要許多基因攜手合作，其中任何一個基因在階式反應中的某個突變，都可能破壞整個系統。換句話說，就算很大比例的症狀都相同，惹禍的基因——而那正是醫生需要找出來並加以治療的部分——卻可能不同（有些科學家爲強調這一點，將托爾斯泰的名言改成下面這個樣子：或許所有健康的身體都是一樣的，但不健康的身體卻各有各的毛病）。由於這些原因，某些醫學專家開始咕噥說，人類基因組計畫已經（差不多可以說）是失敗了。果眞如此，也許最適合與它相比的大型科學計畫並非曼哈頓計畫，而是阿波羅太空計畫，後者把人送上月球之後，就收攤了。

不過話又說回來，不論人類基因組定序研究（就目前爲止）在醫學上有什麼缺失，它所造成的涓滴效應，事實上都已經振興（甚至是重新創造）了生物學裡的其他每個領域。幫DNA定序列，導致更精確的分子生物時鐘，也揭露了動物體內其實擁有大量病毒DNA的事實。定序列幫助科學家重建數以百計的生物演化源頭與分支，包括我們的靈長類親戚。定序列也幫助我們追蹤人類在全世界的遷徙軌跡，並證明我們與滅絕曾經有多麼接近。另外，定序列還證明了人類所擁有的基因是多麼地少（最後贏得那場基因打賭的是數值最低的猜測，二萬五千九百四十七個基因），迫使科學家不得不體認，人類所具備的不凡特質，與其說是因為具有獨特的DNA，不如說是因為具有特殊的調節與剪接DNA的能力。

最後，在掌握了全套人類基因組序列之後——尤其是華森與凡特個人的整套基因組序列——凸顯出一個觀點，那是許多科學家在忙著定序列時，不曾注意到的：「判讀一個基因組」和「了解一個基因組」，是兩碼子事。凡特與華森在公布自己的基因組時，都承受了許多風險。全世界的科學家都可以一個鹼基、一個鹼基地鑽研他倆的基因組，尋找缺陷或是令人困窘的事實，而且這兩個人看待這份風險的態度，也不相同。讓我們有能力吃肉的apoE基因，其某些版本卻也會增加我們罹患阿茲海默症的風險。華森的祖母幾年前死於阿茲海默症，他一想到自己也有可能喪失心智，就覺得受不了，因此他要求科學家，不要揭露他是否具有那種版本的apoE基因（很不幸地，受他託付隱瞞此一結果的科學家，最後並沒有成功⑥）。凡特則是完全不在乎自己的基因組被公開，甚至連他的私人醫療記錄，也准許他人參考。這麼一來，科學家就可以把他的基因與他個人的身高、體重以及各種健康狀況，進行連結比對——這些資料加總起來，在醫療上的用處，超過單純的基因組數據。結果發現，凡特體內的基因讓他容易酗酒、失明、罹患心臟病、阿茲海默症以及其他疾病。（更怪的是，凡特還有一長段很少出現在人類體內的DNA，但是它在黑猩猩體內倒是很常見。沒人知道爲什麼會這樣，但是毫無疑問，凡特的某些敵人嫌疑很大）。除此之外，在比較人類基因組計畫的理想型序列與凡特的序列之後，所揭示的差異也遠超過任何人的預期——共有四百萬個突變，像是倒置突變、插入突變、缺失突變等等，其中任何一項都有可能致命。然而已經快要七十歲的凡特，卻沒有出現這些健康問題。同樣的，科學家注意到，在華森的基因組裡，也有兩處具有雙套致命的隱性突變——分別是尤塞氏症候群（Usher syndrome，會造成失聰與失明），以及柯凱因氏症候群（Cockayne syndrome，會妨礙發育生長，讓人早老）。然而華森早已超過八十歲，卻從來沒有罹患這些疾病的絲毫徵兆。

所以啦，現在情況到底是怎樣？華森和凡特的基因組騙了我們嗎？我們的判讀出了問題嗎？但是，我們也沒有理由認爲，他們兩位的情況與衆不同。如果只是單純地瀏覽任何個人的基因組，我們可能都會判定當事人必定會有某些疾病、畸形或是早夭。但是我們大部分人卻都逃過了。看來，A-C-G-T 序列不論多麼有威力，似乎還是會受限於基因以外的某些因素——包括我們的表觀遺傳學（epigenetics）。

15 來得快，去得快？

同卵雙胞胎為何不完全相同？

epi 這個字首，暗示「某件事物搭另一件事物的便車」。epiphyte plants（附生植物）生長在其他植物上，epitaphs（墓誌銘）和 epigraphs（碑文）則是出現在墓碑上。綠色事物（例如青草）剛好會反射波長爲五百五十奈米的光線（屬於一種現象〔phenomenon〕），然而我們的腦袋卻把那種光線登記成一種**顏色**，是充滿回憶與情感的事物（屬於一種附帶現象〔epiphenomenon〕）。在某些方面，人類基因組計畫甚至讓科學家知道的東西變得更少，例如區區兩萬兩千個基因，比某些葡萄的基因還要少，如何能製造出像人類這般複雜的生物？於是，遺傳學家開始重新強調基因的調控以及基因與環境的互動，包括**表觀遺傳學**。

和遺傳學一樣，表觀遺傳學也涉及「將特定的生物特徵傳給後代」。但是，和遺傳學不同，表觀遺傳學不會改變屬於硬體的 A-C-G-T 序列。表觀遺傳影響的是「細胞如何取得、判讀以及利用ＤＮＡ」（你不妨把ＤＮＡ基因想成硬體，表觀遺傳學想成軟體）。雖然生物學通常都會區分成環境（後天）與基因（先天），表觀遺傳學卻是以新穎的方式，來結合先天與後天。表觀遺傳學甚至暗示，我們有時候可能會遺傳到後天的部分——換句話說，遺傳到我們父親與母親（或是祖父與祖母）的生物性記憶，也就是他們所吃、所呼吸以及所忍受的事物。

坦白說，要將「眞正的表觀遺傳學」（或說「軟性遺傳」）與「其他基因和環境間的互動」整理區分開來，並不容易。此外，在傳統上，表觀遺傳學一向是各種想法的大雜燴，是科學家發現任何有趣的遺傳模式時，所擺放的地方，這些因素加起來，只會讓事情更棘手。最重要的是，表觀遺傳學還有一段被詛咒的過去，充滿了飢餓、疾病以及自殺。然而，從另一方面來看，也沒有任何一個領域像它這樣有希望達成人類生物學的終極目標：從「人類基因組計畫的分子細節」，躍升爲「全方位地了解人類的癖性與個性」。

雖說表觀遺傳學屬於先進科技，但它其實重新挑起了生物學界的一個古老的辯論，兩位戰士都是達爾文的前輩——法國人拉馬克（Jean-Baptiste Lamarck）以及他的同胞，咱們的老朋友居維葉。就在達爾文以研究不惹眼的物種（像是藤壺）出名之際，拉馬克則是藉由研究 vermes 來獲取經驗。Vermes 應該翻譯成 worms（蟲），但在那個年代，它也包括了水母、水蛭、蛞蝓、章魚以及博物學家懶得分類的滑溜溜的動物。好在辨識能力較強、敏銳度也較高的拉馬克，把這些怪模怪樣的小東西，從妾身未明的窘境搶救出來，凸顯它們獨有的性質，並將它們分類歸入不同的門。很快地，他就發明了**無脊椎動物**（invertebrates）這個名詞，來收容這些雜七雜八的動物，而且他還在一八〇〇年，更進一步發明了**生物學**（biology）這個字眼，來描繪他完整的研究領域。

拉馬克經過一番轉折，才變成**生物學家**。在他那強勢的父親一過世之後，拉馬克就從神學院退學，而且年僅十七歲的他，立刻趕去參加七年戰爭。日後他女兒聲稱他在戰場表現傑出，被拔

拉馬克發明了可能堪稱世界上第一個科學的演化理論。他的理論雖然是錯誤的，但就某些方面來說，頗爲類似現代的表觀遺傳學。（圖片來源：Louis-Léopold de Boilly）

擢爲軍官，不過她經常誇大他的成就。但不論如何，拉馬克中尉的軍旅生涯結束得不太光彩：在某次玩樂遊戲時，他的手下拉著他的頭將他抬起來，結果害他受了傷。然而，軍方的損失，卻是生物學的收穫，而他也很快就成爲知名的植物學家與蟲類專家。

光是解剖蟲子，不能令拉馬克滿足，他設計出一套很誇張的演化理論——第一套科學的演化理論。該理論共分成兩個部分。它的整體架構就是在解釋為什麼會有演化：他指稱，所有動物都具有「內在的渴望」，想藉由變得愈來愈複雜，愈來愈像哺乳動物，來讓自己更完美。該理論第二個部分，則在討論演化的機制，討論它是怎麼產生的。也就是這個部分，與現代的表觀遺傳學有所重疊，至少在概念上重疊，因為拉馬克指出，動物會因應環境來改變外型或行為，然後再將這些後天獲得的特徵傳給後代。

譬如說，拉馬克認為常在水岸覓食的涉禽，為了讓尾巴保持乾燥，每天都會將腿稍微伸長一點點，最後終於得到兩條比較長的腿，而且牠們產下的小鳥也會遺傳到這樣的腿。同樣地，持續吃食樹頂嫩葉的長頸鹿，會得到比較長的脖子，然後把它傳給下一代。這種情況應該也適用於人類：經年累月揮舞著鐵鎚的鐵匠，會將發達的肌肉組織傳給子女。請注意，拉馬克並沒有說，動物天生就有較長的附屬肢體或是較快的腳程或其他任何優勢；相反地，動物必須努力去發展出這些特徵。而且牠們愈是努力，牠們傳給子女的天賦也愈強（這裡頗有幾分韋伯的味道，以及新教徒所講求的工作倫理）。從來就不謙虛的拉馬克，在一八二〇年左右，宣稱已將他的理論修改到盡善盡美。

然而，在探索這些偉大的、關於生命的抽象哲學概念二十年後，拉馬克的實際人生卻開始瓦解。他的學術地位一向不穩定，因為他的後天特徵理論從來就沒能讓某些同僚信服。（其中一項反駁雖然有點耍嘴皮，但卻強而有力：猶太男孩行割禮已經長達三千年，但是直到現在，新生男嬰還是需要挨刀）。此外，他的視力也漸漸喪失，而且在一八二〇年過後不久，就必須以「昆蟲、蠕類以及微動物」教授的名義退休。缺乏名聲與收入的他，很快就淪為窮人，完全仰賴女兒的照顧。當他在一八二九年過世時，他只能負擔「出租墓地」——意思就是，他那具飽受蟲蟲啃食的遺體，只能在墓地裡躺五年，之後就要被扔進巴黎的地下墓穴，以挪出空位給下一名顧客。

但是，拜居維葉男爵之賜，在拉馬克死後還有一個更大的侮辱等在那裡呢。事實上，居維葉和拉馬克第一次在法國大革命後的巴黎相遇時，還曾經合作過，兩人就算稱不上是朋友，至少是友善的同事。不過，論到性格，居維葉和拉馬克可以說有著一百七十九度的差別。居維葉要的是事實，事實，事實，任何稍微帶有揣測意味的東西——基本上就是拉馬克所有的研究——他都不相信。而且居維葉也完全不同意演化。他的贊助者拿破崙征服埃及後，拖拉回大量的科學戰利品，包括動物壁畫以及貓咪、猴子與其他動物的木乃伊。居維葉駁斥演化理論，因爲這些動物顯然幾千年來都沒有什麼改變，而在當時看來，幾千年已經是久遠的地球年代。

不過，居維葉並沒有安於只在科學上持反對意見，他還會利用自己的政治勢力，來詆毀拉馬克。在居維葉的諸多帽子（頭銜）當中，有一頂是專門幫法國科學院的同行們撰寫追悼詞，而他也小心地設計這些悼詞，讓它們能非常微妙地暗中損傷這些已經過世的同僚。在拉馬克的訃聞開頭，他明褒暗貶，大讚這位死去的同仁對於蟲類研究的專注。然而，居維葉還是無法忍住不說眞心話，他一再地指出，親愛的拉馬克已經迷失在對於演化的無用揣測之中。此外，居維葉男爵還將拉馬克公認的比擬天分，說成彷彿是他的缺點，通篇文章裡充斥著誇張的描述，像是脖子伸縮自如的長頸鹿，或是屁股溼答答的鵜鶘，這些將永遠和拉馬克的名字連在一起了。「在這類基礎上奠定的系統，或許可供詩人的想像力消遣一番，」居維葉總結道，「但是，對於任何解剖過手掌、內臟或甚至是一片羽毛的人來說，它絲毫經不起檢驗。」總的說來，這篇追悼詞的題目，很適合冠上科學史專家古爾德（Stephen Jay Gould）給它的封號——「殘酷的傑作」。但是撇開道德議題不談，你不得不佩服咱們這位男爵。對大部分人來說，撰寫悼詞，不過就是一樁讓你脖子痠麻的苦差事。但居維葉卻看出，他可以充分利用這份小小的苦差事，攬到大大的權力，而且他也眞有這份機智，來達成他的目的。

在居維葉的攻擊之後，一些浪漫派科學家還是堅守拉馬克的環境塑造觀點，其他一些科學家，像是孟德爾，則認爲拉馬克的理論很貧乏。但是大部分人都拿不定主意。達爾文在公開的書面上承認，是拉馬克最先提出一個演化理論，因此尊稱他爲「名副其實的博物學家」。而且達爾文也確實相信，某些後天獲得的特性（包括，很罕見的，割了包皮的陰莖）可以傳給後代子孫。但在同時，達爾文在寫給友人的信件中，卻駁斥拉馬克的理論「眞的是胡說八道」，而且「極爲貧乏：我沒辦法從中得到任何事實或想法」。

其中一項令達爾文很不滿意的地方在於，他相信動物獲得優勢，主要是透過遺傳而來的特徵，是出生就確定的特徵，而非拉馬克的後天獲得的特徵。此外，達爾文也強調演化的腳步極慢，所有東西都需要漫長的時間，因爲優勢的動物只有在進行繁殖之後，才能將天生的特徵傳播開來。相反地，在拉馬克學說裡，動物能掌控自己的演化，修長的肢體或是大塊的肌肉，在一個世代內，就可以快速地傳遍各地。此外，對達爾文和其他人來說，或許更糟的是，拉馬克推崇的那種空洞的目的論——關於「動物會透過演化來讓自己完美、來讓自我實現」的神秘想法——正是生物學家巴不得永遠逐出生物學界的想法①。

達爾文時代之後的人，同樣瞧不起拉馬克，他們發現，身體其實劃了一道極嚴格的界線，來區隔一般細胞與精、卵等生殖細胞。所以，就算一名鐵匠鍛鍊出再宏偉的三頭肌、胸大肌、三角肌，也不代表什麼。精子和肌肉細胞是各自獨立的，如果就ＤＮＡ來說，這名鐵匠的精子，只是一隻九十八毫克的弱雞，那麼他的孩子可能也是弱雞。到了一九五〇年代，當科學家證實，體細胞無法改變精子或卵子的ＤＮＡ（也就是唯一與遺傳有關的ＤＮＡ），這種各自獨立的概念就更加強化了。看來拉馬克是永遠不能翻身了。

然而，最近這幾十年來，蟲蟲翻身了。現在科學家眼中的遺傳更爲善變，而且基因與環境之間的壁壘，也更有滲透性。現在重點不只是基因；重點在於如何表現基因，或者說，如何打開或關閉它們。細胞通常會藉由散布一些叫做甲基（methyl groups）的小路障，來關閉ＤＮＡ，或是散布乙醯基（acetyl groups），將ＤＮＡ與蛋白質線軸分開，以開啓ＤＮＡ的功能。而且科學家現在也已經知道，細胞在進行分裂時，也會把這些甲基和乙醯基的模式，精確地傳給子細胞——算是某種「細胞記憶」（事實上，科學家一度還以爲，神經元裡的甲基就是我們腦袋中負責登錄記憶的物質。這並不正確，但是干擾甲基和乙醯基，確實會干擾記憶的形成）。重點在於，這些模式雖然大都很穩定，但不是永久的：特定的環境經驗，能夠增加或減少甲基和乙醯基，進而改變這些模式。其實，這個流程會將動物所做或所經歷的記憶，刻印到它的細胞裡——而這，正是所有拉馬克式遺傳的關鍵第一步。

不幸的是，壞經驗也和好經驗一樣容易刻印到細胞中。強烈的痛苦情緒，有時候會讓哺乳動物的腦袋裡充滿了某些神經化學物質，而這些化學物質能將甲基釘在它們不該存在的地方。年幼時被其他老鼠欺負的老鼠，腦袋裡通常就會出現這些奇特的甲基模式。被疏忽的媽媽撫養長大的幼鼠（鼠媽媽不肯舔牠們，也不抱牠們），不論是親生的或收養的，也有同樣的情形。這些從小備受忽略的老鼠長大後，碰到壓力強大的環境，很容易就崩潰，而牠們的崩潰不可能是基因太差的結果，因爲親生的和收養的老鼠，具有同樣的戲劇性結果。相反地，這些異常的甲基模式很早就被銘刻了，然後隨著神經元細胞的分裂以及腦袋的持續生長，這些模式也隨之留存下來。二〇〇一年的九一一事件，對於當時還在娘胎裡的人的腦袋，可能也留下類似的傷痕。當時一些懷有身孕的曼哈頓婦女產生了創傷後壓力症候群，而這種病症有可能活化或去活化十幾個基因，包括一些腦部基因。這些孕婦，尤其是在第三孕期受到影響的孕婦，後來產下的孩子在面對奇怪的刺激時，比其他孩子更容易感覺焦慮和嚴重的緊張。

請注意，這些DNA的變化並非基因造成的，因爲A-C-G-T字串從頭到尾都沒有變過。但是，表觀遺傳上的變化其實就是突變；基因也可能不會發揮功能。而且就像突變一樣，表觀遺傳的變化也會存留在細胞以及它們的後代細胞中。事實上，隨著年齡增長，我們每個人體內都會累積出愈來愈多的表觀遺傳變化。這也解釋了，爲何同卵雙胞胎雖然具有完全相同的DNA，但是長相卻會隨著年齡愈來愈不同。這也意味著，坊間偵探小說所寫的，同卵雙胞胎其中一人犯下謀殺，結果兩人都能逃過法律制裁——因爲DNA檢驗無法分辨誰是誰——可能不會永遠得逞。因爲他們的表觀基因組有可能會讓他們露餡。

當然，這些證據只能證明，體細胞可以記錄環境線索，並將它們傳給其他體細胞，是一種有限的遺傳形式。正常的情況下，當精子與卵子結合時，胚胎會將這些表觀資訊都擦拭掉——好讓你能成爲眞正的你，不受你父母親的行爲所拖累。但是，其他證據顯示，某些表觀遺傳變化有時能透過失誤或是詭計，走私到下一代的幼犬、幼獸、小雞或是小孩體內——它們與眞正的拉馬克主義十分接近，接近到足以讓居維葉和達爾文苦惱不已。

科學家第一次逮到表觀遺傳這種走私行爲，是在北歐的上卡利克斯（Överkalix），一個窩在瑞典與芬蘭之間的小村莊。一八〇〇年代，要在那裡討生活可不容易。百分之七十的人家至少有五個孩子——四分之一的人家至少生了十個孩子——而這些嗷嗷待哺的嘴巴，全得仰賴兩畝貧瘠的土地來餵養，因爲大部分人家就只能做到這個程度。更糟的是，北緯六十六度以北的天候，大約每隔五年，就要把他們的作物摧毀一次。在某些特別悽慘的時期，例如一八三〇年代，作物幾乎年年歉收。當地教堂的牧師以一種近乎瘋狂的毅力，將這些事實記錄在上卡利克斯的年鑑上。「沒有發生特別的事，」有一次他這樣評論，「只除了（連續）第八年作物歉收。」

當然啦，不是每一年都這麼慘。偶爾，大地也會用豐收來犒賞人們，遇到這樣的年頭，就連十五口之家都可以吃得飽飽的，把艱難的歲月暫時拋諸腦後。但是，在那最黑暗的深冬，當作物枯萎，而且茂密的斯堪地納維亞森林以及結凍的波羅的海，又將緊急救援物資阻在門外，無法運送進上卡利克斯，人們只好殺豬宰牛，勉強度日。

這樣的歷史在邊遠地區是很稀鬆平常的，可能沒什麼人會特別注意它，只除了幾位現代的瑞典科學家。他們對上卡利克斯產生興趣，是因爲他們想要了解，環境因素（例如糧食匱乏）是否會影響孕婦肚裡的胎兒的長期健康。科學家會這樣懷疑是有理由的，他們的根據來自一千八百名兒童的個別研究，這些孩子都出生在德國佔領下的荷蘭，而且時間點都是在一場飢荒期間或剛結束時——一九四四到四五年間的飢餓冬天。那年冬季的嚴寒氣候讓運河都結凍了，船隻無法航行，再加上納粹對荷蘭送上的最後一份大禮：破壞他們的陸路運輸以及橋梁。到了一九四五年春天，荷蘭成年人的每日配給口糧，熱量只有五百卡路里。有些農夫和難民（包括知名影星奧黛莉．赫本及其家人，他們在戰爭期間被困在荷蘭）甚至餓得跑去啃食鬱金香的球莖。

一九四五年五月解放後，當地配給口糧跳升到每人每日兩千卡路里，而這樣的跳升，等於是一場天然設計好的實驗：科學家可以比較在飢荒期間以及飢荒過後受孕的胎兒，看何者比較健康。可想而知，挨餓的胎兒在出生時通常體型較小，也比較脆弱，但是，這些孩子日後出現精神分裂症、肥胖以及糖尿病的比例也比較高。基本上，這些小孩來自同樣的基因庫，因此其中的差異可能源自表觀遺傳的流程：缺乏食物改變了子宮內的化學環境（也就是胎兒的環境），進而改變了某些基因的表現。甚至在六十年後，這些在出生前後曾經挨餓的人，他們的表觀基因組看起來依然具有某些顯著的差異，而其他幾場發生在現代的大飢荒——像是列寧格勒的圍城、奈及利亞的比夫拉飢荒（Biafra crisis）、毛澤東大躍進期間的中國——受害者也展現出類似的長期影響。

但是，由於飢荒在上卡利克斯發生的頻率是這麼地高，瑞典科學家發覺，他們有一個大好機會來研究一個甚至更有意思的問題：表觀遺傳作用是否能持續多個世代。長久以來，瑞典國王就要求各個教區繳交作物記錄（以免有人欺瞞皇上），所以上卡利克斯的農作物數據可以回溯到一八〇〇年之前。因此，科學家便拿這些農作物數據，和各地路德教會所保留的居民出生、死亡及健康記錄，做一個比較。另外還有一個附帶的好處，上卡利克斯的基因流入與流出都非常少。霜害的威脅，加上當地怪腔怪調的口音，使得瑞典和拉普蘭地區的人都不想遷往該地，而在科學家所追蹤的三百二十人當中，也僅有九人離棄上卡利克斯，搬往他處，因此科學家對於每個家庭往往能夠進行長年的追蹤。

在瑞典小組的發現當中，有些確實很合理，譬如「母親的營養」與「孩子未來的健康」之間的關聯。但是，也有很多發現說不通。最明顯的莫過於，他們在「孩子未來的健康」與「父親的飲食」之間，也發現了一項極強的關聯。很顯然，做父親的並沒有懷胎，所以任何作用必定是透過精子潛入的。更奇怪的是，只有做父親的餓肚子，孩子的健康才能大大加分。如果父親大吃大喝，他的小孩將會比較短命、多病。

結果發現，父親的影響是這麼地強，科學家甚至可以回溯到父親的父親——如果哈洛德爺爺曾經挨餓，小孫子歐拉夫就會獲益。而且這些也不是微妙的小影響。如果哈洛德狂吃，歐拉夫罹患糖尿病的風險，就會增加四倍。如果哈洛德勒緊褲帶，歐拉夫（在調整過社會差異後）平均能夠多活三十年。更驚人的是，這種作用遠超過挨餓或暴食對祖父本人的影響：挨餓的祖父或是狂吃的祖父，存活的年限都是一樣，七十年。

這樣的父親/祖父的影響，在遺傳學上根本說不通；飢餓並不能改變父母或子女的DNA序列，因為那些都是在出生時就固定了的。環境也不可能是罪魁禍首。這些曾挨餓的男人，最後成家生子的年份，各不相同，因此他們的孩子與孫子在上卡利克斯生長的年代，也各不相同，有些成長於好年頭，有些則是壞年頭——然而，他們全都能獲益，只要老爸或是老爸的老爸曾經餓肚皮。

但是，這種影響在表觀遺傳學上，可能說得通。還是一樣，食物裡含有豐富的乙醯基與甲基，它們能打開或關閉基因，因此，暴飲暴食或是挨餓將會「遮蔽」或是「揭露」負責調節代謝的DNA。至於這些表觀遺傳開關到底如何在世代之間傳遞，科學家發現了一條線索，在於挨餓的時機。男人挨餓的時間點，如果落在青春期、嬰兒期或是巔峰生育年齡，挨餓對於他的子女或孫子女的健康，將一點都不重要。重要的是，他有沒有在「緩慢生長期」（slow growth period）挨餓或暴飲暴食，這個緊接在青春期之前的緩慢生長期，在男生大約落在九到十二歲之間。在這個階段，男生會開始準備一批將來要變成精子的細胞。因此，如果緩慢生長期剛好碰上狂吃或是飢餓，精子前身細胞可能就會被銘刻上不尋常的甲基或乙醯基模式，而這些模式又會被銘刻到眞正的精子細胞上。

科學家現在還在研究上卡利克斯現象的分子細節。但是已經有幾個關於人類的軟性父系遺傳研究，支持下列想法：精子表觀遺傳學具有深刻以及能夠遺傳的影響力。男性如果在十一歲以前抽菸，比起年齡較大之後才抽菸的男性，前者將會生出比較矮胖的子女，尤其是比較矮胖的兒子，即使這些在小學時期就抽菸的男生，後來很快就戒菸，結果還是一樣。同樣地，在亞洲和非洲地區，數億名愛嚼檳榔的男性，將來的子女罹患心臟病以及代謝疾病的風險，也會增加一倍。神經科學家雖然不見得都能看出「健康人的腦袋」與「精神病患的腦袋」在結構上的差異，但是他們卻在精神分裂症與躁鬱症患者的腦部和精子中，找到不同於一般人的甲基模式。這些結果迫使科學家不得不修正他們以前的假設：受精卵會將精子（以及卵子）上所有來自環境的污染擦乾淨。看來，就好像基督教裡父親的罪要罰兒子，父親的生物缺陷也可能會懲罰到他們的子女，以及他們子女的子女。

精子對未來子女的長期健康，影響最重大的，或許就是那些最奇特的所謂軟性遺傳。民間智慧一向相信母性印象（maternal impressions，即胎教），例如碰見獨臂人，會釀成重大災禍；現代科學則說，父性印象（paternal impressions）的影響同樣強烈，甚至更大。然而，這些父方或母方特有的效應，不能說完全出乎意料外，因爲科學家早就知道，母方或父方的ＤＮＡ對子女的貢獻度不會相等。如果公獅子與母老虎交配，他們會產下一頭獅虎（liger）——十二英尺長的大貓，重量是一般叢林之王的兩倍重。但是如果換成公老虎與母獅子交配，生下來的虎獅（tiglon）體型一點都不壯碩。（其他哺乳動物也有類似的不一致。換句話說，伊凡諾夫原本希望「讓母黑猩猩懷孕」和「讓女人懷孕」沒有差別，但兩者其實是不對稱的）。有時候，母方和父方的ＤＮＡ甚至會大打出手，爭取胎兒的主控權。我們不妨以 igf 基因爲例（拜託）。

總算有一次，拼出某個基因的名字有助於讓人了解它：igf 是 insulin-like growth factor（類胰島素生長因子）的縮寫，而它會讓子宮裡的胎兒比正常情況早很多達成體積的里程碑。雖說父親希望孩子的兩個 igf 基因都能大大發揮，製造出一個生長快速的巨型寶寶，而且能早早地就將基因傳下去，但是母親那方通常不希望鼓動 igf 基因，因爲她可不想讓頭一個寶寶把她肚子脹破，或是害得她死於難產，以致沒有機會再生更多孩子。於是，就像一對老夫老妻在搶溫度調節器，精子企圖把它們的 igf 基因都打開，但是卵子卻想要把它們雙雙關閉。

此外，我們體內還有數百個其他的印記基因（imprinted gene），它們會根據來自父親或母親，在那裡開開關關。在凡特的基因組裡，百分之四十的基因展現出母親與父親的差異。因此，少掉同一段ＤＮＡ，可能導致不一樣的疾病，要看父親或母親的染色體是否有缺陷。有些印記基因甚至會中途變節：在老鼠體內（大概人類也一樣），童年期間，由母親的基因控制腦部，成年後則由父親的基因接手。事實上，我們要是缺乏適當的表觀性別印記（epigender imprinting），恐怕根本活不成。科學家可以輕易地操控老鼠胚胎，掉包成兩套雄性染色體，或是兩套雌性染色體，按照傳統的遺傳學理論，這樣做應該沒什麼大不了。然而，這些雙重單性胚胎卻胎死腹中。於是，科學家在每個雙重單性胚胎裡，混入一點點異性細胞，來幫助胚胎存活，結果雄雄鼠變成一隻彷彿畫家博特羅（Botero）作品中的巨嬰（這要謝謝igf），但是腦袋卻非常小。雌雌鼠剛好相反，身體小，但是腦袋超大。因此，愛因斯坦和居維葉的腦袋大小差異，可能只是他們父母血統裡的一個癖性，就像雄性禿（male pattern baldness）。

所謂的親源效應（parent-of-origin effects），也喚起了世人對史上最惡劣的一場科學騙局的興趣。現在，我們知道表觀遺傳學有多微妙——過去這二十年來，科學家只不過剛剛開始了解它——不難想像，以前的科學家碰到這些狀況時，要解釋他們的研究結果，有多麼艱辛，更別提如何去說服同行科學家了。奧地利生物學家凱摩若（Paul Kammerer）就過得很艱辛，無論是在科學上、愛情上、政治上，以及差不多所有其他方面。但是，有幾位現代表觀遺傳學家認爲，他的經歷有可能（只能說有可能）提醒我們，當一項發現超前時代太多時，有多危險。

凱摩若擁有鍊金術士般的野心，想要改造大自然，同時，他也擁有青少年般的天分，超會捉弄小動物。凱摩若宣稱，他能改變蠑螈的顏色——或是讓牠們長出小圓點花樣或條紋狀——只要把牠們送進色澤不尋常的地理環境，就可以辦到。他強迫喜歡曬太陽的螳螂，摸黑進食，他把海鞘的吻部切斷，只爲了觀察此舉對牠們未來子女的影響。他甚至宣稱，自己有辦法讓某些兩棲動物長出眼睛或是沒有眼睛，端看牠們小時候曬到多少太陽而定。

凱摩若的勝利以及他後來的垮台，來自一系列產婆蟾（midwife toad）實驗，這是一種非常奇特的動物。大部分蟾蜍都在水中交配，然後讓受精卵自由漂浮。產婆蟾卻在陸上做愛，但是由於蝌蚪的卵在陸地上更爲脆弱，雄產婆蟾會把這一堆蛋綁在後腿上，好像掛著一串葡萄似地，帶著它們到處跳來跳去，直到孵化爲止。然而，這麼可愛的習性還是不能打動凱摩若，他在一九〇三年，決定要做實驗強迫產婆蟾在水中交配，辦法是：把牠們居住的水族箱溫度一再調高。這套戰術果然奏效，蟾蜍們要是不泡在水裡，便會被高溫烤成蟾蜍乾，於是那些存活下來的產婆蟾，就變得更爲喜歡水，這種傾向一代強過一代。牠們長出較長的鰓，製造出滑溜溜的防水凝膠，覆蓋在卵上，而且（不要忘記）還發展出婚姻墊（nuptial pads）——在前肢上生出黑色、老繭般的肉墊瘤，好讓雄蟾蜍在水中交配時，能抓緊滑溜溜的伴侶。最奇特的是，當凱摩若把這些備受折磨的小東西，放回較涼爽與潮溼的水族箱，讓牠們在那裡繁殖時，這些蟾蜍的**後代**（牠們從未經歷過先前的高溫環境）好像也遺傳到水中繁殖的傾向，並且將這種傾向傳給更多的後代。

凱摩若在一九一〇年左右宣布這些實驗的結果。接下來那十年，他利用這個以及其他的實驗（而且此後他好像做什麼實驗都不會失敗）來主張：只要有適當的環境，就可以塑造動物去做（或是變成）任何事。在那個年代說這些話，帶有很深的馬克思主義暗示，因爲馬克思主義相信，唯一拖累勞苦大衆不得翻身的，就是他們悽慘的環境。但是，身爲堅定社會主義者的凱摩若，已經準備將他的論點擴充到人類社會：在他想來，後天**就是**先天，兩者根本是一致的概念。

事實上，當時生物學本身正處在一團困惑之中——達爾文主義尚有爭議，拉馬克主義早已死

備受折磨的奧地利生物學家凱摩洛，犯下科學史上最大的騙局，但他也可能是一位不知情的表觀遺傳學先鋒。（圖片來源：Library of Congress）

去，孟德爾定律還未高奏凱歌——凱摩洛保證，他有辦法將達爾文、拉馬克以及孟德爾統一起來。譬如說，凱摩洛不斷地鼓吹，適當的環境能讓優勢基因一躍而成。而社會大眾不但不責備他，反而熱切地吸收他的理論；他的書熱賣，他在世界各地對著買站票的聽眾演講（在這些談話大秀裡，凱摩洛還暗示，要用睪丸移植手術來「治療」同性戀，以及在全世界頒布像美國這樣的禁酒令，因爲禁酒令無疑地能製造出一個美國超人世代，一個「天生對酒精沒有慾望」的人種）。

不幸的是，凱摩洛地位愈高——他很快地就自封爲「達爾文第二」——他的科學理論看起來就更不牢靠。最令人困擾的是，凱摩洛對於他的兩棲動物實驗的關鍵細節，有所保留。鑑於他在意識形態上的堅定立場，許多生物學家都認爲他可能在矇混大家，尤其是孟德爾在歐洲的頭號鬥牛犬貝特森。

無情的貝特森，從來就不怕攻擊其他科學家。在一九〇〇年左右，達爾文日蝕期間，他曾經和他以前的老師——力挺達爾文的魏爾頓（Walter Weldon），發生一場特別激烈的爭執。貝特森很快就對魏爾頓施展出弑父情結，他先設法進入分配生物科研經費的委員會，然後開除了魏爾頓的會籍。事情愈鬧愈大，以致當魏爾頓於一九〇六年過世時，他的遺孀責怪是貝特森的仇恨害死了他，雖說魏爾頓其實是在騎單車時心臟病發死亡的。其間，魏爾頓的盟友皮爾遜（Karl Pearson）則忙著攔阻貝特森的論文，不讓它們出現在期刊上，而且還在他（皮爾遜）的內部刊物上，攻擊貝特森，那本期刊叫做《生物統計學》（*Biometrika*）。當皮爾遜拒絕讓貝特森在該刊物上發表書面回應時，貝特森就自己印了一堆假的生物統計學期刊，披著一模一樣的封面，但是裡頭插入他自己的回應文章，然後分送給各大圖書館和大學，但完全不提這些是冒牌貨。當時有一首打油詩把這整件事做了個總結：「皮爾遜是生物統計學家／這一點，我認爲，他正合適。／貝特森和他的同路人。／（我）希望他們能下到／寡言的地獄。」

現在，貝特森要求檢驗凱摩洛的產婆蟾。凱摩洛一口回絕，就是不給他看，於是批評者繼續圍剿凱摩洛，覺得他的藉口太遜了。接下來，一次世界大戰的混亂局勢打斷了這些爭論，也毀掉了凱摩洛的實驗室，害死了他的實驗動物。但是，正如一位作者所描述的，「假使一次世界大戰沒能完全摧毀奧地利和凱摩洛，戰後，貝特森也會接手完成任務。」在無情的壓力下，凱摩洛終於在一九二六年，同意讓貝特森的美國盟友檢視他保留下來的唯一一隻產婆蟾。這位盟友，爬蟲動物專家諾柏（Gladwyn Kingsley Noble）在《自然》期刊上報告說，這隻蟾蜍看起來一切正常，只除了一點。牠身上沒有婚姻墊。然而，有人用注射器將黑墨水注入蟾蜍的皮膚下，讓它看起來像是存在。諾柏並沒有用**騙局**這個字眼，但事實上，也不需要他明說。

生物學界為之譁然。凱摩洛否認罪行，暗指是某些匿名的政壇敵人在搞破壞。但是指責他的科學家愈來愈多，凱摩洛被逼得走投無路。在那篇毀滅性的《自然》期刊報告發表前，凱摩洛原本已經接受了蘇聯提供的一個職位，準備到這個偏好他的新拉馬克主義理論的國家去工作。六週後，凱摩洛寫信給莫斯科，說他不能昧著良心接受這份職務了。他所招致的負面關注，會損及偉大的蘇俄。

然後，這封辭職信話鋒急轉直下。「我希望，明天我能鼓足勇氣，」凱摩洛寫道，「結束我悲慘的生命。」他果然做到了，在一九二六年九月二十三日，維也納城外一條多岩石的鄉間小路上，舉槍自殺。看起來一副承認自己有罪的樣子。

但還是一樣，凱摩洛總是不缺辯護者，有幾位歷史學家曾為他的清白，建立了一個不太合理的案件。有些專家相信，婚姻墊事實上有出現，凱摩洛（或是某個熱心過頭的助理）之所以注射墨水，只是「稍加修改一下」證據。還有人相信，確實有政敵陷害凱摩洛。當地的國家社會黨（納粹黨前身）有可能想要破壞凱摩洛的名譽（他是猶太人），因爲他的理論會讓人懷疑所謂「亞利安人天生基因就高人一等」的說法。此外，自殺也不盡然代表是因爲他被諾柏給揭穿了。凱摩洛長期以來都有金錢上的困擾，而且當時他還爲了一個名叫艾瑪．威爾佛（Alma Mahler Gropius Werfel）的女人，心神不寧。威爾佛曾經短暫擔任凱摩洛的不支薪實驗助理，但她最出名的頭銜，其實是知名作曲家馬勒（Gustav Mahler）（以及其他人）脾氣狂暴的前妻②。她和科學書呆子凱摩洛也有一段短暫的戀情，對她來說只是玩玩而已，但是凱摩洛卻陷得很深。他有一次威脅，要是她不嫁給他，他就要在她的墓碑前轟掉自己的腦袋。她聽了放聲大笑。

但在另一方面，任何一位檢察官若遇到凱摩洛案件，都能指出一些令人不自在的事實。首先，就連不具科學背景的社交名媛兼業餘歌謠作曲者威爾佛都看得出來，凱摩洛在實驗室裡很不嚴謹，記錄做得一團糟，常常（雖說她覺得是無意識地）漠視那些與他心愛理論不符的實驗結果。更糟糕的是，科學期刊以前曾逮到凱摩洛修改數據。一名科學家稱他爲「攝像操控之父」。

不論凱摩洛的動機是什麼，他的自殺，因爲聯想的關係，最後玷污了拉馬克主義，因爲蘇聯惡劣的政治形態，喜歡凱摩洛的理想。蘇聯官方先是決定拍攝一部煽動的宣傳影片，來幫他的清白辯護。《火蠑螈》（*Salamandra*）這部電影，敘述一位很像凱摩洛的主角（聖吉教授），被反動派教士（代表孟德爾？）設局陷害。一天晚上，這名教士和一個同夥潛入聖吉的實驗室，將墨水注射到一隻蠑螈體內；第二天，當某人將這隻蠑螈扔進水箱，墨汁馬上滲漏出來，把水都染黑了，令聖吉飽受羞辱。失去工作後，聖吉流落街頭，乞討爲生（奇怪的是，陪伴他的，是一隻從邪惡實驗室搶救回來的猴子）。但是就在他決定要自我了斷的時候，一名婦女救了他，把他拖進了蘇維埃樂園。劇情儘管有夠可笑，但是即將成爲蘇聯農業沙皇的李森科（Trofim Lysenko），基本上卻相信了這個神話：他認爲凱摩洛是社會主義生物學的殉道者，於是，他開始擁護凱摩洛的理論，或至少是凱摩洛的部分理論。既然凱摩洛已經過世，那就更方便了，李森科可以只強調他的新拉馬克主義思想，它們和蘇俄的意識形態更爲合拍。然後，等到滿腔拉馬克主義熱忱的李森科在一九三〇年代崛起，掌控大權之後，他便開始清算非拉馬克主義的遺傳學者（包括貝特森的一個門徒），直接把他們殺了，或是送往古拉格勞改。不幸的是，消失的人愈多，就有愈多的蘇聯生物學家必須向李森科扭曲的想法效忠。當時有一名英國科學家曾說，和李森科討論遺傳學「好像對一名連九九乘法表都不會的人，解釋微積分。他根本就是……一個生物學上的『化圓爲方者』（circle-squarer）」。一點都不令人意外地，李森科主義毀掉了蘇聯的農業——幾百萬人死於飢荒——但官方還是拒絕放棄他們所認定的凱摩洛精神。

不論有多不公平，與克里姆林宮的牽扯不清，在往後幾十年，都讓凱摩洛的名聲以及拉馬克主義無法翻身，縱然凱摩洛的辯護者還在繼續幫他洗刷污名。其中最引人注意的是，小說家柯勒斯（Arthur Koestler）在一九七一年寫了一本非小說，書名爲《產婆蟾事件》（*The Case of Midwife Toad*），幫凱摩洛平反（但這也很諷刺，因爲柯勒斯在其他方面幾乎總是大力反共）。除了其他事情之外，柯勒斯還挖出了一篇一九二四年的論文，關於發現一隻帶有婚姻墊的野生的產婆蟾。這不一定能澄清凱摩洛的名譽，但至少暗示，產婆蟾具有潛在的婚姻墊基因。也許是凱摩洛實驗裡的一個突變，把它們給引發出來。

又或者是表觀遺傳學造成的。有些科學家最近注意到，除了其他效應之外，凱摩洛的實驗還改變了產婆蟾卵外層凝膠的厚度。由於這種膠質富含甲基，它們的厚度變化，有可能會開啓或關上某些基因，包括返祖的婚姻墊或是其他特徵的基因。同樣有趣的是，每當凱摩洛在幫蟾蜍交配時，總是堅稱，父親蟾蜍的陸地或水中繁殖偏好，在下一代身上，「毫無疑問地」會壓過母親蟾蜍對繁殖地點的偏好。換句話說，蟾蜍老爸若是喜歡在旱地交配，他的子女以及孫子女，也都會喜歡在旱地交配，同樣地，老爸如果喜歡在水中交配，子女也會跟著喜歡在水裡交配。像這樣的親源效應在軟性遺傳學裡，扮演很重要的角色，而這些蟾蜍的傾向，也呼應了上卡利克斯的案例。

當然，就算凱摩洛眞的撞上了表觀遺傳效應，他也不了解它們——而且他可能還是有造假（除非你相信納粹陰謀那套說法），還是有注射墨水。但是，就某些方面來說，那使得凱摩洛更迷人了。他留下來的記錄，他的狂言宣傳以及醜聞，在在解釋了爲何許多科學家，即使在混亂的達爾文日蝕期間，都不願意考慮類似表觀遺傳的軟性遺傳理論。但是，凱摩洛可能既是一個無賴，也是一個不知情的先鋒：一個爲了更偉大的意識形態事實，而寧願扯謊的人——但是，這人也可能並不全然是在扯謊。不論如何，他抓住了當今遺傳學家還在面對的議題：環境與基因如何互動，而且到了最後，誰會勝出。事實上，一想到如果凱摩洛早知道像是上卡利克斯的事例，不知會作何反應，就令人難過。他所生活和工作的歐洲，當時正是隔代效應剛剛在瑞典小村浮現出來的時候。不管他到底有沒有造假，如果他眞的看到他所喜愛的拉馬克主義的蛛絲馬跡，他可能就不會沮喪到跑去自殺了。

表觀遺傳學在過去這十年間，擴張得這麼快速，就連想幫它們的各項進步做個分類，都會讓人累得受不了。表觀遺傳的機制所發揮的影響，可以輕微到只是讓老鼠長出小圓點，也可以重大到逼人去自殺（這或許是凱摩洛事件的終極諷刺）。像古柯鹼與海洛因之類的毒品，似乎能讓負責調節神經傳導物質以及神經興奮劑的DNA，纏繞起來或是解開纏繞（這解釋了爲何毒品能讓人感覺這麼舒服），但是你若不斷地「追龍」（chasing the dragon，吸食海洛因），DNA的錯誤纏繞就會變成永久性，最終導致上癮。實驗顯示，修復腦細胞中的乙醯基，可以恢復老鼠遺忘的記憶，而且還有更多研究結果證明，腫瘤細胞可以操控甲基，來關閉平常負責阻止它們過度生長的基因總管。有些科學家認爲，將來有一天他們甚至能梳理出尼安德塔人表觀遺傳學的資訊。

儘管如此，但是你若想要激惹某個生物學家，讓他抓狂，不妨對他大談表觀遺傳學將來會如何改寫演化，或是協助我們逃離我們的基因，彷彿它們是束縛人的腳鐐般。表觀遺傳學的確會改變基因的功能，但是並不會破壞它們。雖說表觀遺傳效應確實存在人體，但許多生物學家依然懷疑它們是來得快，去得也快：在環境觸發因素改變後，甲基、乙醯基和其他機制，恐怕過不了幾個世代，就蒸發光了。我們還不知道，表觀遺傳學是否能永久改變我們的物種。或許，做爲基底的A-C-G-T序列，總是會有再度出頭的機會，因爲只要甲基或乙醯基的塗鴉日漸磨損，塗鴉底下的花崗岩石牆便會再度浮現出來。

但是說眞的，這樣悲觀的論點並沒有把握到表觀遺傳學的重點以及希望。人類基因多樣性和基因數目的低落，似乎無法解釋我們的複雜性以及差異性。但是，無數個表觀基因加總起來，卻可能可以解釋。就算軟性遺傳經過譬如說六個世代後會蒸發掉，而我們每一個人只能活差不多兩三個世代——就這樣的時間尺度來說，表觀遺傳學確實能造成重大差異。重寫表觀遺傳的軟體，遠比重寫基因本身來得容易，而且，要是軟性遺傳不會導致眞正的基因演化，它也確實會讓我們適應快速變動的世界。事實上，幸虧表觀遺傳學爲我們增添了更多的新知——關於癌症、關於複製、關於基因工程——未來，我們的世界甚至很可能會變動得更快。

16 我們熟知（以及不知）的生命

接下來，要怎麼辦？

差不多在一九五〇年代，DNA生化專家多提（Paul Doty，他也是RNA領帶俱樂部成員）有一天走在紐約街頭，心不在焉地想著自己的事，突然間，街邊小攤上有一件商品吸引了他的目光，他很困惑地停下腳步，這個小販賣的是西裝翻領的鈕扣，大半都是常見的粗糙品，但是多提發現，其中有一枚扣子上頭寫著「DNA」。當時他對DNA的了解，全世界沒有幾個人能比得上，但是他認爲社會大衆對他所做的研究，了解很少，關心更少。多提相信鈕扣上的這個縮寫字，一定是代表其他意義，於是他問小販，這個D-N-A是什麼意思啊。小販對著這位大科學家，上下打量了一番。「老兄，靈通一點，」他用道地的紐約腔叫道。「就是基因啦！」

時間往後推四十年，來到一九九九年夏天。DNA知識已經如雨後春筍般散播開來，賓州立法委員對於日益迫近的DNA革命，深感不安，要求生物倫理專家（兼賽雷拉公司董事）卡普蘭（Arthur Caplan）提供他們這些立法者一些建議，如何規範管理遺傳學。卡普蘭答應幫忙，但是起頭就不太順利。爲了測試聽衆的水準，卡普蘭先拋出一個問題：「你們的基因在哪裡？」它們位在你身體裡的什麼地方？賓州這群最傑出、最聰明的菁英分子，竟然不知道。其中四分之一的人既不害臊，也非諷刺地說，基因在他們的生殖腺裡。另外四分之一自信滿滿的人則說，基因位在他們的腦袋裡。其他人則表示，曾看過螺旋之類的圖片，但不確定它們的含義。在一九五〇年代末，DNA這個名詞已然是時代思潮的一部分，甚至可以讓街頭小攤的鈕扣增添幾分光彩。**就是基因啦**。但是，從那時候起，大衆對它的認知並沒有更進一步。卡普蘭事後判定，就政治家們的無知程度，「要求他們來制定遺傳學的管理法規，太危險了。」當然，這種對基因和DNA的困惑與迷糊，並不能阻止人們對這些事務發表高見，而且是非常強烈的高見。

對此，我們應該是沒什麼好驚訝的。打從孟德爾種下第一顆豌豆，遺傳學就令人著迷。但是嫌惡與困惑也藉由這份著迷而滋生，遺傳學的未來，將取決於我們是否能解決這種拉扯，這種「一定得做/不能忍受」的矛盾猶豫之情。其中，特別容易令我們著迷或嚇到的，一個是基因工程（包括複製），另一個就是用「區區」基因，來解釋複雜又豐富的人類行爲的企圖。但是，以上兩者也經常被人誤解。

雖然人類早在一萬年前農業開始進步的年代，就已經試圖對動物和植物進行遺傳工程了，但是第一個明確的基因工程，是在一九六〇年代才動工的。基本上，科學家剛開始只不過是把果蠅的卵，浸泡在一攤黏答答的DNA中，希望具有滲透性的卵能自動吸收一點東西。奇妙的是，如此粗糙的實驗竟然也管用；這些果蠅的翅膀和眼睛的形狀與顏色都改變了，而且這些改變證明可以遺傳。十年後，到了一九七四年，有一位分子生物學家發明了一些工具，能將不同物種的DNA剪接在一起，形成混血種。雖然這位潘朵拉自我設限，只在微生物裡進行這類研究，但是有些生物學家看到這些混種嵌合體之後，不禁打起寒顫——誰知道下一個會做出什麼來？他們認定，這些科學家是不切實際的，於是要求暫停這類重組ＤＮＡ的研究。很不尋常的是，生物界（包括那位潘朵拉）竟然同意了，自願暫停實驗，先辯論釐清安全性以及管理法規，這在科學史上幾乎是獨一無二的事。到了一九七五年，生物學家決定，他們其實還不夠了解怎樣去做，但是他們的謹慎態度卻讓社會大眾安心不少。

這樣的光景沒有延續太久。同樣在一九七五年，一位有著輕微閱讀障礙，出生在篤信基督教的阿拉巴馬州，後來在哈佛大學做研究的螞蟻學家，發表了一本重達六磅，全書共有六百九十七頁的巨著《社會生物學》（*Sociobiology*）。威爾森（Edward O. Wilson）已經趴在地上研究他心愛的螞蟻，長達幾十年了，如今終於想出如何將奴隸、士兵與女王之間看似極其複雜精緻的互動，降解成簡單的行爲法則，甚至是精確的方程式。在《社會生物學》這本著作中，野心勃勃的威爾森將他的理論延伸到其他動物的綱、科與門，沿著演化的階梯，一路往上，爬到魚類、鳥類、小型哺乳類、肉食哺乳類以及靈長類。然後，威爾森直接穿過黑猩猩與大猩猩，挺進惡名昭彰的第二十七章，「人類」。在這一章裡，威爾森暗示，科學家可以把大部分（就算不是全部）人類行爲——諸如藝術、倫理、宗教以及我們最醜陋的攻擊性——的基礎，建立在ＤＮＡ上。這個想法暗示了，人類並不具有無限的可塑性，而是具有固定的天性。威爾森的研究同樣也暗示了，某些氣質與社會方面的差異（譬如男女兩性之間）可能具有遺傳的根基。

事後，威爾森承認自己眞是個政治白癡，竟然完全沒有預料到，這樣的暗示會在學術圈裡招來什麼樣的大爆炸、大漩渦、大颱風，以及大蝗災。果然，某些哈佛大學的同事，包括深受大眾喜愛的古爾德，出面痛責《社會生物學》，企圖將種族主義、性別歧視、貧窮、戰爭，以及所有高尚人士所不齒的事情，加以合理化。此外，他們還明白地將威爾森和卑鄙的優生學陣營以及納粹計畫，連在一起——但是，當其他人對威爾森發動猛烈攻擊時，他們卻又故作吃驚的模樣。一九七八年，威爾森出席一場科學研討會，就在他上台辯護自己的研究時，幾個弱智的抗議者衝上講台。威爾森當時因爲足踝受傷坐在輪椅上，所以沒辦法靈活地閃避，麥克風被他們給搶走了。這一小群人在控訴他「種族屠殺」之後，把一壺冰水淋在他頭上，然後大叫，「你完全溼了（完全錯了）。」

到了一九九〇年代，感謝其他科學家的宣傳（通常是以比較委婉的方式），人類行爲具有遺傳根基的想法，已經激不起任何驚訝了。同樣地，現在的我們，也已經把社會生物學的信條，視爲理所當然，認爲我們祖先的那段「獵人－食腐者－採集者」歷史，所留給我們的ＤＮＡ，到現在還是會影響我們的思維。但是，就在社會生物學的餘燼即將熄滅之際，蘇格蘭的科學家卻重新燃起社會大眾對遺傳學的恐懼，他們在一九九七年二月宣布，一隻可能是全世界最有名的非人類動物誕生了。這些科學家將一隻成年綿羊的ＤＮＡ，轉移到四百枚羊卵中，然後用製造科學怪人的那種方式，來對它們通電，結果眞的製造出二十個存活的胚胎——都是同一隻成年綿羊的複製品。這些複製品先在試管裡待了六天，然後在子宮裡待一百四十五天，但是在這段期間，十九個胚胎都自己流產了。只有桃莉存活下來。

事實上，大部分人在目瞪口呆地看著這隻小綿羊時，根本不關心桃莉的本質。在這個事件的背景中，人類基因組計畫正在轟隆轟隆地往前推進，承諾科學家終將拿到一份人類基因藍圖，而桃莉激起了大家的恐懼，害怕科學家也會開始複製人類——而且看不出有停頓的跡象。大部分人都嚇壞了，雖說卡普蘭也曾接到一通興奮的電話，大談複製耶穌基督的可能性（打電話來的這個人，計畫要從都靈裏屍布上，採集耶穌的ＤＮＡ。卡普蘭記得自己當時在想，「所以，你企圖要把一個本來就打算回到人間的人，帶回人間」）。

桃莉的室友們都能接受她，似乎完全不在意她的本質其實是複製羊。她的愛人們也不在意——她總共生了六胎小羊（都是自然生產），全都長得高大健壯。但是不知什麼原因，人類一聽到複製，本能地就非常害怕。桃莉羊事件過後，有些人開始幻想一些很煽情的揣測，關於複製人大軍踢著正步，從一些外國元首的面前走過，或是有人窩在某些牧場裡，孵育著大批複製人，準備將來收割他們的器官。另外也有一些比較沒那麼怪異的想法，擔心複製動物天生就會帶有很多疾病或分子缺陷。因爲複製成體ＤＮＡ，需要將其冬眠中的基因喚醒，敦促細胞去分裂，分裂，再分裂。這個過程聽起來很像是癌症，而複製似乎確實容易產生腫瘤。許多科學家已經得出結論（雖說桃莉的接生婆反駁此說），桃莉天生就是一個基因上的老者，帶著不尋常的衰老破敗的細胞。事實上，桃莉的腿確實因爲早發的關節炎而僵硬，而且她在六歲就過世了（是牠們那種羊的平均壽命的一半），死因是傳染到一種病毒（羅斯那種類型的病毒），害她得了肺癌。被用來複製桃莉的成體ＤＮＡ，和其他所有成體ＤＮＡ一樣，帶滿了表觀遺傳變化所留下的坑坑疤疤，而且包裹著一堆突變以及修補得亂七八糟的裂痕。這些缺陷可能早在她出生之前，就已經腐蝕了她的基因組①。

但是我們如果有意在此扮演上帝，我們不妨也來扮演一下唱反調的人。假設科學家果眞克服種種醫學上的困難，製造出完全健康的複製人。許多人還是會基於原則，反對複製人。然而，他

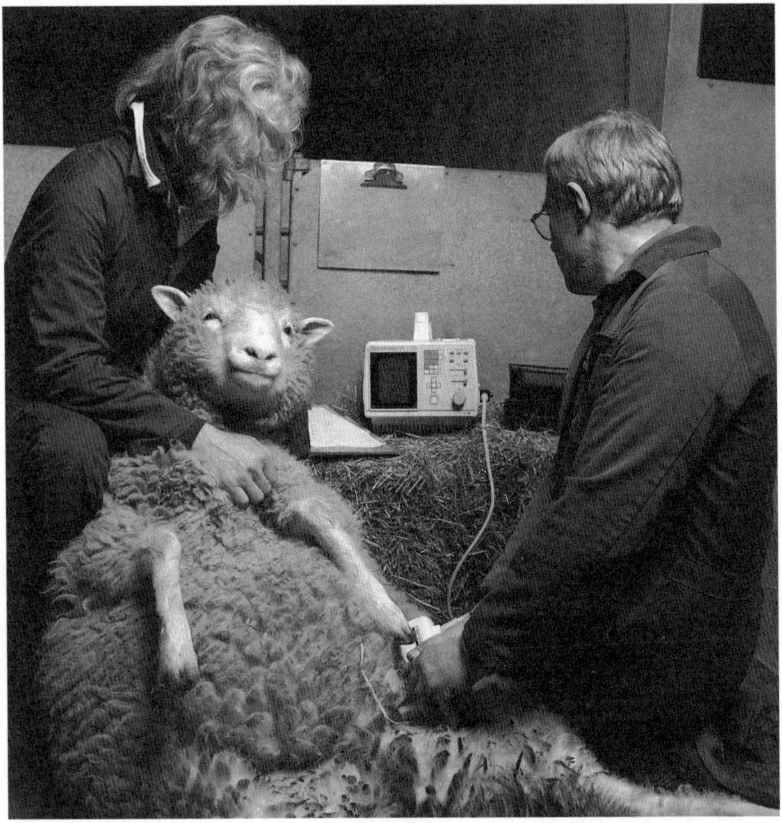

第一隻複製哺乳動物桃莉羊，正在接受檢查。（圖片來源：the Roslin Institute, University of Edinburgh）

們的部分理由出於一個不難了解但是錯誤的假設：基因決定論，意思就是說，DNA會嚴格主宰我們的生物性及個性。但是，科學家每做出一個基因組的序列，下面這個事實就更加明顯：基因經手的是或然率，不是必然性。一項**遺傳影響**，就只是影響，如此而已。同樣重要的是，表觀遺傳研究顯示，環境能改變基因運作和互動的方式，因此，如果想要把某人一絲不差地複製出來，你得保留那人從每一餐飯、每一根香菸等瑣事所獲得的表觀遺傳標記（祝你好運嘍）。大部分人都忘記了，現在才來害怕接觸複製人，已經太遲了；他們早就存在你我之中，所謂的同卵雙胞胎是也。一個複製人與它的親代相似的程度，並不會比兩個具有各種表觀遺傳差異的雙胞胎的相似程度高，而且有理由相信，前者可能更不相像。

想想看：希臘哲學家曾經辯論過的一個概念，假設有一艘船的船身與甲板都漸漸腐蝕，木板一片接著一片地被更換掉；經過幾十年後，船上所有的原始木片都被換光了。現在，這艘船還能算是同一艘船嗎？如果能，理由爲何，如果不能，又是爲什麼？人類也面對類似的難題。我們體內的原子，在我們一生當中，循環過好多次，因此我們並非一輩子只有一副相同的軀體。然而，我們卻覺得自己還是同一個人。爲什麼會這樣？因爲我們和船不一樣，每個人都擁有一個連續的思想和記憶儲存所。如果說，人類眞的有靈魂，那份心裡的記憶庫就是它了。但是，一個複製人會擁有不同於親代的記憶——他們在成長期間，聽不同的音樂，崇拜不同的偶像，接觸不同的食物與化學物質，腦袋的接線方式也會因著新科技而有所不同。這些差異加總起來，就會形成不同的品味與傾向——導致不同的氣質與不同的靈魂。因此，複製所製造的絕對不是一個分身，只是一個不折不扣的表象。我們的ＤＮＡ並不能界定我們；而是讓我們坐落在一塊具有可能性的區域中——像是我們的身高，我們將會得到的疾病，我們的腦袋如何處理壓力、誘惑以及挫折——取決因素不只靠ＤＮＡ。

請不要誤會，我不是在這裡主張應該要複製人。若說這些話眞有什麼主張，表達的也是反對——因爲看不出這樣做的意義何在？痛失愛子的父母，可能會渴望複製失去的兒子，以減輕每次經過孩子空蕩蕩的房間門口時，那份刻骨銘心之痛，又或者，心理學家渴望複製大學炸彈客或是率領教友集體自殺的瓊斯，以學習如何卸除反社會人格者的危險性。但是，如果複製並不能滿足這類要求——而且幾乎可以確定是做不到的——那麼，又何必多此一舉呢？

複製不只激怒人們，讓人擔憂一些不太可能成眞的恐怖事物，同時也分散了大家的注意力，反而忽略了遺傳研究帶出來的一些舊議題，一些與人類天性有關的爭議。就算我們想要閉上眼睛不去正視這些爭執，它們也不太可能就此消失。

例如性傾向，就具有某些遺傳基礎。蜜蜂、小鳥、甲蟲、魚兒、小蜥蜴、蛇、蟾蜍乃至各式各樣的哺乳動物（野牛、獅子、浣熊、海豚、熊、猴子），全都會快活地與同性廝混，而且它們之間的交配，通常都像是硬體設計好的。科學家已經發現，只不過將老鼠的某個基因的功能消除掉——該基因有一個很富暗示性的名稱，它叫做 fucM 基因——就能夠把一隻雌老鼠變成蕾絲邊。人類的性取向比較微妙，但是，就類似的生長環境來說，男同志（他們被廣泛研究的程度，遠高過女同志）確實擁有較異性戀者更多的同性戀親戚，因此基因似乎是一個很強的區分因子。

這呈現出一道達爾文的難題。身爲同志，會減少繁衍子女的機會，進而減少將任何「同志基因」傳給後代的機會，然而，同性戀儘管經常受到暴力迫害，卻歷久不衰地存在地球的每一個角落。有一個理論辯稱，或許同性戀基因其實是一個「愛男人」基因——這種「戀男性 DNA」（androphilic DNA）會令男人愛上男人，但也會令女人愛上男人，所以增加了他們擁有子女的機會

（對於「戀女性ＤＮＡ」〔gynophilic DNA〕，也是同樣的道理）。又或者，同性戀起源於其他基因互動的副作用。很多研究顯示，在男同志群裡，左撇子或是左右開弓者的比例偏高，而且男同志擁有較長無名指的機率也比較大。沒有人相信你用哪一隻手握叉子，會引發同性戀，但是，某些作用廣泛的基因可能會藉由在腦袋裡動手腳，而同時影響兩項特徵。

這些發現也是雙面刃。發現相關基因，可以證明身為同志是天生固有的，而非一項越軌的「抉擇」。話是這麼說，但是人們一想到，有可能利用篩檢基因法，在年幼時就找出誰是同性戀者，甚至潛在的同性戀者，就不禁嚇得直打哆嗦。不只是這樣，這些結果還可能被誤傳和扭曲。例如有一項關於同性戀的預測指標，在於某人擁有的親哥哥人數；每增加一個哥哥，成為同性戀的機率就會升高百分之二十到三十。目前最佔上風的解釋為，母親的免疫系統會對每一名「外來的」Ｙ染色體，累積愈來愈強的反應，然後不知怎的，在胎兒腦袋中引發了同性戀。還是一樣，這種說法是把同性戀建立在生物學的基礎上——但是，你可以想像得到，對於一個天眞的或是惡意的旁觀者來說，也可以把這項免疫上的關聯，在修辭學上扭曲成同性戀是一種必須消滅的疾病。這眞是一幅令人擔憂的景象。

種族問題同樣令遺傳學家深感不自在。首先，種族的存在就不太合理。人類擁有的基因多樣性，遠低於其他動物，但是我們的膚色、身材比例以及臉部特徵，卻是相差得如此之遠。有一項種族理論指稱，早期人類由於接近滅絕邊緣，因此被隔離成許多小群落，這些小群落原本差異並不大，但是當他們各自移民出非洲，和尼安德塔人，或是丹尼索瓦人（Denisovans），或是其他天知道什麼人種交配之後，小差異才逐漸被強化。不管怎樣，不同種族之間，一定存有一些ＤＮＡ

差異：譬如說，一對澳洲原住民夫婦永遠不會生出滿臉雀斑的紅髮小兒，就算他們搬到愛爾蘭島上，拚命生孩子，生到地老天荒也沒用。膚色的密碼埋在ＤＮＡ裡。

但是，很顯然，這個議題的癥結，並不在於膚色稍稍深一點或是淺一點，而是在於其他方面可能的差異。芝加哥大學遺傳學家藍田（Bruce Lahn）最初是在研究整理Ｙ染色體上的迴文和倒置，但是在二〇〇五年左右，他開始研究會影響神經元生長的腦部基因 microcephalin（小腦症基因）和 aspm（異常紡錘型小腦畸形症基因）。雖然有好幾種版本存在人類族群中，但是這兩個基因各自都有一種版本，具有無數個搭便車者，而且看起來似乎曾經以大約十馬赫速度，橫掃過我們的祖先族群。這一點暗示了，它們具有強大的生存優勢，而且根據它們生長神經元的本領，藍田做了一個小小的跳躍推理，指稱這些基因能增強人類的認知能力。有趣的是，他注意到 microcephalin 和 aspm 這兩種基因的腦袋增強版，分別是在西元前三萬五千年以及西元前四千年，開始散播開來的，而這兩個年代又剛好是人類史上出現象徵主義藝術和城市的年代。藍田馬上展開一場熱忱的追蹤，他篩選了現存的許多不同族群，發現這兩種基因的增強腦袋版，在亞裔和高加索族群中出現的機率，是本土非洲裔的許多倍。哇！

其他科學家紛紛指控這項發現很可疑，不負責任，是種族主義，而且是錯誤的。這兩個基因在很多地方都有作用，不只在腦部，所以它們對古代歐洲及亞洲人的幫助，可能是在其他方面。譬如說，這些基因能幫助精子尾巴拍動得更快，而且它們可能提供新武器給免疫系統（另外，它們也和絕對音感以及聲調語言有關聯。）更慘的是，後續研究判定，擁有這些基因的人，智商並沒有高過不具這些基因的人。如此一來，差不多是毀了這個增強腦袋假說，而藍田——順便提一下，他剛好是華裔移民——事後承認，「就科學層面，我有一點失望。但是就社會及政治爭議來看，我反而覺得鬆了口氣。」

他可不是唯一這樣想的：種族眞的讓遺傳學家產生分歧。有些人信誓旦旦地說，種族根本不存在。它「在生物學上沒有意義」，他們堅稱，它只是一個社會概念。**種族**（race）這個字，其實很容易讓人踩到地雷，大部分遺傳學家都偏向採用比較委婉的說辭，像是「同種同文之民族」（ethnic groups）或是「族群」（populations），這兩者，他們承認確實存在。但即便如此，還是有一些遺傳學家認爲，對於所有「民族與心智狀態關聯」的研究，都應該加以審查，因爲它們天生就會傷感情——他們希望能暫停。但也有一些人充滿信心，認爲好的研究自會證明種族平等，所以根本不用管，讓他們去研究吧（當然，對我們說教種族的事，即便是指出它不存在，這種舉動只會更加強化種族的想法。不然試試——不要想綠色長頸鹿）。

但在同時，也有其他一些態度虔誠的科學家認爲，那些「在生物學上沒有意義」的話，都是鬼扯。不說別的，某些民族對於C型肝炎、心臟病以及其他一些疾病的治療藥物，反應就非常差——這純粹是生化原因。其他一些族群，由於古代居住地區的環境十分貧瘠，在食物豐富的現代，變成很容易罹患代謝性的疾病。還有一個具爭議性的理論指稱，非洲裔現在的高血壓比率偏高，部分原因在於他們的祖先的身體比較會儲存養分，尤其是鹽分，因爲這樣比較容易熬過惡劣的航海期間，活著抵達新家園。有幾個民族甚至對HIV有比較高的免疫力，但還是一樣，造成這個結果的生化原因，各不相同。就這些以及其他的案例——像是克隆氏症、糖尿病、乳癌——醫生和流行病學家如果完全不承認種族存在，可能會傷害到病人。

就比較廣的層面來說，有些科學家辯稱，種族存在，是因爲每個地區的族群在某些基因具有不同的版本，這是無可反駁的。你如果去檢測某人DNA裡的幾百個片段，你幾乎百分之百有辦法將他歸入一系列祖先族群中的一個。不論你喜不喜歡，這些族群通常就是反映出人們對種族的傳統看法——非洲人、亞洲人、高加索人（或是某個人類學家所說的「粉紅豬」），等等。沒錯，在民族之間總會出現一些基因上的混合，尤其是位於交叉口的地方，像是印度，結果使得種族這個名詞對科學研究來說，毫無用處——太不精確了。但是，根據人們自己認同的社會種族，還是很能預測出他們的生物族群。另外，一些很好辯又頑固的種族（或是族群，或管他怎麼稱呼）科學家辯稱，既然我們並不知道每一段DNA的每個不同版本的功能，研究智力的潛在差異，是很公平的——他們討厭接受審查。不難想見，那些堅持認定或是堅持否定種族存在的人，都控訴對方讓政治干預科學②。

除了種族和性別之外，遺傳學最近也跑出一些有關犯罪、兩性關係、上癮、肥胖以及許多其他事項的討論。事實上，在未來幾十年，所有人類特徵或行爲相關之遺傳因子和易感受性，很可能會一一浮現出來——產生過多的討論。但是，不論遺傳學家對這些特徵或行爲，做出什麼樣的發現，我們將遺傳學應用到社會上時，心中都應該謹記幾條準則。最重要的是，不論生物學逮到哪一個特徵，請自問，根據幾個微生物基因的行爲，就去輕視或反對某人，是否眞的合理。此外，不要忘記，我們大部分的行爲遺傳偏好，都是在幾千甚至幾百萬年前，由非洲大草原塑造出來的。因此，這些偏好儘管很「天然」，但卻不一定適合現在的我們，因爲我們已經居住在一個完全不一樣的環境裡了。自然發生的東西，現在已經不再是做決策的好準則了。道德哲學裡最大的錯誤之一，就是「自然主義謬誤」（naturalistic fallacy），主張自然的東西都是「對的」，因此會用「某件事物是自然的」，來合理化偏見或是找藉口。但是，我們人類之所以為人類，部分就是因為我們的視野能超越我們的生物性。

凡是碰觸到社會議題的研究，我們可以最起碼停頓一下，在還沒有合理的完整證據之前，先不要做出煽動性的結論。在過去五年中，科學家已經很盡責地幫世界各地愈來愈多民族的DNA定出序列，將至今依然一面倒向歐洲人基因組的人類基因資料庫，加以擴充。有些早期的結果，尤其是那一千個不解自明的基因組計畫的結果，顯示出，科學家可能高估了基因橫掃的重要性——也就是點燃藍田的種族智力鞭炮的那種基因橫掃。

到了二〇一〇年，遺傳學家已經辨識出兩千個曾經顯示出橫掃態勢的人類基因版本；尤其是，由於這些基因的多樣性偏低，看起來就好像曾經有過搭便車的情形。而且，當科學家尋找是什麼區分了這些「橫掃版本」與「不會橫掃的版本」，他們發現有好些案例是因為一個DNA三聯體發生突變，製造出一個新的胺基酸。這很合理：一個新胺基酸，會改變蛋白質，如果這項改變讓當事人更能適應環境，天擇就有可能真的讓它橫掃整個族群。然而，當科學家檢查其他區域時，卻發現同樣的橫掃徵兆出現在具有靜默突變的基因上——所謂靜默突變，就是不會改變胺基酸的突變，因為它們的遺傳密碼重疊。天擇不可能讓這樣的改變橫掃一個族群，因為這種突變根本是隱形的，而且沒有提供益處。換句話說，許多明顯的DNA橫掃，可能是假的，是其他演化流程中的加工品。

那並不代表橫掃從未發生；科學家仍然相信，乳糖耐受基因、毛髮構造基因以及其他幾個特黴基因（另外，有點諷刺的，也包括膚色基因），確曾在人類適應非洲以外的新家園期間，在不同的時間點，在不同的民族當中發生過橫掃。但是，那些可能只是罕見的案例。大部分人類的改變是慢慢散播的，而且可能沒有任何一個民族曾經因爲中了遺傳大樂透，獲得某個超級基因，而突然大躍進，領先其他民族。任何與此相反的宣稱——尤其是考量科學家曾經多少次發表據說很科學的民族研究，結果卻都失敗了——我們都應該謹愼以對。因爲就像一句古諺所說的，惹出禍端的，並不是我們不知道的東西，而是我們誤以爲自己知道的東西。

要增長遺傳學方面的智慧，不只需要更加了解基因如何運作，而且也需要有更強的計算能力。電腦的摩爾定律（Moore's Law）——每隔兩年，晶片的速度大約就會增加成爲兩倍——已經持續了幾十年，這也可以解釋，爲何現在的某些寵物項圈，功力勝過當年阿波羅計畫的電腦主機。但是，從一九九〇年開始，基因科技甚至打敗了摩爾定律的預測。一台現代的DNA定序儀，在二十四小時內所做出來的數據，比當年人類基因組計畫十年的總產量還要多，而且該項技術愈來愈方便，遍及世界各地的實驗室以及野外觀測站（二〇一一年，美國狙殺賓拉登之後，軍方人員在幾個小時內，就確定了他的身分——將他的DNA拿來和事先採集到的他的親屬DNA，進行比對——就在茫茫大海中央，就在深更半夜時分，完成鑑定）。同樣地，幫整個基因組定序列的費用，也以眞空自由落體的方式，直直往下掉——從三十億美元，變成一萬美元，相當於每個鹼基對從一美元，掉到0.0003分錢。現在，如果有科學家想研究某個基因，與其先分離出該基因，然後再幫它定序列，不如直接先把整個基因組序列都定出來，往往價格還更便宜些。

當然，科學家還是必須去分析他們收集到的無數個ＡＣＧＴ鹼基。經過人類基因組計畫的教訓，他們現在不敢張狂了，他們曉得，那堆原始數據可不像電影《駭客任務》裡那樣，用眼睛瞪一瞪，就能跳出洞見來。他們需要去思考，細胞如何剪接ＤＮＡ，以及增加表觀遺傳的項目，這些是更複雜的流程。他們需要研究基因如何分組運作，以及ＤＮＡ如何將自己打包裝入細胞核的立體空間內。同樣重要的還有，他們必須判斷，文化——其本身就是ＤＮＡ的一個部分乘積（partial product）——如何倒過來影響基因演化。事實上，某些科學家指稱，ＤＮＡ和文化之間的回饋圈，對於過去這六萬年來的人類演化，不只是有影響，根本就是完全主宰。不過，想要開始了解這一切，需要非常強大的計算能力。當年凡特要求一部超級電腦，但是將來的遺傳學家，可能得轉而求助ＤＮＡ本身，發展一些以它神奇的計算能力爲基礎的工具。

就軟體方面，所謂的基因演算法（genetic algorithms），可以藉由駕馭演化的力量，來協助解決複雜的問題。簡單的說，基因演算法就是把電腦指令視爲個別的「基因」，然後再將它們串在一起，做成數位「染色體」。程式師可能會先用十幾個不同程式來測試，他會以二進位的形式，幫程式裡的每個基因指令編碼，再把它們串成一個像是染色體的長序列（0001010111011101010...）。接下來可有趣了。程式師會把每個程式跑一遍，進行評估，然後命令最好的幾個程式去進行「互換」——去交換一串串的0與1，就好像染色體在交換ＤＮＡ一樣。然後，程式師會把這些混血程式再跑一遍，進行評估。這時，再讓最好程式進行互換，交換更多的0與1。然後，同樣程序一次又一次地重複下去，讓程式能夠進行演化。偶爾會出現「突變」——錯把0翻成1，或是倒過來——增加更多的變化。總的說來，基因演算法能將許多不同程式裡的最佳「基因」加起來，形成一個近乎最理想的程式。就算你是以一個低能的程式起頭，基因演算法最後都會自動地改進它們，並將範圍縮小對準那些最好的基因。

在硬體（或是「溼體」〔wetware〕）方面，DNA將來也有可能會取代或擴充現有的矽電晶體，然後真正地去執行運算工作。有一個範例非常著名，那是一位科學家利用DNA來解決一道經典的推銷員路線難題。（在這個難題中，有一名推銷員必須前往散布在地圖各處的，譬如說，八個城市。每個城市他都得拜訪一次，但是每當他離開一座城市之後，就不得再回來，即便只是路過前往別的城市，都不可以。很不幸地，這些城市之間的路線錯綜複雜，因此很難看出應該按照怎樣的順序，來走訪這些城市）。

想知道DNA如何解決這個難題，我們先來考量一個假設的例子。首先，你要先準備兩組DNA片段。全部都是單股的。第一組片段包括八個需要拜訪的城市，這些片段可以是隨機的A-C-G-T字串：譬如說，蘇瀑市（Sioux Fall）可能是AGCTACAT，卡拉馬祖市（Kalamazoo）可能是TCGACAAT。第二組片段則要用到地圖。每一條介於兩座城市之間的道路，可以得到一段DNA。不過——注意，這是關鍵——這些片段不能是隨機的，你要用更聰明的辦法。譬如說，一號高速公路始於蘇瀑市，終點爲卡拉馬祖市。如果你將這條高速公路的前半段，設計成蘇瀑市的半段字串的補體，然後將高速公路剩下來的後半段，設計成卡拉馬祖市的半段字串的補體，那麼一號公路片段，實際上就會將兩座城市連在一起。

（蘇瀑市）　（卡拉馬祖市）　（法戈市）

AGCTACAT TCGACAAT GTAGTAAT

\\\\////\\\\////

TGTA AGCT GTTACATC

（一號公路）　（二號公路）

用這類方式，幫每一條公路和城市編碼之後，計算便正式啓動。你把這些DNA片段全部丟進一根試管，念個魔咒，好好地搖一搖，答案就出來了：在試管中的某個地方，自有一條比較長的（現在是）雙股DNA，其中一股上面有八座城市，排列順序正是推銷員應該遵循的拜訪順序，而所有連結這些城市的公路，都在互補的另一股上。

當然，答案將會寫成生物式的機器碼（GCGAGACGTACGAATCC...），而且也將會需要解碼。此外，試管裡雖然含有許多套正確的答案，但是自由漂浮的DNA一向我行我素慣了，因此試管裡也含有無數個錯誤的答案——例如跳過某些城市，或是不斷往返同樣兩座城市之間的答案。不只如此，想分離出答案，必須在實驗室裡做一週的苦工，才能將正確的DNA字串純化出來。所以啦，現階段DNA還沒準備好到益智遊戲節目上大顯身手。但還是一樣，你可以看出其中令人陶醉之處。一公克的DNA，能儲存相當一兆張CD的資訊，它可以讓我們的膝上型電腦，顯得有如體育館那般龐大的古代巨獸。此外，這些「DNA電晶體」對於同時進行多重運算，也比矽電路來得輕鬆。其中最棒的，或許要算是DNA電晶體還能以極低的費用，進行自我組裝以及自我複製。

如果去氧核糖核酸眞能取代矽在電腦裡的位置，遺傳學家就能很有效率地，利用DNA來分析它自己的習性與歷史。DNA已經能認出它自己；那是它的雙股能夠結合的原因。所以，DNA電腦還能讓DNA分子擁有適度的反思性與自覺性。DNA電腦甚至能幫助DNA提升自己，並改進它的功能（讓人不禁好奇，到底是誰在當家呢……）。

那麼，DNA電腦到底能帶來什麼樣的DNA改良？最明顯的是，我們能將許多會導致遺傳疾病的功能故障以及DNA口吃，加以根絕。像這樣控制演化，最終能讓我們避開天擇的無情浪費：生出一大堆基因缺陷者，只爲了讓少數優勢者得到更大的進步。另外，我們或許也能改良平日的健康情況，利用基因工程，做出一個能消耗高果糖玉米糖漿的基因（針對古代apoE吃肉基因的現代解決之道），來縮小我們的腰腹。再異想天開一點，將來我們甚至可以用程式來改編指紋或髮型。如果地球溫度持續升高，我們或許會想要設法增加表面積，多散發一點熱量，因爲矮胖身體會保留更多熱能（居住在冰河期歐洲地區的尼安德塔人，會擁有一副啤酒桶般的胸膛，不是沒緣故的）。不只如此，有些思想家已經建議進行DNA調整，他們指的不是改動現存基因，而是預備一對最新版本的額外染色體，然後將這對染色體注入胚胎[3]——堪稱軟體的補釘。如此一來，不同世代的人可能無法進行交配，但是這樣做，能讓我們再度符合靈長類標準的四十八條染色體。

這些改變，可能會令世界各地的人類DNA變得比現在更加相像。要是我們不停地修改自己的頭髮、眼睛顏色以及身材，我們最後可能會落得大家都長成一個樣子。但是，根據其他科技的歷史模型，事情的發展方向也可能相反：我們的ＤＮＡ，變得就像我們對衣著、音樂、食物的品味般，彼此天差地別。如果是那樣的話，我們身上的ＤＮＡ可能都像後現代主義般複雜多元，而現在這種標準的人類基因組將會消失無蹤。基因組文字，變成可以重複書寫的重寫本，可以不斷地改寫，因此，ＤＮＡ做爲生命藍圖或是生命之書的隱喻，也不再適用。

倒不是說它們眞的適用過（除了在我們的想像之中）。因爲，ＤＮＡ和書或藍圖（兩者皆爲人類創造的產物）都不一樣，ＤＮＡ沒有固定或蓄意的意涵。又或是說，它只具有我們灌輸給它的意涵。因爲這個原因，我們在詮釋ＤＮＡ時，應該格外謹愼，應該比較不像是面對文章，而比較像是面對先知口中吐出的嚴肅話語。

和科學家研究ＤＮＡ一樣，古希臘的朝聖者從德爾菲先知那兒得到的，總是一些寓意深沉的答覆——但很少是他們一開始自以爲懂了的意思。將軍國王克羅伊索斯（Croesus）曾經請示德爾菲，他是否應該出戰另一名國王。先知答道，「你將會摧毀一個偉大的帝國。」結果，克羅伊索斯眞的摧毀了——他自己的帝國。另外，先知曾告訴蘇格拉底，「沒有人更智慧。」蘇格拉底起初很懷疑，直到他四處徵詢訪談各地有名的智者，然後他才明白，自己和那些人不一樣，他至少會承認自己的無知，不會假裝「知道」其實不了解的東西。以上兩個案例，都是在人們收集了所有事實，並分析語法上的模糊之處，經過一段時間加以反省之後，眞相才會浮現出來。研究ＤＮＡ也是一樣：它太常告訴我們想要聽的話，任何戲劇家都可以從中看出諷刺之處。

但是和德爾菲不同的是，我們的先知還在說話。儘管一開始出身卑微，幾經轉折又差點滅絕，我們的ＤＮＡ（以及ＲＮＡ，還有不管其他什麼ＮＡ們）還是創造了我們——這種生物聰明到足以發現並解析自身體內的ＤＮＡ。但是，這種生物也聰明到足以了解ＤＮＡ對他們的限制有多大。ＤＮＡ已經揭露了我們過去的許多珍貴故事，一些我們原本以爲永遠失落了的故事，而且它也給了我們足夠的腦力與好奇，在未來的許多個世紀中，繼續挖掘這片寶藏。而且即便有這種拉扯，這種「一定得做／不能忍受」的矛盾心態，我們知道得愈多，改變ＤＮＡ這件事，就愈顯得誘人，甚至令人渴望。ＤＮＡ賦予我們想像力，而我們現在能夠想像，如何擺脫掉它加在我們身上，長達一輩子的手銬腳鐐。我們能夠想像，重新打造我們的化學精髓；我們能夠想像，重新改造我們所熟知的生命。這個先知分子似乎允諾了，如果我們繼續努力，繼續探索、試探以及修補我們的遺傳物質，那麼，我們所熟知的生命將會終止。除了遺傳學本質的美，除了它所提供的嚴肅洞見，以及始料未及的歡笑之外，就是它的這份允諾，吸引著我們不斷地回來，學習更多，更多，再更多，有關我們的ＤＮＡ和我們的基因，有關我們的基因和我們的ＤＮＡ。

後記：屬於個人的基因組學

儘管知道不該這樣，但是許多科學知識豐富的人，甚至科學家本人，下意識裡都害怕自己的DNA。因爲不管你在知識上有多麼了解，也不管之前出現多少反例，要接受「具有某種疾病的DNA標記，不代表你一定會罹患該種疾病」，還是很困難。就算腦子接受了，心卻還在抗拒。這種不一致，充分解釋了，爲何華森會因爲想起患有阿茲海默症的祖母，而決定要隱瞞他的apoE基因狀態。同樣地，這也解釋了，爲何我童年逃離祖父房間的記憶，會讓我決定不要得知任何與帕金森氏症有關的暗示。

然而，在撰寫本書期間，我發現凡特發表了他自己的完整基因組檢驗結果，毫無隱瞞。即使這樣公諸於衆似乎有點太過魯莽，我還是很欣賞他能如此坦然面對自己的DNA。他的例子給了我一些勇氣，隨著日子一天天過去，我的結論（世人應該面對自己的DNA）與我的行爲（逃避我的帕金森氏症狀態）之間的矛盾，愈來愈令我難受。於是，最後我終於鼓起勇氣，到那家幫我做檢驗的公司網站上登錄，點選取消那項結果的電子封條。

老實說，在好幾秒鐘之後，我才敢把眼光從腿上移到電腦螢幕上。當我眼睛一抬高，立刻就感到全身鬆了一口氣。我覺得肩膀和四肢都伸展開了：根據該公司的檢驗，我罹患帕金森氏症的風險並沒有增加。

我大聲歡呼。我興高采烈——但是我應該慶祝嗎？我的快樂，絕對透著諷刺。基因經手的不是必然性；它經手的是或然率。那是我的眞言，是我抬眼偷看螢幕之前，用來說服自己相信：即使我帶有高風險DNA，也不代表它就**一定**會蹂躪我的腦袋。但是當情勢突然顯得不再嚴峻時，我就快樂地把那份不確定性給扔了，快樂地忽視低風險DNA並不表示我就一定能逃過任何疾病。基因經手的是或然率，而某些或然率還是存在。我知道這些——但儘管如此，我的輕鬆之情還是再眞實也不過了。這就是個人的遺傳學的矛盾。

接下來那幾個月，我把那個令人不快的認知上的不協調拋到腦後，專心完成本書，忘了決定權總是握在DNA手裡。有一天，當我點選最新的資訊欄，是那家檢驗公司依據最新的科學研究，對舊檢驗結果發出的更新資料。我開始瀏覽我的結果。我以前早就看過許多次更新資料，而每一次發布的新結果，都只是再度確認我已經得知的結果；我對任何東西的風險，從來沒有改變過。所以，當我看到一則關於帕金森氏症的更新資料，我幾乎毫不猶豫，堅強地，魯莽地，點了上去。

在我心思還沒來得及會過意之前，我的眼光就先看到某些綠色的大寫字體，這又強化了我的自滿之情（只有紅色字體才代表**要當心**。是吧）。因此，旁邊那段字句我必須念好幾次，才終於抓住它的意思：「發生帕金森氏症的機率稍高。」

稍高？我再仔細看了一下。原來，這項新研究是從基因組上一個不同的點切入，來檢視

DNA。大部分像我一樣的白人，在第四號染色體的那個點上，鹼基序列都是CT或TT。但是我的卻是CC。該研究指出，這樣的結果，風險稍高。

我被騙了。期待一項遺傳詛咒，最後終於收到它，是一回事。但是，期待一項詛咒，結果獲得赦免，然後又發覺自己再次受到詛咒？折磨遠超過前者。

然而，不知怎的，這項基因判決並沒有如預期般讓我喉嚨發緊。而且我也沒有驚慌，沒有分泌一堆戰或逃的神經傳導物質。就心理上，這應該是最難忍受的情況——然而，我的心思卻沒有劇烈起伏。我沒有因這則消息而激動，反而覺得心情寧靜，水波不興。

所以啦，在我第一次聽到消息之後，到我第二次得知照理應該是沉重打擊之前，其間到底發生了什麼事？希望這樣說不算太自大，我猜，我是受到了教育。現在我知道，像帕金森氏症這般複雜的疾病——受制於許多基因的控制——任何單一基因對我的風險影響，大概都很小。然後，我研究它所謂的風險「稍高」是什麼意思——結果發現，只是百分之二十。而且這種疾病，反正也只能影響（這是更進一步研究發現的）百分之一．六的人。另外，該公司也承認，這項新研究只是初步的，隨時可能修正，而且可能會是完全顛倒過來。我老了之後，可能還是會得帕金森氏症；但是在一代一代的基因洗牌過程中，在祖父 Kean、老爸 Gene 以及老媽 Jean 之間，危險片段可能早就被處理掉了——而且就算它們還潛伏在裡面，也不能保證，它們將來一定會爆發。我內在的小男孩沒有理由繼續逃避。

我終於走出了我的腦殼：是或然率，不是必然性。我並不是在說，個人遺傳學沒有用。例如，我就很高興能從其他檢驗項目得知我發生攝護腺癌的機率較高，因此我可以提醒自己，等我老了之後，要請醫生戴上手套幫我做這方面的檢查（眞是令人期待）。但是就臨床而言，對一個病人來說，基因只是另一個工具，就像血液檢查，或是尿液分析，或是家族病史。事實上，遺傳科學所帶來的最深刻的改變，可能不在於立即的診斷，或是醫療上的萬靈丹，而是在於心智與精神上的豐富——一種更遼闊的感覺，關於我們人類就實體上到底是什麼，以及我們如何與其他地球衆生相處。我很高興定出我的ＤＮＡ序列，而且也很願意再做一次，但不是因爲有可能獲得健康上的優勢。而比較是因爲，打從一開始，我就很高興自己曾經存在，而且現在也還存在。

致謝

首先，我要感謝我摯愛的人。謝謝寶拉，謝謝你再一次與我攜手，與我歡笑（或是笑我，在我出糗時）。感謝我的手足，你們是世界上最好的人之二，是我生命裡幸運的加分。感謝我的那些散居華盛頓特區、南達科他州以及世界各地的其他親友，謝謝你們幫助我保持觀察事物的適當距離。最後，要感謝 Gene and Jean 賢伉儷，多謝兩位提供的基因，本書才有機會美夢成真。:)

我要感謝我的經紀人 Rick Broadhead，謝謝你與我再次合作，完成另一本大書。在此，也要感謝我在 Little, Brown 的編輯 John Parsley，謝謝你幫忙塑造與改進本書。另外，在 Little, Brown 還有一群同仁與我共事，合作本書以及《消失的湯匙》，他們是 William Boggess，Carolyn O'Keefe，Morgan Moroney，Peggy Freudenthal，Bill Henry，Deborah Jacobs，Katie Gehron 以及其他許多人。最後，我還要感謝許許多多科學家與史學家，謝謝你們對本書各篇章的貢獻，無論是提供故事，協助搜尋資料，或是撥冗向我解說。這份感謝名單，若有遺漏，還請見諒。失禮了，謝謝你們。

註釋與勘誤

1 基因，怪物，DNA

① 歡迎各位來看附註！在內文裡，凡是出現註號的，你都可以在這裡找到一些比較枝節的討論，或是閒話，或是錯誤訂正。如果你每遇到一個註號，就想馬上翻到最後來看一下，請自便；或者你也可以先等一下，在結束每一章之後，再來一次讀完該章的附注，類似後記。本書第一個附註要讓各位溫習一下孟德爾的遺傳比率，所以你如果覺得對那方面沒問題，想要跳過它，沒有關係。但是請記得還要再回來喲。附註比本文更勁爆。我向你保證。

現在開始我們的溫習時間：孟德爾研究顯性特徵（例如高莖以大寫的 A 表示）與隱性特徵（例如矮莖以小寫的 a 表示）。任何植物或動物，每個基因都有兩個版本，一個來自母親，一個來自父親。所以當孟德爾讓 AA 植株與 aa 植株交配（見圖(1)），子代全部都是 Aa，因此外表都是高莖（因爲 A 能壓制 a）：當孟德爾讓一株 Aa 與另一株 Aa 交配（見圖(2)），結果就比較有趣了。每株 Aa 可以傳給下一代 A 或是 a，因此子代有四種可能性：AA，Aa，aA 以及 aa。前面三種還是高莖，但是最後一種將會是矮莖，雖說它的父母都是高莖。因此就會有這種三比一的比率。在這邊要說明一下，這種比率對其他植物、動物或別的物種也都成立；豌豆並沒有特別之處。

另外一個孟德爾標準比率來自當 Aa 與 aa 交配時。在這種情況，一半的子代都會是 aa，因此不會出現顯性特徵。但另一半子代爲 Aa，就會表現出顯性特徵。

	A	A
a	Aa	Aa
a	Aa	Aa

(1)

	A	a
A	AA	Aa
a	Aa	aa

(2)

像這樣的一比一比率，當家族中有一個顯性特徵非常罕見或是經由突變自動產生，尤其常會出現，因爲如此一來，每個 Aa 所配對的幾乎都是較常見的 aa。

總的說來，在古典遺傳學裡，三比一和一比一比率不斷地跳出來。如果你有興趣，順便告訴你，科學家是在一九〇二年辨識出第一個人類隱性基因，那是一個會讓尿液發黑的疾病的基因。三年之後，他們找到了第一個人類顯性基因，一個會讓手指格外短胖的基因。

	A	a
a	Aa	aa
a	Aa	aa

2 達爾文差點陣亡

① 關於布瑞吉斯的私生活細節，可以參考 Robert Kohler 所寫的 *Lords of the Fly*。

② 達爾文曾經說服他的表弟 Francis Galton 從醫學院輟學，改讀數學，當時是一八三〇年代，他們兩個都還很年輕。達爾文日後的擁護者一定對此哀嘆不已，因爲對達爾文名譽影響最大的，正是 Galton 在鐘形曲線分布方面的先驅統計研究——以及 Galton 根據那些研究所提出的無情論點。

正如 *A Guinea Pig's History of Biology* 書中詳細提到的，一八八四年，Galton 在倫敦舉行的國際健康博覽會裡，也用他一貫的古怪方式，爲他的鐘形曲線，收集到一些資料。這場博覽會的目的不只是爲了科學，也是爲了社交：只見來賓一邊漫步在各種衛生設備和污水管的展示攤前，一邊大口暢飲著冰鎮薄荷酒，或是熱帶椰汁水果酒，或是馬奶酒（由現場的母馬所生產的發酵馬奶），基本上就是一段歡樂的好時光。Galton 也在會場擺了個小攤，一板一眼地在那裡幫九千名剛好經過的快活的英國人，進行身高、視力以及聽力的測量。另外，他還利用一些遊樂場的遊戲，來測量他們的力氣，大抵是要受測者去拳擊或是捏抓某些奇妙的機械裝置，結果這項任務證明比 Galton 事先預測得難多了：一堆不了解裝置的白癡，老是把機器弄壞，另外一些人則盡是顧著要對女伴賣弄自己的力氣。雖然會場充滿了道地的露天市集歡樂氣氛，Galton 卻覺得一點都不好玩：他事後形容，他那群賓客同胞「是如此地愚蠢和剛愎，簡直完全不可靠」。但是一如預期，Galton 收集到了足夠的數據，能證實人類特徵也會形成鐘形曲線分布。這些發現更加強化了他的信心：了解演化過程的人，其實是他，而不是他的表哥達爾文，後者所謂的小變異和小改變，在演化裡其實並沒有吃重的角色。

這並不是第一次 Galton 讓達爾文受挫。自從發表了《物種原始》之後，達爾文就意識到自己的理論缺少了一些東西，而且缺得很嚴重。天擇推動的演化，需要生物去繼承比較有利的特徵，但是沒有人（除了一位沒沒無聞的神父）知道，這個過程要怎樣進行。所以達爾文晚年花了好多時間在設計一個理論——泛生論（pangenesis），來解釋這個過程。

泛生論主張，生物體內每個器官和肢體都會抽打出一種叫做微芽（gemmule）的微小孢子。它們會在生物體內循環，攜帶有關天生特徵（先天）以及在生命期間累積特徵（它的環境，或說後天）的資訊。這些微芽會被濾出到身體的性感帶，而經由交配，能讓雄性與雌性的微芽相互混合，就好像雄性射精時的兩滴水珠。

雖說完全錯誤，但是泛生論畢竟是一個滿精緻的理論。因此，當 Galton 設計出一個同樣精緻的實驗，想在兔子身上搜尋微芽時，達爾文馬上熱心地鼓勵這場冒險。他的希望不久就破滅了。Galton 推論，如果微芽會在體內循環，那麼它們一定是在血液裡完成這個過程。所以他開始在黑色、白色以及銀色兔子之間，進行相互輸血，希望牠們將來生孩子時，能產下一些毛色斑駁的雜種兔。但是經過幾年繁殖，結果依舊是黑色和白色：多重色澤的兔子連一隻都沒有。Galton 發表了一篇很匆促的科學論文，認爲微芽並不存在，這時，一向慈眉善目的達爾文卻動怒了。這對表兄弟多年來常交換溫暖的信函，談科學，也談個人私事，而且經常互相恭維對方的點子有多棒。但是這一次，達爾文責備 Galton，憤怒地說，他從未提過微芽是在血液裡循環的，因此在兔子之間輸血，根本不能證明什麼。

除了不誠實之外——當 Galton 在忙這個實驗時，達爾文完全沒有吭聲，沒有說血液不是微芽的良好交通工具——而且達爾文也是在欺騙自己。事實上，Galton 已經一拳擊倒了泛生論和微芽。

③性聯遺傳的隱性特徵，出現在雄性身上的頻率經常高於雌性，是基於一個很簡單的原因。某個 XX 雌性如果在其中一條 X 染色體上，具有一個罕見的白眼基因，幾乎可以確定她的另一條 X 染色體上有一個紅眼基因。又因爲紅眼能壓制白眼，所以她不會出現白眼特徵。但是，一隻 XY 雄性沒有備份，如果他的 X 染色體帶的是白眼基因；他就會因爲缺乏另一個基因，而顯現出白眼特徵。遺傳學家稱這些具有一個隱性基因的雌性爲「帶原者」，她們會將此基因傳給一半的雄性子女。在人類，血友病就是一個性聯遺傳的例子，史特

蒂文特的紅綠色盲也是另一個例子。

④很多書都曾談到果蠅室，但是想知道它最完整的歷史，不妨參考 Jim Endersby 所撰寫的 *A Guinea Pig's History of Biology*，這是我最喜歡的書之一。此外，Endersby 也有提到達爾文的微芽之旅，麥克林托克（本書第五章），以及其他精彩的故事。

⑤一位史學家曾經很睿智地注意到，「讀達爾文的東西，就好像讀莎士比亞或聖經，如果只專注單獨的段落，有可能會支持幾乎任何令人喜愛的觀點。」因此，你如果要引達爾文的話來做一個廣泛的結論，最好小心一點。不過，達爾文對數學的厭惡，似乎一點也不假，有些人甚至暗示，就連基本的方程式都可以把他難倒。在歷史上很諷刺的是，達爾文也曾經做過月見草實驗，和德弗里斯一樣，而且也得出明確的三比一子代特徵比率。當然他不可能會把這個結果與孟德爾連在一起，但是，他似乎完全沒有領悟到這個比率可能很重要。

⑥果蠅在生命史裡，會經過蛹的階段，需要用黏稠的唾液將自己包裹起來。為了要盡可能多得一些製造唾液的基因，唾液腺細胞不斷地倍增它們的染色體，最後就製造出巨型的「膨脹染色體」，道地的大人國尺寸染色體。

3 DNA就這樣壞掉了

①儘管「中心教條」這個名字取得十分堂皇，它的後世評價卻是有點好壞參半。起先，克里克提出這個教條的大概意思為，DNA製造RNA，RNA製造蛋白質。後來，他又把它改得更精確一點，說它要講的是「資訊」如何從DNA流到RNA，再流到蛋白質。但是，並不是每個科學家都聽進第二個版本，而且就像古代宗教裡的教條，這個教條最後也令某些擁護者把理性思維給關掉了。因為「教條」這個詞暗示了不容質疑

的眞理，而克里克日後也承認（一邊放聲大笑），他在取這個名字的時候，並不了解「教條」這個詞的定義——他只是覺得它聽起來很有學問。然而，許多其他科學家可是會上教堂的，於是，當這個照理不可侵犯的教條傳播開之後，它在許多人心目中，漸漸變形爲更不精確的意思，大意是：DNA之所以存在，就是爲了製造RNA，而RNA就是爲了要製造蛋白質。甚至到現在，有些教科書還把這個當成中心教條。不幸的是，這個沒有正統身分的庶出教條，嚴重地傷害到事實。它妨礙了大家幾十年（甚至現在偶爾還會妨礙一下），害得大家沒有體認到，DNA以及尤其是RNA所做的工作，遠遠、遠遠超過製造蛋白質。

事實上，雖然基本的蛋白質製造，需要信使RNA（mRNA）、轉移RNA（tRNA）以及核糖體RNA（rRNA），但實際存在的調節RNA還有幾十個。想了解RNA的所有不同功能，就好像當你在塡字謎時，只給你答案的最後一個字母，但是不讓你知道第一個字母，於是你只能默默地把所有字母都掃一遍。我曾看過有人提到aRNA，bRNA，cRNA，dRNA，eRNA，fRNA，如此這般地往下排，甚至排到qRNA和zRNA。另外，還有過rasiRNA，tasiRNA，piRNA，snoRNA，賈伯斯式的RNAi，以及其他的。還好本書講到的遺傳學只需要mRNA，rRNA以及tRNA就夠了，謝天謝地。

②先說明一下，每個三聯體還是只代表一個胺基酸。但是，反過來卻不成立，因爲有些胺基酸可以被不只一個三聯體所代表。譬如說，GGG只能代表甘胺酸（glycine）。但是GGU，GGC，以及GGA全都是甘胺酸的密碼，這也是爲什麼會出現重複浪費，因爲我們並不眞的需要全部四個。

③歷史上有幾次事件讓許多人暴露在輻射之下，其中最惡名昭彰的是車諾比核電廠事故，發生在現今的烏克蘭境內。一九八六年車諾比核電廠爐心熔毀，對人畜的輻射類型，與廣島和長崎原子彈不同——伽馬射線比較少，放射性的銫、鍶、碘元素比較多，在很近的範圍內，它們會侵入身體，去掉DNA。但蘇聯政府的作爲，讓事情更加惡化，例如准許位於災難下風處的作物被收割，而且讓牛隻吃食暴露過輻射的草地，然後又讓人吃喝牠們的乳製品。車諾比地區據報已經有七千件甲狀腺癌病例，醫學官員認爲在接下來幾十年內，還

會有一萬六千件額外的癌症死亡病例，這個數值比背景癌症水平增加了百分之〇．一。

和廣島與長崎不同的是，車諾比受害者的子女的DNA，尤其是車諾比鄰近地區男性後來所生的子女，確實顯現出突變增加的徵兆。這方面的結果還在爭論中，但是根據不同的輻射類型與劑量——車諾比放出的輻射性，是廣島或長崎原子彈爆炸的好幾倍——它們很可能是真的。至於這些突變最後會不會變成車諾比寶寶未來的長期健康問題，還有待觀察（做一個不那麼適當的比較，一些在車諾比事件後出生的植物和鳥類，確實顯示出很高的突變率，但是大部分看起來好像並沒有因此而受苦）。

可悲的是，由於二〇一一年春天發生的福島第一核電廠核外洩事件，日本現在又得再次監測輻射對國民的長期影響。初期監測報告（其中有些受到質疑）顯示，損害區域只有車諾比輻照足跡的十分之一，主要是因爲車諾比的放射性物質多半散到空氣中，但在日本卻是被地面與水給吸收了。另外，日本還將六天之內，福島附近大部分受污染的食物和飲水給攔截下來。因此，醫學專家懷疑日本總的癌症死亡數目將會相對地少——接下來十年內，大約增加一千個額外的死亡案例，反觀死於那場地震與海嘯的人數卻有兩萬人。

④想了解山口疆的完整報導——以及其他八個人同樣動人的故事——請參考 Robert Trumbull 撰寫的 *Nine Who Survived Hiroshma and Nagasaki*。我強烈推薦本書。

關於繆勒與其他多位早期遺傳學的要角（包括摩根）更詳盡的資料，可參考繆勒以前的學生 Elof Axel Carlson 所撰寫 *Mendel's Legacy*，這本書內容廣泛，無所不包。

對於輻射粒子如何破壞DNA，如果你想了解相關的物理、化學以及生物學細節，但是又希望讀得懂，建議參考 Eric J. Hall 和 Amato J. Giaccia 所撰寫的 *Radiobiology for the Radiologist*。他們特別提到廣島與長崎的原子彈爆炸。

最後，如果基於好玩，想瀏覽早期科學家破解遺傳密碼時所做過的嘗試，我推薦 *American Scientist* 期刊，一九九八年一月和二月號上，由 Brian Hayes 所撰寫的 “The Invention of the Genetic Code”。

4 DNA樂譜

①齊普夫相信他的定律揭露了人類心智的普遍特性：偷懶。他指出，我們在說話時，想要用最少的力氣來表達自己的觀點，因此我們會用一些很普通的字眼，像是 bad（壞），因爲它們簡短，很容易在腦裡蹦出來。但是，爲什麼我們不能把所有諸如 coward（懦夫），rogue（惡棍），scuzzbag（卑鄙小人），bastard（混蛋），malcontent（不滿現狀者），coxcomb（花花公子），shit-for-brains（笨蛋），misanthrope（宅人），全都用一個 bad 來描述，是因爲其他人也很懶惰，他們不想花時間去分析這裡的 bad 可能代表的意思，他們要快快地得到明確的說詞。於是，這種人我之間的懶惰大拔河，在語言上造成的結果便是：大部分的活兒丟給常用字來做，但是比較罕見而且比較具描述性的字眼也會不時露個臉，安撫一下讀者。

這個說法還滿聰明的，但是許多科學家反駁道，任何關於齊普夫定律的深刻解釋，都可以冠上一個常用字，那就是胡扯。他們指出，在所有混沌狀態下，都會出現齊普夫式的分布。就算是電腦程式隨機吐出一堆字與空白——數位猩猩亂敲鍵盤——最後的結果都會呈現出齊普夫式的分布。

②將遺傳語言拿來和人類語言做類比，在有些人看來，似乎有點糊塗，甚至有點太可愛了，不像事實。類比有時候確實會太超過，但是我認爲，這些反對有一部分根源於，我們有點自私地喜歡把語言想成是人類製造的聲音。語言其實比我們所知的寬廣得多：它是管理任何形式溝通的法則。而細胞當然也像人一樣，必須從環境得到回饋，然後調整它們要「說」的話，做爲回應。雖然，它們是藉由分子來做這個動作，而不是藉由氣壓波動（例如聲音），但我們也不應該因此產生偏見。體認到這一點，最近一些細胞生物學教科書已經把杭士基有關語言結構的理論，納入部分篇章中。

③這段迴文的大意是「農夫 Arepo 用犁在工作」，rotas 的意思則是「輪子」，講的是耕種時，犁來來回回的動作。

這個「魔術方塊」博得拼字謎專家的歡心，已經好幾百年了，但是學者提出，在當時羅馬帝國高壓統治之下，它可能還有其他目的。這段含有二十五個字母的迴文，在一個連鎖十字裡頭，兩度拼出「paternoster」，也就是 Our Father（我們的天父）。目前的理論如下：基督徒藉由將這段看似無害的迴文，刻在門上，能夠彼此互通聲息，但又不至於引起羅馬人的懷疑。另外，據說這個魔術方塊也有辟邪的功能，因爲在傳統上（教堂的說法），惡魔在念迴文時，會被搞糊塗。

④佛里德曼的老闆，George Fabyan「上校」，一生過得非常精彩。他的父親創辦了一家棉花公司，叫做 Bliss Fabyan，然後栽培他，寄望他將來能接班。但是，被一股流浪衝動驅使的他，離家跑到明尼蘇達州去當伐木工人，他父親氣壞了，取消他的繼承資格。在扮演樵夫兩年之後，Fabyan 決定回頭從事家族企業——他用化名，向 Bliss Fabyan 的聖路易分公司求職。很快地他就創下各種銷售記錄，他的父親特地召見這名饒富幹勁的年輕人，到波士頓公司總部，要和他討論升遷之事。不料，走進來的是他兒子。

經過這一場充滿戲劇性的父子重逢後，Fabyan 在棉花業做得有聲有色，後來就運用他的財富，開了這家智庫。多年來，他贊助過各式各樣的研究，但是特別迷戀莎士比亞密碼。在他認爲已破解出密碼後，他打算要寫一本書，但是當時有一名製片人正在改編莎翁的某些作品，這個人告上法院，不准他寫那本書，聲稱它的內容將會粉碎莎士比亞的名譽。不知什麼原因，當地法官受理了這件案子——幾百年的文學批評，顯然都該歸他審理——然後很令人驚訝的，他支持 Fabyan。他的判決是：「培根才是這些作品的眞正作者，它們被誤以爲是莎士比亞的作品。」並判決該製片人應付五千美元給 Fabyan，賠償他的損失。

大部分學者在看莎士比亞作者歸屬爭論時，態度都很和氣，和生物學家觀看母性印象的爭論差不多。但是美國最高法院曾經多次（最近一次是在二〇〇九年）認定，莎士比亞不可能寫出那些劇本。在這裡，我們學到的教訓是，律師對事實的認定標準，顯然與科學家和史學家都不一樣。

⑤上賭場是不會有好結果的。話說這個點子是工程師 Edward Thorp 先想到的，然後他在一九六〇年找夏農來

幫忙。這個輪盤桌兩人組，假裝互不認識。其中一人觀察輪盤桌上的球如何滾動，並記下它經過一些固定點的確切時間。然後，他利用一個裝在鞋子裡，以腳指頭來踩踏的開關裝置，傳送訊號給口袋裡的小型計算機，再由小計算機發送無線電信號。另一個人則頭戴耳機，收聽以不同音符來表示的信號，然後根據音調，就知道應該把錢下在那裡。他們把所有突出的線路（像是耳機線）都塗成皮膚色，並用快乾膠把它們黏在皮膚上。

Thorp 和夏農計算出，他們這個計畫的預期收益率應該有百分之四十四，但是當他們第一次上賭場測試時，夏農卻退縮了，只肯下一毛錢的注。他們贏的比輪的多，但是或許是因為看到賭場門口大陣仗的保安人員，令夏農失掉了興致（想想看，他們之前曾經從雷諾訂了一個價值一千五百美元的輪盤桌來練習，他們這場冒險應該是虧損了）。被夏農拋棄後，Thorp 發表了他的研究，但是顯然過了好幾年之後，賭場才想到要全面禁止攜帶式電子裝置。

5 DNA的辯解

①關於華森和克里克因為提出這個古怪的 DNA 模型而受窘的經過，請參考我前一本書《消失的湯匙》。

②想知道米莉昂修女的詳盡生平，我強力推薦 Jun Tsuji 撰寫的 *The Soul of DNA*。

③科學家利用同樣邏輯，也推理出粒線體夏娃有一個伴侶。所有男性遺傳到的 Y 染色體，完全來自父親，因為女性體內沒有 Y 染色體。因此所有男人都可以順著這條父系血統，往回追蹤出這名 Y 染色體亞當。但麻煩的是，雖然單純的數學法則可以證明這位亞當與夏娃都存在，可是同樣的法則也揭露了，夏娃居住的年代比亞當早了幾萬年。所以啦，伊甸園裡那兩口子不可能碰面，就算把聖經人物超長的壽命納入考量，還是一

樣不可能。

一般說來，我們如果把嚴格的父系或母系血統放寬一點，尋找最後一位「起碼有把部分DNA傳給現世所有人」的祖先，那人距今不過五千年左右，是在人類散播到全世界之後的許久。人類是部落性很強的動物，但基因自有妙方傳播它自己。

④有些史學家指稱，麥克林托克在溝通她的想法時，會遇到這麼多困難，部分原因在於她不會畫畫，或說至少她沒有畫畫。在一九五〇年代，分子生物學家和遺傳學家都發展出滿格式化的卡通流程圖，用來描述遺傳的過程。麥克林托克屬於比較年長的一代，從來沒有學習過這種傳統的畫法，這方面的不足——加上玉米又非常複雜——可能讓她的想法顯得太過盤根錯節。事實上，麥克林托克的一些學生曾經回憶，從不記得她畫過任何圖來解說任何事。她是一個語文型的人。

相較於愛因斯坦，後者總是說自己慣用圖像來思考，即便是在思考時間與空間的基本法則。達爾文則是麥克林托克這一型的。他在好幾百頁的《物種原始》裡，只放了一張圖片，一棵生命演化樹（tree of life），而且有一位史學家在看過達爾文手繪的植物與動物素描之後，也承認他真是「很差勁的畫家」。

⑤如果你有興趣知道更多關於麥克林托克的研究被接納的情形，質疑原本流傳的她的權威版生平故事真實性的學者，主要是 Nathaniel Comfort。

6 生還者，肝臟

①大部分具有獨眼畸形（cyclopia，醫學名詞）的小孩，出生後都活不長。但在二〇〇六年，印度有一名獨眼畸形女嬰卻讓醫生大吃一驚，她至少存活了兩週，然後被父母帶回家（在這篇最初的報導之後，再沒有後續

報導關於她更進一步的狀態）。根據這名女孩的典型症狀——沒有區分左右腦，沒有鼻子，以及只有一隻眼睛——幾乎可以確定，她的音速刺蝟基因發生故障。果然，有消息指出，她的母親先前曾經服用一種實驗性防癌藥物，它的功能在於阻礙音速刺蝟基因。

② 莫理斯王子屬於荷蘭的奧倫治家族（House of Orange），該家族的名稱帶有一段很不尋常（也可能是僞造）的傳說。在幾百年前，野生胡蘿蔔以紫色佔絕大多數。但是在一六〇〇年左右，荷蘭胡蘿蔔農開始從事古老的基因工程，培育某些突變種，而它們剛好含有大量β胡蘿蔔素（維生素A的一種變體）——如此才發展出第一株橘紅色的胡蘿蔔。至於農夫們是自己要這麼做，還是（如某些歷史學家所聲稱的）爲了要向莫理斯家族致敬，就不得而知了，但是他們倒是從此永遠改變了這種蔬菜的質地、風味以及色澤。

③ 雖說魏斯曼是聰明又勤奮的名人堂等級的生物學家，有一次他宣稱自己一口氣就把《物種原始》讀完了——看看那本書厚重的樣子（共有五百零二頁），大衆不禁譁然。

④ 有幾位科學家甚至根據甲基化胞嘧啶的化學變異，幫DNA字母增加到六個、七個甚至八個之多。那些字母被稱做（如果你喜歡簡潔點的話）hmC，fC，以及caC等。不過，還不清楚這些字母到底是獨立行使功能，或只是細胞從mC上剝去m時的複雜過程的中間步驟。

⑤ 關於雪橇犬肝臟的故事非常戲劇性，與一趟悲慘的南極探險有關。在這裡我就不多提那個故事了，但我寫了一些東西，張貼在網站上http://samkean.com/thumb-notes。另外，我的網站還有一些連結，可以看到非常多的圖片（http://samkean.com/thumb-pictures），以及其他一些即便是收錄在這裡，都顯得太過離題的東西。所以，各位如果有興趣想知道音樂劇裡的達爾文角色，或是想細讀某個惡名昭彰的科學騙局裡的自殺字條，或是想看看畫家羅特列克在公共海灘上的裸體模樣，不妨上那兒去逛逛。

⑥ 直到一八七一年，才有歐洲人再度看到這批船員的避難所，追蹤到小屋的是一支探險隊。當時，白色的木材已經爬滿綠色的苔蘚，而且小屋已經被冰雪密封了。屋裡除了岩石碎屑之外，探險隊員還找到刀劍、書本、

一座時鐘、一枚硬幣、器具、「毛瑟槍、一根笛子以及一雙小鞋子，屬於一個在那裡過世的船上小男孩，另外還有被巴倫支放在煙囪上妥善保管的一封信」以便爲自己辯解，因爲或許有人會覺得，這種棄船的決定是懦夫行爲。

7 馬基維利微生物

① 雖說ＲＮＡ出現的年代可能比ＤＮＡ早，但是其他的核酸——像是ＧＮＡ，ＰＮＡ以及ＴＮＡ——可能比它們兩個都要早。ＤＮＡ是以環狀五碳糖來建構自己的骨幹，它太過複雜了，不太可能存在原始的地球環境。二醇核酸（glycol nucleic acid, GNA）和肽核酸（peptide nucleic acid, PNA）看起來更適合那個環境，因爲它們都不用環狀五碳糖做脊椎（ＰＮＡ也不用磷）蘇糖核酸（threose nucleic acid, TNA）採用環狀五碳糖，但還是一樣，它的糖比ＤＮＡ的簡單。科學家懷疑，這些構造比較簡單的骨幹可能也比較強壯，讓那些ＮＡ們比ＤＮＡ更適合處在烈日燒烤、半熔化狀態而且常常被撞擊的原始地球。

② 關於寄生蟲寄生在寄生蟲上，總是令我想到Jonathan Swift（《格列佛遊記》作者）的一首打油詩，裡面有一段寫得非常妙：

所以博物學家觀察，一隻跳蚤
還有一些較小的跳蚤在捕食他
然後還有更小的跳蚤在咬他們
以此類推，永無止境。

不過，依我看來，有一名叫做 Augustus De Morgan 的數學家，就同樣主題，比 Swift 更勝一籌：

> 大跳蚤有小跳蚤在背上咬他們，
> 小跳蚤也有更小的跳蚤，如此這般，永無止境。
> 而大跳蚤自己，反過來，也有更大的跳蚤可咬，
> 然後同樣地還有更大的跳蚤，然後再更大的，以此類推。

③ 隨便舉一些他們的貓名：Stinky, Blindy, Sam, Pain-in-the-Ass, Fat Fuck, Pinky, Muffin, Tortoise, Stray, Pumpkin, Yankee, Yappy, Boots the First, Boots the Second, Boots the Third, Tigger 以及 Whisky。

④ 除了每年十一萬一千美元之外，偶爾還是會有意外的花費，例如一位動物解放人士把他們的籬笆切出一個小洞，讓小貓跑出去。傑克說，因爲家裡的貓還是很多，所以起初他們根本沒發現有幾十隻貓咪逃家了，直到一名修女來敲門問說，街坊鄰居屋頂上爬著的那些貓咪是不是他們家的。噢，沒錯。

⑤ 謹慎地說：科學家還沒有針對腦部弓漿蟲數量與囤積行爲之間的關聯，進行對照組實驗。所以，弓漿蟲、多巴胺、貓咪以及囤積行爲之間的關聯，有可能是無稽之談。而且弓漿蟲也無法解釋所有囤積行爲，因爲偶爾也有人囤積狗狗。

但是，大部分囤積者的確都是囤積貓科動物，而研究弓漿蟲的科學家發現這種關聯的可能性很大，也公開這樣表示過。因爲他們實在看過太多證據，顯示弓漿蟲能夠改變齧齒動物及其他動物的固定行爲。而且不論弓漿蟲的影響力有多大，它還是會滲出多巴胺到你的腦袋裡。

⑥ 這些年來，傑克和唐娜接受過許多採訪，談到他們的生活與掙扎。包括下面這些報導：Pierre Berton 所寫的

Cats I Have Known and Loved；*The People*，一九九六年六月三十日，Philip Smith 所寫的"No Room to Swing a Cat!"；*Toronto Star*，一九九二年一月十七日，Peter Cheney 所寫的"Couple's Cat Colony Makes Record Books—and Lots of Work!"；*Current Science*，二〇〇一年八月三十一日；*Kitchener-Waterloo Record*，一九九四年一月十日，"Kitty Fund"；*Toronto Star*，一九九二年一月十六日，Kellie Hudson 所寫的"$10,000 Averts Ruin for Owners of 633 Cats"；以及 Bill Richardson 所寫的 *Scorned and Beloved: Dead of Winter Meetings with Canadian Eccentrics*。

8 愛情與返祖現象

①有一個極端的案例，果蠅將 dscam 基因的ＲＮＡ，切割成三萬八千零十六種不同的產物——差不多是果蠅基因數目的三倍。還說什麼「一基因一蛋白質」理論！

②大自然很喜歡玩讓人出其不意的偷襲遊戲，幾乎所有你認爲是哺乳動物「獨有的」特徵，都有例外：譬如說，爬蟲類擁有退化的胎盤，或是昆蟲直接產下小昆蟲。但是總的說來，這些依然可以算是哺乳動物的特徵。

③在人類，ＭＨＣ通常被稱爲ＨＬＡ，但是既然我們的焦點擺在哺乳動物，所以我還是採用這個一般性的名稱。

④貝爾（Alexander Graham Bell）雖然以發明電話著稱，但是他對遺傳學也深感興趣，曾經夢想培育出更健康的人類。爲了要多了解生物學，他還培育出具有多餘乳頭的羊，並研究遺傳模式。

⑤想多了解人類的尾巴，請參考 Jan Bondeson 的大作 *A Cabinet of Medical Curiosities*。這本書裡還有一個令人大開眼界的篇章，討論母性印象（就像本書第一章裡的內容），以及許多來自解剖學歷史的怪異故事。

⑥這位科學家最後沒有贏得贊助。但是公平地說，他並沒有打算把所有七百五十萬美元經費都用來發展同志炸彈。他想把部分經費拿去做別的計畫，其中還有另一個炸彈計畫，要讓敵人產生極其強烈的口臭，臭到令人嘔吐的程度。不曉得這位科學家是否曾經意識到，他可以把這兩種炸彈合而爲一，做出人類史上最令人受不了的武器呢。

9 人猩，以及險些釀成的災難

①事實上，這也是爲什麼科學家最初認定黑猩猩（而非大猩猩）是我們關係最近的親戚。科學家是在一九八〇年代第一次進行這樣的DNA雜合實驗，做法是把黑猩猩、大猩猩以及人類的DNA，扔進一鍋熱騰騰的液體中。等到一切冷卻下來後，人類DNA與黑猩猩DNA黏合的穩定程度，超過與大猩猩DNA的黏合程度。證明完畢。

②關於這項辯論，在這裡我們就連嘗試去解決它，都不適當，但是最早提出異種雜交理論的科學家，當然曾經試圖對這些意料中的反駁加以反駁。而最早的科學家說得沒錯：在他們於二〇〇六年發表該理論的論文中，他們其實已經預料到，會有人批評說，X染色體之所以看起來更一致，是因爲精子製造率高的關係。尤其是他們注意到，雖然X染色體確實應該因此而長得更相像，但是他們所研究的X染色體的相像程度，甚至超過上述解釋所能說明。

很自然的，持反對意見的科學家還在忙著反駁那些反反駁。這些都有點太過技術性，太難懂了，但是很令人興奮，因爲茲事體大呀⋯。

③除了猥褻的細節之外，時報上的文章還引用了一則怪異的話（怪異得很平等）：一名科學家深信，「如果能

讓人猿和黃種人雜交，大猩猩和黑種人雜交，黑猩猩和白種人雜交，那麼這三種混血兒都將能夠自我繁殖下去。」最怪的是，尤其就當年那個時代，他竟然堅稱所有人類，不分膚色，都和野獸很相近。

④ 對於各位想必要提的問題，答案是，沒錯，染色體也會撕裂，藉由一個叫做分裂（fission）的過程。在靈長動物系統，我們現有的第三號染色體和二十一號染色體，曾經連接在一起，形成我們最長的一條染色體，長達數百萬年。第十四號染色體與第十五號染色體，也是在類人猿興起之前，才分開的，而且此後兩者都保留這種滑稽的偏向一端的不正中形狀，直到現在。因此，就某方面來說，那位中國人體內的十四與十五號染色體融合在一起，堪稱最終極的基因返祖現象，直接返回非常、非常遠古的類人猿出場之前的狀態！

⑤ 若想知道更多伊凡諾夫的生平，最權威也最不煽情的資料來源，是一篇由 Kirill Rossiianov 撰寫的文章，"Beyond Species: Il'ya Ivanov and his experiments on cross-breeding humans with anthropoid apes"，刊登在 *Science in Context*，二〇〇二年夏季號。

10 猩紅字 A's，C's，G's 與 T's

① 巴克蘭的趣味小故事，好像有說不完那麼多。其中有一則他的朋友最津津樂道：有一次他與一位陌生人一同搭火車，那人坐在他對面，兩人中途都睡著了。巴克蘭醒來後，發覺原本窩在他口袋裡的蛞蝓逃走了，當時正在對面旅客的光頭上慢慢地、黏黏地爬動著呢。巴克蘭馬上在下一站悄悄地溜下車。另外，巴克蘭還有一個深受他啓發的、同樣古怪的兒子法蘭克，後者也遺傳到了他的食肉性，而且巴克蘭家中某些極誇大的菜餚，就是由他首創的。法蘭克甚至和倫敦動物園有一個長期協議，園中不論什麼動物死掉，他都能分到一隻腿。

達爾文雖然對巴克蘭不敬，他自己也是食肉一族，甚至還加入劍橋的老饕俱樂部，與同好們一道品嘗老鷹、貓頭鷹以及其他野獸的滋味。隨小獵犬號出航期間，達爾文吃過鴕鳥蛋捲，連殼一起烤的犰狳（armadillo），而且他在大啖過一隻刺鼠（agouti，一種咖啡色的齧齒動物，重約二十磅）後，還宣稱「它是我這輩子吃過最美味的肉」。

想知道更多有關巴克蘭的生平、研究、家族以及奇聞軼事，我強力推薦 Lynn Barber 所寫的 *The Heyday of Natural History*，以及 Marianne Sommer 所寫的 *Bones and Ochre*。

② 後來大家才知道，早在一六〇〇年代就有另一位科學家發現了斑龍的骨頭，包括一根像樹幹似的大腿骨。但是他把它們分類爲巨人的骨頭，這項判定後來被巴克蘭的研究駁倒了。但奇怪的是，在那段大腿骨的末端很明顯地描繪出有如米開朗基羅作品那般寫實的男性下半身結構，於是讓人起了靈感，幫這種所謂的巨人取了一個頗爲不雅的名字。若根據科學界先發現者優先命名的慣例，第一種已知的恐龍應該叫做 Scrotum humanum 才對（意思是「陰囊人」）。不過，終究還是巴克蘭那個比較恰當的名字被保留下來。

③ 指稱他是所謂哥薩克人的那位教授，認爲那兩道濃眉的來源，是因爲這名受害者一連好多天痛苦地皺眉所造成的。而且，這位教授顯然還相信，這名哥薩克人在身負致命的重傷後，攀爬上六十英尺高的陡峭岩石，然後脫光衣物，把自己埋在兩呎深的泥土中。

④ 最近有些ＤＮＡ標籤（也就是所謂的「ＤＮＡ浮水印」）弄得很複雜，編碼的內容包括名字、電郵地址或是名人語錄——總之，就是大自然不可能碰巧寫成的東西。凡特所領導的一支研究小組，把下列語錄寫成 A's，C's，G's，T's 的密碼，然後編進一個人工合成的基因組裡，這個基因組是完全由他們打造出來的。然後他們再將這個基因組注射到一個細菌體內。他們用的語錄如下：

To live, to err, to fall, to triumph, to recreate life out of life.

（去生活，去犯錯，去墮落，去得勝，去用生命創造生命！）

——喬伊斯，《青年藝術家的畫像》（*A Portrait of the Artist as a Young Man*）

See things not as they are, but as they might be.

（不要看事物現在的樣子，要看它們可能變成的樣子。）

——摘自歐本海默傳記《美國的普羅米修斯》（*American Prometheus*）

What I cannot build, I cannot understand。

（我不能建造的東西，我就無法了解。）

——費曼（他死後留在黑板上的話）

不幸的是，凡特弄錯了最後那句引言。費曼的原句其實是「What I cannot create, I do not understand」（我不能創造的東西，我就不了解）。另外，凡特引用喬伊斯的句子，也碰到麻煩。喬伊斯的家人（負責管理他的產業）對於外界引用他的東西，是出了名的小氣，沒有經過書面同意，任誰（包括細菌在內）都不許用。

⑤ 與聖海倫火山相比，多巴火山噴入空中的東西，比前者多出兩千倍。放眼全世界，多巴是少數幾個能與黃石公園地底下悶燒著的超級火山一較高下的火山，而黃石公園遲早有一天會被底下這座超級火山給轟上天。

11 尺寸很重要

①古爾德在他的著作《貓熊的大拇指》(*The Panda's Thumb*)中，對於居維葉的遺體解剖經過，描述得十分幽默逗趣。另外，古爾德也寫過一篇很精闢的文章，內容是有關拉馬克——我們在第十五章會討論到他——分成上下兩集，收錄在他的作品集 *The Lying Stones of Marrakech* 中。

②科學家目前正在鑽探一只哈比人的牙齒，企圖抽取其中的DNA，部分原因是想知道哈比人爲什麼會縮小。此舉有點冒險，因爲哈比人(不像尼安德塔人)居住在標準的熱帶氣候地區，也就是分解DNA速度最快的地區。到目前爲止，抽取哈比人DNA的嘗試，還沒有成功過。

研究哈比人的DNA，有助於科學家研判，它是否應該歸到人屬，這一點目前還有爭議。直到二〇一〇年，科學家只知道有兩種其他人屬物種——一種是尼安德塔人，另一種可能就是哈比人——是在人類開始遍布全球之後，還存活著的。但是科學家最近必須爲這張名單再增添一個成員，丹尼索瓦人，命名依據是西伯利亞的一個洞穴，在那兒，科學家發現一名在幾萬年前死亡的五歲小女孩的遺骸。二〇一〇年，當科學家在一堆古代土層與山羊糞便之中發現她時，覺得她的骨頭很像尼安德塔人，但是由她的指關節抽出DNA進行檢驗後，顯示她和尼安德塔人的差異夠多，足以算做另一個人屬物種——這是第一次完全經由遺傳(而非解剖)證據，發現已絕跡的物種。

科學家還發現，現在的美拉尼西亞人體內帶有微量的丹尼索瓦人DNA。美拉尼西亞人原本居住在新幾內亞和斐濟之間的島嶼上。很顯然，拉美尼西亞人是在從非洲前往南海的漫長旅程中，遇到了丹尼索瓦人，然後就像他們的祖先曾與尼安德塔人來往，他們也與丹尼索瓦人交配。今日的拉美尼西亞人體內約有百分之八非人類的DNA。但是除了這麼一點線索之外，丹尼索瓦人還是一個謎。

③還想聽更多嗎？伽利略的手指，克倫威爾的頭顱，邊沁被砍下的整顆腦袋（包括掛在上面的詭異皺皮），全都在死後公開展示了好幾百年。文學家哈代的心臟，據說給貓兒吃掉了。顱相學家在海頓剛要下葬前，偷了他的頭顱，而墓地工人則趁舒伯特被轉往新墓地時，把他爬滿小蟲子的頭髮給盜走了。在愛迪生臨終前，有人甚至拿了一個罐子接在他嘴邊，以捕捉他最後的一口氣。然後，這個罐子馬上被送到一家博物館去展示。我恐怕得再花一整頁篇幅，才能一一列出名人的部分身軀如何找到新生——例如詩人雪萊的心臟，美國總統克利夫蘭長了癌症的下巴，據說是耶穌的包皮（所謂神聖包皮是也）——不過我想指出一點，做爲本段的收尾，關於多年來持續謠傳的所謂史密森協會擁有大盜迪林傑（John Dillinger）的陰莖，其實毫無根據。

④利用基因演算法來增加大腦的容量與密度，總的說來，可能簡單得出奇。生物學家 Harry Jerison 曾提出下面這個例子。想像一下，假如某個幹細胞的ＤＮＡ原本設計「要分裂三十二次，然後停止」。那麼，如果中途沒有細胞死亡的話，你將會擁有 4,294,967,296 個神經元。現在，再假想一下，如果把密碼改成「要分裂三十四次，然後停止」。這麼一來，你的神經元數目馬上多出兩次的倍增，或是說，你將有 17,179,869,184 個神經元細胞。

Jerison 指出，四十三億個神經元與一七二億個神經元之間的差異，差不多就是黑猩猩皮質神經元數量與人類皮質神經元數量的差異。「這個密碼看起來可能太過簡單，」Jerison 說，但是「那個複雜得多的指令，恐怕超過基因的編碼能力」。

⑤我們並不清楚，身爲虔誠摩門教徒的皮克，究竟知不知道遺傳考古學最近與耶穌基督後期聖徒教會（Church of Latter-Day Saints）之間的裂痕。自從一八二〇年，當時只有十四歲的 Joseph Smith 寫下耶和華的話語之後，摩門教傳統上便相信，玻里尼西亞人與美洲印第安人都是猶太先知 Lehi 的後裔，而 Lehi 是在西元前六〇〇年，從耶路撒冷航海到美洲。然而，針對這些人種所進行的每一個ＤＮＡ檢驗，都和這個說法不符：他們沒有絲毫中東血統。而這一點不只令摩門教的《摩門經》正確性受人質疑，同時也攪亂了複雜的摩門教的末

世論，這攸關於哪一種褐皮膚的人種在末世時會被拯救，因此哪些族群需要在這段期間改變信仰。這項發現令某些摩門教徒心靈產生很多掙扎，尤其是大學裡的科學家。對有些人來說，它摧毀了他們的信心。但是對於一般的耶穌基督後期聖徒教會信徒來說，大部分要不是根本不曉得此事，就是不理解這些矛盾，日子照過，不受影響。

⑥各位若想閱讀一篇眞正捕捉到皮克才能的報導，請參考 Donald Treffert 與 Daniel Christensen 爲二〇〇五年十二月號的 *Scientific American* 撰寫的文章："Inside the Mind of a Savant"。

12 基因的藝術

①具有輪流左旋與右旋的雙螺旋變形拉鍊模型，其實在一九七六年，初登場了兩次（堪稱更爲同步的發現）。第一次是在紐西蘭發表。過沒多久，印度的另一個獨立小組也提出兩個變形拉鍊模型，其中一個很類似紐西蘭的模型，另一個則是讓某些A's，C's，G's和T's上下翻轉。而且還是那句老話，所謂到處都有叛逆的知識分子，眞是一點都不假，這兩個小組的所有成員都是分子生物的圈外人，並沒有「DNA一定得是雙螺旋」的先入爲主觀念。其中一名紐西蘭人甚至不是專業科學家，而印度小組裡一名成員更是從來沒聽過DNA！

②猴子聽到人類的音樂，要不是無感，就是很難受的樣子，但是最近針對南美洲的絨猴（tamarin）所做的研究證明，對於專爲牠們量身打造的音樂，牠們的反應可是很強烈呢。馬里蘭的大提琴手 David Teie 與靈長類專家合作，根據絨猴用來傳達恐懼或滿足的叫聲，來製造音樂。更特別的是，Teie 還模仿牠們叫聲裡的聲調起伏，以及音長，套用在他的作品中，結果，當他演奏多首不同的曲子時，絨猴表露出很明顯的放鬆或是焦慮徵兆。Teie 很幽默地對一家報紙說，「在你們看來，我也許是個無聊漢。但是，老兄，對猴子來說，我可是

貓王哩。」

③ 你們一定等不及想知道了，羅希尼第一次哭，是在他第一齣歌劇演出失敗時。聽帕格尼尼演奏，聽到大哭，是第二次。第三次，也是最後一次，發生在羅希尼——他是一名道地的饕客——和友人在船上野餐時，當他的午餐——一隻極美味的松露火雞翻落水中時。

④ 帕格尼尼的英文傳記少得令人驚訝。其中有一本簡短又生動地介紹了他的生平——包括許多他生病和死後折騰的細節——作者是 John Sugden，書名為 *Paganini*。

⑤ 不知何故，在一九〇〇年代初期，一些美國古典文學家對於性擇及其在人類社會中扮演的角色的爭論，格外關注。費滋傑羅、海明威、斯泰因以及安德森，全都在討論動物的求偶、雄性的熱情和嫉妒、性裝飾等等。同樣地，有些遺傳學家也回敬這些作家。例如 Bert Bender，就在他那本迷人的 *Evolution and the "Sex Problem"* 中，這樣寫道，「雖然孟德爾的遺傳學對於傑克．倫敦來說，是備受歡迎的一大發現，他就像平日進行人擇育種的牧場工人般，全心擁抱它，可是其他人，諸如安德森、斯泰因和費滋傑羅，則是深感不安。」費滋傑羅似乎尤其著迷於演化、優生學和遺傳。Bender 指出，他在作品中不斷地提到 eggs（譬如 West Egg 和 East Eggs），而且費滋傑羅有一次還寫道，「跳舞中的搶舞伴系統（cut-in system），就是偏向最適者生存。」就連《大亨小傳》的主人翁 Gatsby，對書中敘事者 Nick Carraway 的暱稱「old sport」，都可能源自早期遺傳學家把突變叫做 sports 的習慣。

⑥ Armand Leroi 的 *Mutants*，對於羅特列克到底可能罹患什麼病，以及這種病對他的藝術有何影響，有更詳細的探討。事實上，我高度推薦本書，因為它含有非常多迷人的故事，例如本書第一章所提到的像螃蟹螯的天生畸形。

⑦ 在畫中，這種嘴唇似乎在男性身上比較明顯，但是女人並沒有逃過這些基因。據說出身該家族另一支系的瑪麗．安東尼（Marie Antoinette，法王路易十六的皇后），也有很強烈的哈布斯堡唇特徵。

13 有時候，歷史就是序文

①有趣的是，刺殺林肯的人，也在一九九〇年代，被捲入一樁與遺傳有關的事件中。當時有兩名歷史學家到處推銷一個理論：聲稱一八六五年林肯遭暗殺後十二天，在維吉尼亞州 Bowling Green 被聯邦士兵圍困、逮捕、然後殺死的人，並非刺客布思（John Wilkes Booth），而是一名無辜的旁觀者。這一對史學家辯稱，布思偷偷溜走，往西邊逃亡，後來在奧克拉荷馬的 Enid 住了下來，經過三十八年愈來愈悲慘的生活後，於一九〇三年以自殺結束一生。要確定現在躺在布思墳裡的人是不是他，唯一的辦法就是抽取屍體的ＤＮＡ，然後與布思現存的後裔進行鑑定比對。然而墓地管理員卻拒絕了，因此布思的家屬（在歷史學家的鼓動下）提出訴訟。一名法官否決了他們的請願，部分原因在於當時的技術可能還無法解決這個問題；但是就理論上，這個案子現在應該可以重新開啓。

想知道更多有關布思與林肯ＤＮＡ的細節，可以參考 Philip R. Reilly 所寫的 *Abraham Lincoln's DNA and Other Adventures in Genetics*，作者當時也是研究「檢驗林肯ＤＮＡ是否可行」的委員會成員之一。

②不過，整體而言，猶太人對遺傳現象是很敏銳的觀察者。在西元二〇〇年，猶太法典。《搭木德》就已經有一條豁免條款，意思是說，任何小男孩若有兩名兄長在割包皮後因失血過多而不治，該名男孩就可以不用行割禮。不只如此，後來猶太戒律又將同母異父的亡故兄長納入——但是強調必須是同母。如果死去的兄長是同父異母，該名小男孩仍然得接受割禮。另外，任何婦女的姊妹若有男嬰因割禮而死亡，該名婦女的兒子也可以被豁免，但若是男人的兄弟的孩子死亡，這個男人的嬰兒不得豁免。很顯然，猶太人在很久以前便已了解，我們在討論的這種疾病——可能是血友病，血液無法凝結的疾病——是一種與性別有關的疾病，它最常影響男性，但卻是經由母親傳給下一代。

③公平說來，我們現在不應該把這種狀況稱爲「乳糖不耐受症」，而是應該稱爲「乳糖耐受症」，因爲消化乳糖的能力是少數，而且是近期經由突變才產生的。事實上，是兩個突變，一個在歐洲，一個在非洲。這兩個突變都能讓二號染色體上的一段區域失去活性，而在成年人體內，那段區域應該會阻止身體去製造一種能消化乳糖（牛奶中的一種糖類）的酵素。雖然歐洲那個基因出現的年代比較早（大約西元前七〇〇〇年），但是有一個科學家說，非洲那個基因傳播得尤其快速：「基本上，它是科學家在全世界任何族群、任何基因組的任何研究中，觀察到最強烈的天擇信號。」此外，乳糖耐受性也是一個絕佳的範例，展現基因與文化的共同演化，因爲如果沒有蓄養牛隻或其他動物，讓牠們穩定地提供乳汁，這種消化牛奶的能力根本毫無益處可言。

14 三十億個小碎片

①如果你不怕麻煩，可以到 http://samkean.com/thumb-notes，參觀聖格不屈不撓的研究細節。

②讓凡特如此忠誠愛戴的老師，並不是生物老師，而是一位英文老師。而且是一個了不得的英文老師！他就是 Gordon Lish，後來擔任作家 Raymond Carver 的編輯而聲名大噪。

③賽雷拉公司的人對於知名的ＤＮＡ庸俗產物，似乎情有獨鍾。James Shreeve 在他那本充滿趣味的書 *The Genome War* 中提到，賽雷拉超級電腦程式的首席設計師，在辦公室書架上擺了一根試管，裡頭裝著「一片沾了膿的ＯＫ繃」——爲的是向米歇爾致敬。對了，順便提一下，如果你有興趣閱讀一則由圈內人撰寫的有關人類基因組計畫的長篇報導，Shreeve 這本書，是我所知寫得最好也最有趣的一本。

④事實上，這裡所宣稱的「完成」，是有爭議的。人類基因組裡的某些研究——像是超級多樣的ＭＨＣ區

域——之後還進行了好幾年，而且即使到現在，科學家還在進行收尾工作，把一些小錯誤弄清楚，幫某些片段定序列，這些區域因爲技術問題，沒有辦法採用普通的方法（譬如說，科學家通常用細菌來進行拷貝步驟。但是某些段落的人類 DNA 剛好對細菌有毒，所以細菌會把它們刪掉，不複製它們，於是它們就不見了）。最後，科學家還沒有處理端粒（telomeres）和著絲點（centromeres）呢，它們分別構成染色體的末端與中央束腰部分，由於這些部位的序列太多重複，一般的定序儀沒法理解它們的意思。

所以，科學家爲什麼要宣稱已經在二〇〇三年完工了呢？一來，當時定序工作已達到完工的定義標準：含有基因的 DNA 區域中，超過百分之九十五的部分，每一萬個鹼基當中的錯誤小於一個。不過，同樣重要的是，就公關角度，二〇〇三年初剛好是華森與克里克發現雙螺旋的五十週年。

⑤ 但在另一方面，要是凡特沒拿到諾貝爾獎，他的名聲可能反而會更加鞏固，雖然是以一種倒過來的方式。沒拿到獎，會證明他始終被當做外人（將會令很多人同情他），而且可以留給後世好幾代的歷史學家有話題可炒作，把凡特拱成人類基因組計畫的中心人物（或許也是悲劇人物）。

在諾貝爾獎的討論裡，華森的名字並沒有經常跳出來，但是說他值得拿獎，也並不爲過，因爲是他敦促國會——更別提還有全國大部分的科學家——給定序列計畫一個機會。但儘管如此，華森近年來頻頻失言，尤其是對非洲裔智能的毀謗言論（稍後會講到），可能會讓他失去得獎的機會。這樣說也許有點殘酷，但是諾貝爾獎委員會有可能會等到華森翹辮子之後，再來頒發與人類基因組計畫相關的獎項。

但是不論是華森或薩爾斯頓拿到這座獎，都將是他們的第二座諾貝爾獎，平了聖格的紀錄：到目前爲止，唯有聖格拿到兩座諾貝爾生理醫學獎。（薩爾斯頓在二〇〇二年以線蟲研究得獎）。不過，和華森一樣，薩爾斯頓也捲入某些爭議性政治事件。二〇一〇年，維基解密創辦人亞桑傑（Julian Assange）被捕時——罪名是在瑞典犯下性侵案，而瑞典正是諾貝爾獎的家鄉——薩爾斯頓拿出好幾千英鎊幫他交保。看來，薩爾斯頓對於捍衛資訊自由流通的承諾，並不只限於實驗室內。

⑥一位名叫 Mike Cariaso 的業餘科學家，把華森的 apoE 基因狀態給揭露了，他是利用基因搭便車的原理。再說一次，由於基因搭便車的關係，每個基因的不同版本將會（純屬碰巧地）與其他基因的某些特定版本一起連動——也就是說，這群基因會連袂傳遞到下一代（又或者，該基因附近若沒有其他基因，該基因的每種不同版本至少也會和某些版本的垃圾 DNA 一塊行動）。所以，你如果想要知道某人具有哪種版本的 apoE 基因，你可以尋找 apoE 基因本身，或是尋找在它鄰近位置的基因，一樣管用。負責幫華森這個基因保密的科學家，當然也曉得這個道理，因此他們把鄰近 apoE 的資訊都隱瞞起來。但是隱瞞得還不夠。Cariaso 發現了他們的失誤，於是只憑著查看已公布的華森 DNA 資訊，就推想出他的 apoE 基因版本。

正如 Misha Angrist 在 *Here is a Human Being* 中所描述的，Cariaso 揭露華森基因的這起事件，太令人震驚了，尤其是因爲他是一個浪跡天涯的美國人：「事實攤在眼前：這位諾貝爾得主（華森）要求，在他那兩萬多個基因當中……就只有這一個基因——一個！——不要被公開。這項任務託付給世界頂尖學府之一的貝勒大學（Baylor University）的分子智庫……但是貝勒小組卻被人用計給騙過了，而那人是一個三十歲的自學者，只有大學畢業，寧願把大部分時間花在泰緬邊境到處發送筆記電腦，教小孩兒怎樣寫程式以及上 Google 查資料。」

15 來得快，去得快？

①歷史自有它古怪的幽默感。其實達爾文的祖父 Erasmus Darwin 是一名醫生，曾經發表過一個完全獨立而且相當怪異的演化理論（而且是用詩歌方式寫成，一點不假），有點類似拉馬克學說。柯立芝（Samuel Taylor Coleridge）甚至特地爲此造出一個新字「Darwining」，來嘲諷這種臆測。另外，當 Erasmus 的書登上了教皇

的禁書名單的那一刻，他也正式開啓了他們家族觸怒宗教的傳統。還有一件諷刺的事，就在居維葉死後，他自己淪爲被抹黑的對象，方式就像他抹黑拉馬克一樣。由於他的觀點，他被牢牢地連上了災變說以及一個反演化的自然觀點，擦都擦不掉。於是，在達爾文那一輩的人，每當需要一個陪襯的人來代表笨拙守舊的思想時，這個南瓜頭法國佬總是不二人選，而居維葉的名聲直到現在還沒能從這些攻擊中復原。只能說報應不爽！

②而且 Alma Mahler 很有眼光哦，她嫁過的人還包括畫家 Gustav Klimt，以及包浩斯的設計師 Walter Gropius。她在維也納成爲一個惡名昭彰的蕩婦，Tom Lehrer 還寫了一首關於她的曲子。它的副歌歌詞如下：「艾瑪，告訴我們！／現代婦女全都看得眼紅。／你到底是用哪根魔杖／逮到 Gustav 和 Walter 和 Franz？」我的網站上有這首歌完整版的連結。

16 我們熟知（以及不知）的生命

①自從桃莉羊之後，科學家已經複製了貓、狗、水牛、駱駝、馬、老鼠以及其他哺乳動物。二〇〇七年，科學家從一枚成體猴細胞，創造出複製胚胎，並讓它們發展到足以看到分化組織的程度。但是，在它們還沒有懷孕期滿，科學家就把它們給殺了，因此不知道這些猴子複製胚胎能否自然長大。靈長類比其他動物更難複製，因爲在移除捐贈卵子的細胞核時（以讓位給複製的染色體），會撕裂某些特殊構造，那些構造是靈長類細胞正確分裂所不可或缺的。相較於靈長類，其他動物擁有更多套這種叫做紡錘絲（spindle fibers）的構造。對於複製人類而言，這依然是最主要的障礙。

②不管你怎樣進行精神分析，但是華森和克里克都曾經對種族、ＤＮＡ以及智能，公開發表過不當言論。克里

克曾經在一九七〇年代，支持下面這類研究：爲何有些種族具有——或者說得更實在一點，被測試出擁有——較其他種族更高或更低的智商。克里克認爲，要是我們了解特定種族的智力上限比較低，我們將能擬訂更理想的社會政策。他還說了一些更莽撞的話，「我認爲，美國白人與黑人在平均智商上的差異，很可能超過一半都源自遺傳因素。」

華森的失言發生在二〇〇七年，當時他正在巡迴推銷他那本書名很迷人的自傳 *Avoid Boring People*。有一度他甚至說出，「我一直對非洲的未來感到沮喪」，因爲「社會政策都是根據『他們的智力與我們相等』這種事實來擬定的。然而，所有的測驗都說，不是這麼回事」。經過媒體的窮追猛打，華森丟了冷泉港實驗室（麥克林托克的老實驗室）所長的差事，多少算是半被罷黜地退休了。

很難說華森講那些話的時候態度有多認眞，因爲他一向口無遮攔，常講一些殘酷又煽動的話——關於膚色與性衝動，關於女性（「人們說要是我們把所有女生都弄得很漂亮，就太糟糕了。我倒覺得那才美妙呢」），關於墮胎與性向（「如果你能找出一個決定性向的基因，然後有個婦女決定她不想生一個同性戀孩子，那麼，就隨她去吧」），關於肥胖的人（「每次和胖子面談，都會讓人很難過，因爲你心裡明白你是不會僱用他們的」）。哈佛大學黑人文化研究學者 Henry Louis Gates Jr.，後來在一場私人聚會裡，試探華森對黑人所發表的那些言論，他的結論是，與其說華森是個種族主義者（racist），不如說他更接近主張種族差異者（racialist）——用種族的觀點來看世界，並深信不同種族之間，可能存有遺傳隔閡（genetic gaps）。不過，Gates 也注意到，華森相信，就算這種隔閡確實存在，族群間的差異也不應該令我們對有才能的個人產生偏見（打個比方，如果說黑人可能比較擅長打籃球，但是偶爾像大鳥柏德這樣的白人還是能出頭）。你可以到下列網站去看看 Gates 的想法 http://www.washingtonpost.com/wp-dyn/content/article/2008/07/10/AR2008071002265.html。

但是和以往一樣，最後裁奪的是 DNA。隨著自傳的發表，華森也在二〇〇七年公布了他本人的基因組定序結果，於是某些科學家就決定要來探測他的種族標記。你猜怎的，他們發現，要是這份序列正確無誤的話，華森擁有的黑種非洲裔基因數量，是一般典型高加索人的十六倍——在遺傳上，相當於具有一名黑人曾祖父。

③除此之外，Nicholas Wade 在 *Before the Dawn* 中，還提出了更多的假設，這本書是一部人類起源的全方位之旅——包括血緣、基因、文化以及其他方面。

參考書目

以下是我在撰寫《小提琴家的大拇指》時，所參考的書籍與論文。其中，標星號者，是我要特別推薦的。對於那些我特別推薦進行延伸閱讀的書，我還會加以註解。

1 基因，怪物，DNA

Bondeson, Jan. *A Cabinet of Medical Curiosities*. W. W. Norton, 1999.
*Contains an astounding chapter on maternal impressions, including the fish boy of Naples.

Darwin, Charles. *On the Origin of Species*. Introduction by John Wyon Burrow. Penguin, 1985.

———. *The Variation of Animals and Plants Under Domestication*. J. Murray, 1905.

Henig, Robin Marantz. *The Monk in the Garden*. Houghton Mifflin Harcourt, 2001.
*A wonderful general biography of Mendel.

Lagerkvist, Ulf. *DNA Pioneers and Their Legacy*. Yale University Press, 1999.

Leroi, Armand Marie. *Mutants: On genetic variety and the human body*. Penguin, 2005.
*A fascinating account of maternal impressions, including the lobster claw–like birth defects.

2 達爾文差點陣亡

Carlson, Elof Axel. *Mendel's Legacy*. Cold Spring Harbor Laboratory Press, 2004.

*Loads of anecdotes about Morgan, Muller, and many other key players in early genetics, by a student of Muller's.

Endersby, Jim. *A Guinea Pig's History of Biology*. Harvard University Press, 2007.

*A marvelous history of the fly room. One of my favorite books ever, in fact. Endersby also touches on Darwin's adventures with gemmules, Barbara McClintock, and other tales.

Gregory, Frederick. *The Darwinian Revolution*. DVDs. Teaching Company, 2008.

Hunter, Graeme K. *Vital Forces*. Academic Press, 2000.

Kohler, Robert E. *Lords of the Fly*. University of Chicago Press, 1994.

*Includes details about Bridges's private life, like the anecdote about his Indian "princess."

Steer, Mark, et al., eds. *Defining Moments in Science*. Cassell Illustrated, 2008.

3 DNA 就這樣壞掉了

Hall, Eric J., and Amato J. Giaccia. *Radiobiology for the Radiologist*. Lippincott Williams and Wilkins, 2006.

*A detailed but readable account of how exactly radioactive particles batter DNA.

Hayes, Brian. "The Invention of the Genetic Code." *American Scientist*, January–February 1998.

*An entertaining rundown of early attempts to decipher the genetic code.

Judson, Horace F. *The Eighth Day of Creation*. Cold Spring Harbor Laboratory Press, 2004.

*Includes the story of Crick not knowing what *dogma* meant.

Seachrist Chiu, Lisa. *When a Gene Makes You Smell Like a Fish*. Oxford University Press, 2007.

Trumbull, Robert. *Nine Who Survived Hiroshima and Nagasaki*. Dutton, 1957.

*For a fuller account of Yamaguchi's story—and for eight other equally riveting tales—I can't recommend this book enough.

4 DNA 樂譜

Flapan, Erica. *When Topology Meets Chemistry*. Cambridge University Press, 2000.
Frank-Kamenetskii, Maxim D. *Unraveling DNA*. Basic Books, 1997.
Gleick, James. *The Information*. HarperCollins, 2011.
Grafen, Alan, and Mark Ridley, eds. *Richard Dawkins*. Oxford University Press, 2007.
Zipf, George K. *Human Behavior and the Principle of Least Effort*. Addison-Wesley, 1949.
———. *The Psycho-biology of Language*. Routledge, 1999.

5 DNA 的辯解

Comfort, Nathaniel C. "The Real Point Is Control." *Journal of the History of Biology* 32 (1999): 133–62.
*Comfort is the scholar most responsible for challenging the mythic, fairy-tale version of Barbara McClintock's life and work.
Truji, Jan. *The Soul of DNA*. Llumina Press, 2004.
*For a more detailed account of Sister Miriam, I highly recommend this book, which chronicles her life from its earliest days to the very end.
Watson, James. *The Double Helix*. Penguin, 1969.
*Watson recalls multiple times his frustration over the different shapes of each DNA base.

6 生還者，肝臟

Hacquebord, Louwrens. "In Search of *Het Behouden Huys*." *Arctic* 48 (September 1995): 248–56.
Veer, Gerrit de. *The Three Voyages of William Barents to the Arctic Regions*. N.p., 1596.

7 馬基維利微生物

Berton, Pierre. *Cats I Have Known and Loved.* Doubleday Canada, 2002.
Dulbecco, Renato. "Francis Peyton Rous." In *Biographical Memoirs*, vol. 48. National Academies Press, 1976.
McCarty, Maclyn. *The Transforming Principle.* W. W. Norton, 1986.
Richardson, Bill. *Scorned and Beloved: Dead of Winter Meetings with Canadian Eccentrics.* Knopf Canada, 1997.
Villarreal, Luis. "Can Viruses Make Us Human?" *Proceedings of the American Philosophical Society* 148 (September 2004): 296–323.

8 愛情與返祖現象

Bondeson, Jan. *A Cabinet of Medical Curiosities.* W. W. Norton, 1999.
*A marvelous section on human tails, from a book chock-full of gruesome tales from the history of anatomy.
Isoda, T., A. Ford, et al. "Immunologically Silent Cancer Clone Transmission from Mother to Offspring." *Proceedings of the National Academy of Sciences of the United States of America* 106, no. 42 (October 20, 2009): 17882–85.
Villarreal, Luis P. *Viruses and the Evolution of Life.* ASM Press, 2005.

9 人猩，以及險些釀成的災難

Rossiianov, Kirill. "Beyond Species." *Science in Context* 15, no. 2 (2002): 277–316.
*For more on Ivanov's life, this is the most authoritative and least sensationalistic source.

10 猩紅字 A's，C's，G's 與 T's

Barber, Lynn. *The Heyday of Natural History.* Cape, 1980.
*A great source for information about the Bucklands, *père* and *fils*.
Carroll, Sean B. *Remarkable Creatures.* Houghton Mifflin Harcourt, 2009.

Finch, Caleb. *The Biology of Human Longevity*. Academic Press, 2007.
Finch, Caleb, and Craig Stanford. "Meat-Adaptive Genes Involving Lipid Metabolism Influenced Human Evolution." *Quarterly Review of Biology* 79, no. 1 (March 2004): 3–50.
Sommer, Marianne. *Bones and Ochre*. Harvard University Press, 2008.
Wade, Nicholas. *Before the Dawn*. Penguin, 2006.
*A masterly tour of all aspects of human origins.

11 尺寸很重要

Gould, Stephen Jay. "Wide Hats and Narrow Minds." In *The Panda's Thumb*. W. W. Norton, 1980.
*A highly entertaining rendition of the story of Cuvier's autopsy.
Isaacson, Walter. *Einstein: His Life and Universe*. Simon and Schuster, 2007.
Jerison, Harry. "On Theory in Comparative Psychology." In *The Evolution of Intelligence*. Psychology Press, 2001.
Treffert, D., and D. Christensen. "Inside the Mind of a Savant." *Scientific American*, December 2005.
*A lovely account of Peek by the two scientists who knew him best.

12 基因的藝術

Leroi, Armand Marie. *Mutants: On Genetic Variety and the Human Body*. Penguin, 2005.
*This marvelous book discusses in more detail what specific disease Toulouse-Lautrec might have had, and also the effect on his art.
Sugden, John. *Paganini*. Omnibus Press, 1986.
*One of the few biographies of Paganini in English. Short, but well done.

13 有時候，歷史就是序文

Reilly, Philip R. *Abraham Lincoln's DNA and Other Adventures in Genetics*. Cold Spring Harbor Laboratory Press, 2000.
*Reilly sat on the original committee that studied the feasibility of

testing Lincoln's DNA. He also delves into the testing of Jewish people's DNA, among other great sections.

14 三十億個小碎片

Angrist, Misha. *Here Is a Human Being*. HarperCollins, 2010.
*A lovely and personal rumination on the forthcoming age of genetics.
Shreeve, James. *The Genome War*. Ballantine Books, 2004.
*If you're interested in an insider's account of the Human Genome Project, Shreeve's book is the best written and most entertaining I know of.
Sulston, John, and Georgina Ferry. *The Common Thread*. Joseph Henry Press, 2002.
Venter, J. Craig. *A Life Decoded: My Genome—My Life*. Penguin, 2008.
*The story of Venter's entire life, from Vietnam to the HGP and beyond.

15 來得快，去得快？

Gliboff, Sander. "Did Paul Kammerer Discover Epigenetic Inheritance? No and Why Not." *Journal of Experimental Zoology* 314 (December 15, 2010): 616–24.
Gould, Stephen Jay. "A Division of Worms." *Natural History*, February 1999.
*A masterly two-part article about the life of Jean-Baptiste Lamarck.
Koestler, Arthur. *The Case of the Midwife Toad*. Random House, 1972.
Serafini, Anthony. *The Epic History of Biology*. Basic Books, 2002.
Vargas, Alexander O. "Did Paul Kammerer Discover Epigenetic Inheritance?" *Journal of Experimental Zoology* 312 (November 15, 2009): 667–78.

16 我們熟知（以及不知）的生命

Caplan, Arthur. "What If Anything Is Wrong with Cloning a Human Being?" *Case Western Reserve Journal of International Law* 35 (Fall 2003): 69–84.

Segerstråle, Ullica. *Defenders of the Truth*. Oxford University Press, 2001.
Wade, Nicholas. *Before the Dawn*. Penguin, 2006.
*Among other people, Nicholas Wade suggested adding the extra pair of chromosomes.

國家圖書館出版品預行編目資料

小提琴家的大拇指 / Sam Kean著 ; 楊玉齡譯. -- 初版.
-- 臺北市 : 大塊文化, 2013.09

面 ;　公分. -- (from ; 94)

譯自 : The violinist's thumb : and other lost tales of love, war, and genius, as written by our genetic code
ISBN 978-986-213-455-9(平裝)

1.DNA 2.通俗作品

399.842　　　　　　102015967